ゲノムサイエンスのための
遺伝子科学入門

東京大学教授　赤坂甲治　著

裳 華 房

An Introduction to Gene Sciences

by

KOJI AKASAKA Ph.D.

SHOKABO

TOKYO

〈㈳出版者著作権管理機構 委託出版物〉

はじめに

　私たちの身の回りには「遺伝子」があふれている．遺伝子操作技術が普及してから，わずか20年の間に遺伝子科学はめざましい進歩をとげ，遺伝子の発現調節機構が詳細に解明されてきた．また，遺伝子はさまざまな分野で利用されており，その可能性ははかり知れない．20世紀は原子力とコンピューターが私たちの生活を大きく変えたが，21世紀は遺伝子の時代といっても過言ではない．新しい機能をもつ遺伝子やタンパク質の合成，病気の原因の特定や，発症の予測を可能にする遺伝子診断，遺伝子治療，髪の毛一本からの個人の特定，親子など血縁の鑑定，日本人のルーツやヒトのルーツの解明，遺伝子組換えによる農薬のいらない作物，速く成長する家畜や魚など，その恩恵は数え上げればきりがない．

　ヒトの遺伝情報のほとんどすべてを読み終わり，他のさまざまな生物種でもゲノムプロジェクトが進められている．従来は，化石や現存する生物の形態の類似性や違いなどを指標に考察されてきた進化も，遺伝情報を基礎に解析されている．さらに，ミイラや氷にとざされた遺骸（いがい）の中にDNAが1分子でも残っていれば，試験管の中で増幅させて解析したり，細胞に導入すれば，太古の生物の遺伝子をはたらかせることもできる．

　遺伝子の利用は輝かしい未来があるが，危険もはらんでいる．農薬のいらない作物をつくるということは，虫も食わない作物を人間が食べることになる．安全性や生態系に問題はないのだろうか．長期にわたる検証が必要であろう．遺伝子科学を悪用すれば生物兵器につながりかねない．一部の科学者の暴走を許さないためにも，市民一人ひとりが遺伝子科学を理解する必要がある．

　遺伝情報はAGCTの4文字で書かれており，タンパク質はその情報をもとに合成されることは常識になっている．本書では，常識として納得してい

ることに疑問を呈することで，あいまいに受け入れていた知識を，より明解に理解できるように工夫した．遺伝情報の文字を読み取り利用するということは，どういうことなのだろうか？　数十億もの文字からなる膨大な情報のコピーのコピーを重ねても間違えないのはなぜだろう？　情報には初めと終わりがある．膨大な文字列の中から，環境や時間に応じて，どのように瞬間頭出しをしているのだろうか？　本書では，これらの分子の世界を日常の感覚で解説する．

　ヒトゲノムの文字の並び方を知ることはできたが，書かれている意味の解明はこれからの課題である．体の形作りや生命活動は，さまざまな遺伝子のネットワークによる遺伝子発現調節が基盤となっている．ようやくその一部が明らかになってきたが，大部分はこれから解明しなくてはならない．本書をきっかけとして，多くの学生諸君が遺伝子のワンダーランドに踏み込み，遺伝子科学を開拓する一員となるよう願っている．執筆が遅れがちになる小生を常に励まして下さり，出版までこぎ着けさせて下さった野田昌宏氏に感謝の意を表したい．

　2002年9月

赤 坂 甲 治

目　次

1. 遺伝子

1・1 メンデルの法則 ・・・・・・・・・・・・・・・ 1
　　　コラム．ヒトの性染色体遺伝病 ・・・・・・・・・ 3
1・2 染色体 ・・・・・・・・・・・・・・・・・・・ 3
　　1・2・1 染色体のふるまい ・・・・・・・・・・・ 3
　　1・2・2 染色体数 ・・・・・・・・・・・・・・・ 5
　　1・2・3 配偶子形成と減数分裂 ・・・・・・・・・ 5
　　1・2・4 ヒトの性の決定 ・・・・・・・・・・・・ 8
　　1・2・5 遺伝子と染色体 ・・・・・・・・・・・・ 8
　　1・2・6 遺伝子の連鎖と組換え ・・・・・・・・・ 10
　　　コラム．遺伝子の混合は進化を促す ・・・・・・ 12
1・3 遺伝子の本体 ・・・・・・・・・・・・・・・・ 13
　　1・3・1 形質転換 ・・・・・・・・・・・・・・・ 13
　　1・3・2 細胞あたりのDNA量 ・・・・・・・・・・ 15
　　1・3・3 DNAの構造 ・・・・・・・・・・・・・・ 15

2. 遺伝情報の文字と読みとり装置

2・1 分子の形を決める基本要素 ・・・・・・・・・・ 17
　　2・1・1 共有結合 ・・・・・・・・・・・・・・・ 18
　　2・1・2 ファン・デル・ワールス結合 ・・・・・・ 19
　　2・1・3 水素結合 ・・・・・・・・・・・・・・・ 20
　　　コラム．水はスムーズな化学反応を保証している ・・ 21
　　2・1・4 イオン結合 ・・・・・・・・・・・・・・ 21
　　2・1・5 疎水結合 ・・・・・・・・・・・・・・・ 22

　　　　　　コラム．タンパク質どうしの結合 ・・・・・・・・・・・・・ *22*
　　2・1・6　平衡定数 ・・・・・・・・・・・・・・・・・・・・・・・ *22*
　　　　　　コラム．結合と解離を繰り返す分子 ・・・・・・・・・・・ *23*
2・2　DNAの構造と性質 ・・・・・・・・・・・・・・・・・・・・・・ *24*
　　2・2・1　二重らせん ・・・・・・・・・・・・・・・・・・・・・・・ *24*
　　2・2・2　DNAの変性と二重らせん再構成 ・・・・・・・・・・・・ *26*
　　2・2・3　遺伝子の情報量 ・・・・・・・・・・・・・・・・・・・・ *28*
　　　　　　コラム．ヒトの情報量はどのくらいか？ ・・・・・・・・ *28*
2・3　遺伝情報の詰め込み場所 ・・・・・・・・・・・・・・・・・・・ *29*
2・4　遺伝情報の読みとり装置 ・・・・・・・・・・・・・・・・・・・ *30*
　　2・4・1　ペプチド結合 ・・・・・・・・・・・・・・・・・・・・・ *30*
　　2・4・2　アミノ酸の性質 ・・・・・・・・・・・・・・・・・・・・ *31*
　　2・4・3　タンパク質の立体構造 ・・・・・・・・・・・・・・・・・ *33*
　　　　　　コラム．タンパク質は生理的なイオン濃度で機能する ・・・ *35*
　　2・4・4　ジスルフィド結合 ・・・・・・・・・・・・・・・・・・・ *36*
　　2・4・5　ドメイン ・・・・・・・・・・・・・・・・・・・・・・・ *36*
　　2・4・6　タンパク質はチームをつくる ・・・・・・・・・・・・・・ *37*
　　　　　　コラム．サブユニットからなる複合体は近年のビジネス戦略と
　　　　　　　　　　似ている ・・・・・・・・・・・・・・・・・・・・ *37*
　　2・4・7　タンパク質構造のゆらぎ ・・・・・・・・・・・・・・・・ *38*
　　2・4・8　アロステリックタンパク質 ・・・・・・・・・・・・・・・ *38*
　　2・4・9　修飾によるタンパク質構造の変化 ・・・・・・・・・・・・ *39*

3．遺伝情報の複製機構

3・1　DNAの複製 ・・・・・・・・・・・・・・・・・・・・・・・・・ *41*
　　3・1・1　DNAポリメラーゼ ・・・・・・・・・・・・・・・・・・・ *41*
　　　　　　コラム．DNAの複製はデジタルコピー ・・・・・・・・・・ *42*
　　3・1・2　DNAポリメラーゼの校正機能 ・・・・・・・・・・・・・ *43*
　　3・1・3　不連続的複製 ・・・・・・・・・・・・・・・・・・・・・ *44*
　　3・1・4　プライマー ・・・・・・・・・・・・・・・・・・・・・・ *45*

3・1・5　DNAのねじれの解消・・・・・・・・47
　　　3・1・6　複製起点・・・・・・・・・・・・・・48
　　　3・1・7　複製終結・・・・・・・・・・・・・・50
　　　3・1・8　テロメア・・・・・・・・・・・・・・51
　　　　コラム．テロメラーゼで不老長寿が得られるのか？・・・・53
　3・2　真核生物のDNA複製速度・・・・・・・・・・・54
　　　3・2・1　真核生物には複製起点が複数ある・・・・54
　　　3・2・2　ゲノムDNAの複製速度の調節・・・・・55
　　　　コラム．複製の優先順位・・・・・・・・・・・56
　3・3　細胞周期とその調節・・・・・・・・・・・・・56
　　　3・3・1　細胞周期・・・・・・・・・・・・・・57
　　　3・3・2　細胞周期を回すしくみ・・・・・・・・57
　　　　コラム．ユビキチン化とタンパク質の死・・・・・61
　　　3・3・3　細胞周期のチェック機構・・・・・・・62
　　　3・3・4　DNAの再複製阻止・・・・・・・・・63

4. 遺伝情報の内容

　4・1　遺伝情報からタンパク質がつくられる・・・・・65
　4・2　転　写・・・・・・・・・・・・・・・・・・・66
　　　4・2・1　RNAの構造・・・・・・・・・・・・66
　　　4・2・2　RNAポリメラーゼ・・・・・・・・・68
　　　　コラム．RNAがもたらす遺伝情報の多様性・・・69
　4・3　翻　訳・・・・・・・・・・・・・・・・・・・70
　　　4・3・1　遺伝暗号・・・・・・・・・・・・・・70
　　　4・3・2　tRNA・・・・・・・・・・・・・・・72
　　　4・3・3　アミノアシル-tRNA合成酵素・・・・・74
　　　4・3・4　リボソーム・・・・・・・・・・・・・75
　　　　コラム．RNAワールド・・・・・・・・・・・76
　　　4・3・5　ポリペプチド鎖の伸長反応・・・・・・76
　　　4・3・6　翻訳開始・・・・・・・・・・・・・・78

4・3・7　翻訳終止・・・・・・・・・・・・・・・・・・・・・・・・・・・81
　　　　　コラム．保存されない変異，保存される変異　・・・・・・・・81

5. 遺伝子の転写調節機構

　5・1　遺伝子の構造　・・・・・・・・・・・・・・・・・・・・・・・85
　　　　　コラム．一つの遺伝子から多様なタンパク質を合成する　・・・88
　5・2　転写開始機構　・・・・・・・・・・・・・・・・・・・・・・・88
　　　5・2・1　転写開始点の目印・・・・・・・・・・・・・・・・・89
　　　5・2・2　転写開始複合体・・・・・・・・・・・・・・・・・・89
　　　5・2・3　TATA ボックスがないプロモーターの転写　・・・・・91
　5・3　転写終結機構　・・・・・・・・・・・・・・・・・・・・・・・92
　5・4　転写因子・・・・・・・・・・・・・・・・・・・・・・・・・・94
　　　5・4・1　DNA 結合ドメイン・・・・・・・・・・・・・・・・94
　　　5・4・2　転写因子の相互作用・・・・・・・・・・・・・・・・96
　　　5・4・3　転写活性化ドメインと抑制ドメイン　・・・・・・・・97
　　　5・4・4　調節ドメイン・・・・・・・・・・・・・・・・・・・100
　　　5・4・5　転写調節モジュールと転写因子の相互作用　・・・・・102
　5・5　細胞応答と転写調節　・・・・・・・・・・・・・・・・・・・・104
　　　5・5・1　EGF の情報伝達・・・・・・・・・・・・・・・・・105
　　　5・5・2　TGF-β ・・・・・・・・・・・・・・・・・・・・・107
　　　5・5・3　Wnt ・・・・・・・・・・・・・・・・・・・・・・108
　　　　　コラム．APC 遺伝子と β-カテニン　・・・・・・・・・・110
　　　5・5・4　Notch を介したシグナル伝達経路　・・・・・・・・・110
　5・6　クロマチンレベルでの転写調節　・・・・・・・・・・・・・・・111
　　　5・6・1　ヘテロクロマチンとユークロマチン　・・・・・・・・111
　　　5・6・2　クロマチンの活性化機構・・・・・・・・・・・・・・112
　　　5・6・3　クロマチンの不活性化機構・・・・・・・・・・・・・114
　　　　　コラム．ライオニゼーション　・・・・・・・・・・・・・116

6. 転写後の遺伝子発現調節

6・1　mRNA のプロセッシング・・・・・・・・・・・・・*117*
 6・1・1　キャップの付加・・・・・・・・・・・・・・・*117*
 6・1・2　ポリ(A)付加・・・・・・・・・・・・・・・・*117*
 6・1・3　イントロンのスプライシング・・・・・・・・・*119*
 6・1・4　選択的スプライシング・・・・・・・・・・・・*122*
 コラム．イントロンの位置と系統進化・・・・・・・・・*122*
6・2　rRNA のプロセッシング・・・・・・・・・・・・・*123*
6・3　tRNA のプロセッシング・・・・・・・・・・・・・*123*
6・4　タンパク質のプロセッシング・・・・・・・・・・・*124*
 6・4・1　タンパク質の折りたたみ・・・・・・・・・・・*124*
 6・4・2　タンパク質の切断・・・・・・・・・・・・・・*125*
 6・4・3　タンパク質の修飾・・・・・・・・・・・・・・*126*
 6・4・4　タンパク質のプロセッシングとプリオン・・・・*128*
6・5　タンパク質の行き先・・・・・・・・・・・・・・・*129*
 6・5・1　選別シグナル・・・・・・・・・・・・・・・・*129*
 6・5・2　核への輸送・・・・・・・・・・・・・・・・・*130*
 6・5・3　小胞体への輸送・・・・・・・・・・・・・・・*131*
 6・5・4　膜貫通タンパク質の輸送・・・・・・・・・・・*132*
 6・5・5　ミトコンドリアへの輸送・・・・・・・・・・・*135*
 6・5・6　小胞による輸送・・・・・・・・・・・・・・・*137*

7. 遺伝情報の損傷と修復

7・1　遺伝子の損傷の原因・・・・・・・・・・・・・・・*139*
 7・1・1　活性酸素・・・・・・・・・・・・・・・・・・*139*
 コラム．活性酸素と老化の関係・・・・・・・・・・・*140*
 7・1・2　紫外線・・・・・・・・・・・・・・・・・・・*140*
 7・1・3　電離放射線・・・・・・・・・・・・・・・・・*141*
 7・1・4　脱アミノ化剤・・・・・・・・・・・・・・・・*141*

- 7・1・5 塩基類似体 ・・・・・・・・・・・・・・・・・・ 142
- 7・1・6 熱 ・・・・・・・・・・・・・・・・・・・・・・ 142
- 7・1・7 動く遺伝子 ・・・・・・・・・・・・・・・・・・ 142
- 7・2 変異の影響 ・・・・・・・・・・・・・・・・・・・・・・ 143
  - 7・2・1 サイレント変異 ・・・・・・・・・・・・・・・・ 144
  - 7・2・2 タンパク質構造に影響を及ぼす変異 ・・・・・・・ 144
  - 7・2・3 DNA の変異による生命活動への影響 ・・・・・・ 146
- 7・3 遺伝子の修復機構 ・・・・・・・・・・・・・・・・・・・ 147
  - 7・3・1 複製にともなう変異の修復 ・・・・・・・・・・・ 147
  - 7・3・2 直接修復 ・・・・・・・・・・・・・・・・・・・ 148
  - 7・3・3 塩基除去修復 ・・・・・・・・・・・・・・・・・ 149
  - 7・3・4 ヌクレオチド除去修復 ・・・・・・・・・・・・・ 149
  - 7・3・5 組換え修復 ・・・・・・・・・・・・・・・・・・ 151
- 7・4 アポトーシス ・・・・・・・・・・・・・・・・・・・・・ 152

8. 体づくりにかかわる遺伝子

- 8・1 ショウジョウバエの卵形成と発生 ・・・・・・・・・・・ 154
- 8・2 背腹軸形成 ・・・・・・・・・・・・・・・・・・・・・・ 155
  - 8・2・1 核内ドーサルの濃度勾配形成機構 ・・・・・・・・ 155
    - コラム．情報のクロストーク ・・・・・・・・・・・・ 157
  - 8・2・2 背腹軸に沿った遺伝子発現調節 ・・・・・・・・・ 158
- 8・3 前後軸形成 ・・・・・・・・・・・・・・・・・・・・・・ 160
  - 8・3・1 ビコイドの濃度勾配形成機構 ・・・・・・・・・・ 160
  - 8・3・2 ナノスの濃度勾配形成機構 ・・・・・・・・・・・ 161
  - 8・3・3 前後軸に沿った胚の遺伝子発現調節 ・・・・・・・ 161
  - 8・3・4 胚の両端部の遺伝子発現調節 ・・・・・・・・・・ 163
    - コラム．Bcd タンパク質と頭胸部形成 ・・・・・・・・ 165
- 8・4 前後軸に沿った分節化と分化 ・・・・・・・・・・・・・ 165
  - 8・4・1 ギャップ遺伝子 ・・・・・・・・・・・・・・・・ 167
  - 8・4・2 ペアルール遺伝子 ・・・・・・・・・・・・・・・ 168

8・4・3　セグメントポラリティー遺伝子・・・・・・・・・・*169*
　8・5　ホメオティック遺伝子・・・・・・・・・・・・・・・・*172*
　　　8・5・1　ホメオティック・コンプレックスの構造と機能・・・・*172*
　　　8・5・2　ホメオティック遺伝子の発現調節・・・・・・・・・・*174*
　　　8・5・3　ホメオティック遺伝子の標的遺伝子・・・・・・・・・*175*
　　　8・5・4　脊椎動物のホメオティック・コンプレックス・・・・・*175*

9. DNA 再編成

　9・1　抗体による免疫システム・・・・・・・・・・・・・・・*177*
　9・2　抗体の構造・・・・・・・・・・・・・・・・・・・・・*178*
　9・3　グロブリン遺伝子の構造と DNA 再編成・・・・・・・・*178*
　　　コラム．モノクローナル抗体・・・・・・・・・・・・・・・*180*
　9・4　免疫記憶・・・・・・・・・・・・・・・・・・・・・・*180*
　　　コラム．HIV ウイルス・・・・・・・・・・・・・・・・・*182*

10. がんと遺伝子

　10・1　がん原遺伝子・・・・・・・・・・・・・・・・・・・*184*
　10・2　ウイルスによるがん化・・・・・・・・・・・・・・・*186*
　10・3　がん抑制遺伝子・・・・・・・・・・・・・・・・・・*187*

11. ゲノムの進化

　11・1　遺伝情報の重複と再編成・・・・・・・・・・・・・・*190*
　　　11・1・1　ゲノム全体の重複・・・・・・・・・・・・・・・・*190*
　　　11・1・2　遺伝子の重複・・・・・・・・・・・・・・・・・・*191*
　　　11・1・3　遺伝子の再編成・・・・・・・・・・・・・・・・・*192*
　　　11・1・4　トランスポゾンを介した DNA 再編成・・・・・・・*193*
　11・2　分子系統樹・・・・・・・・・・・・・・・・・・・・*194*
　　　コラム．カンブリア紀以降の進化・・・・・・・・・・・・・*196*

12. 遺伝子操作

12・1 遺伝子操作の基本的道具と技術 ・・・・・・・・・・ *197*
12・1・1 制限酵素 ・・・・・・・・・・・・・・・・ *197*
  コラム．制限酵素の本来の役割 ・・・・・・・・・ *198*
12・1・2 DNA リガーゼ ・・・・・・・・・・・・・・ *199*
12・1・3 ベクターと宿主 ・・・・・・・・・・・・・ *199*
12・1・4 逆転写酵素と cDNA の合成 ・・・・・・・・ *200*
12・1・5 ハイブリダイゼイション ・・・・・・・・・ *201*
12・1・6 mRNA の精製 ・・・・・・・・・・・・・・ *202*
12・1・7 電気泳動 ・・・・・・・・・・・・・・・・ *203*

12・2 cDNA ライブラリーの作製 ・・・・・・・・・・・ *204*
12・2・1 2本鎖 cDNA の合成 ・・・・・・・・・・・ *205*
12・2・2 cDNA ライブラリーのベクター ・・・・・・ *205*
  コラム．発現ベクターの調製 ・・・・・・・・・・ *206*
12・2・3 ベクターへの cDNA の組み込み ・・・・・・ *208*

12・3 cDNA のクローニング ・・・・・・・・・・・・・ *209*
12・3・1 クローンの増殖 ・・・・・・・・・・・・・ *209*
12・3・2 cDNA ライブラリーのスクリーニング ・・・ *211*

12・4 プラスミドの利用 ・・・・・・・・・・・・・・・ *212*
12・4・1 プラスミドの構造 ・・・・・・・・・・・・ *212*
  コラム．DNA 断片を組み込んだプラスミド ・・・・ *213*
12・4・2 プラスミドの大腸菌への導入 ・・・・・・・ *214*
12・4・3 シーケンス ・・・・・・・・・・・・・・・ *214*
12・4・4 プローブの標識と検出 ・・・・・・・・・・ *216*

12・5 ハイブリダイゼイションを利用した分析 ・・・・ *217*
12・5・1 サザン分析 ・・・・・・・・・・・・・・・ *217*
  コラム．ゲノミックサザン ・・・・・・・・・・・ *218*
12・5・2 ノザン分析 ・・・・・・・・・・・・・・・ *219*
12・5・3 *in situ* ハイブリダイゼイション ・・・・・ *219*

12・6 PCR ・・・・・・・・・・・・・・・・・・・・・ *221*

12・6・1　Taq ポリメラーゼ ・・・・・・・・・・・ *221*
　　　　コラム．PCR の応用 ・・・・・・・・・・・・ *223*
　12・6・2　PCR を利用したクローニングと変異の導入 ・・・ *223*
　12・6・3　RACE 法 ・・・・・・・・・・・・・・・ *226*
12・7　組換えタンパク質の合成 ・・・・・・・・・・・・ *226*
　12・7・1　大腸菌発現ベクター ・・・・・・・・・・ *226*
　12・7・2　組換えタンパク質の精製 ・・・・・・・・ *228*
12・8　ゲノミックライブラリーの作製と
　　　　遺伝子のクローニング ・・・・・・・・・・・ *228*
12・9　リポーター遺伝子を利用した転写調節領域の
　　　　機能解析 ・・・・・・・・・・・・・・・・・ *229*
　12・9・1　導入された遺伝子のふるまい ・・・・・・ *230*
　12・9・2　リン酸カルシウムによる遺伝子導入法 ・・ *231*
　12・9・3　リポフェクションによる遺伝子導入法 ・・ *231*
　12・9・4　染色体 DNA に遺伝子が組み込まれた細胞の選別 ・・・ *231*
　12・9・5　顕微注入による遺伝子導入法 ・・・・・・ *232*
　12・9・6　ウイルスベクターによる遺伝子導入法 ・・ *233*
　12・9・7　その他の遺伝子導入法 ・・・・・・・・・ *233*
12・10　転写因子の解析 ・・・・・・・・・・・・・・ *235*
　12・10・1　ゲルシフト分析 ・・・・・・・・・・・ *235*
　12・10・2　フットプリント ・・・・・・・・・・・ *236*
12・11　遺伝子機能の解析 ・・・・・・・・・・・・・ *236*
　12・11・1　ジーンターゲティング ・・・・・・・・ *237*
　12・11・2　強制発現とドミナントネガティブ ・・・ *239*
　12・11・3　モルフォリノアンチセンスオリゴ ・・・ *241*
　12・11・4　アンチセンス RNA ・・・・・・・・・・ *242*
　12・11・5　RNAi ・・・・・・・・・・・・・・・・ *243*
　12・11・6　リボザイム ・・・・・・・・・・・・・ *244*
　12・11・7　データベースを利用した遺伝子機能の解析 ・・・ *244*

13. 遺伝子の応用

- 13・1　ゲノムプロジェクト ・・・・・・・・・・・・・ *246*
- 13・2　疾患原因遺伝子の特定 ・・・・・・・・・・・ *247*
- 13・3　遺伝子診断 ・・・・・・・・・・・・・・・・・・・ *248*
  - コラム．遺伝子診断と生命倫理 ・・・・・・・・ *250*
- 13・4　遺伝子治療 ・・・・・・・・・・・・・・・・・・・ *250*
- 13・5　遺伝子組換え作物 ・・・・・・・・・・・・・・ *251*
- 13・6　動物工場・植物工場 ・・・・・・・・・・・・・ *252*
- 13・7　クローンの作製 ・・・・・・・・・・・・・・・・ *252*
  - コラム．クローン人間 ・・・・・・・・・・・・・・ *254*

参考書案内 ・・・・・・・・・・・・・・・・・・・・・ *255*
索　引 ・・・・・・・・・・・・・・・・・・・・・・・・ *257*

遺 伝 子

　私たちの体は，父親と母親から譲り受けた情報をもとにつくられている．私たちの祖先はヒトであり，子孫もヒトに違いない．生物は種によって特有の形や性質をもっている．生物がもつ形や性質などの特徴を**形質**といい，形質が子孫に伝えられる現象を**遺伝**という．また，遺伝する形質のもとになる要素を**遺伝子**という．ヒトがヒトであり続けられるための遺伝子とは何なのだろうか．この章では，「遺伝子とは何か」を遺伝子科学の歴史をたどりながらみていこう．

1·1　メンデルの法則

　同じヒトでも，いくつもの形質に違いがあることに気がつく．たとえば，耳たぶが垂れている人と垂れていない人がいる．また，そばかすがある人とない人がいる．「耳たぶが垂れる」あるいは「そばかすがある」子供が生まれる確率は一般に高い．一方，「耳たぶが垂れていない」あるいは「そばかすがない」子供は，両親とも「耳たぶが垂れていない」あるいは「そばかすがない」からしか生まれない．

　メンデルはエンドウを用いて，2つの個体間で交配を繰り返し，遺伝する形質を定量的に解析した．その結果，遺伝に法則性があることを発見した．交配実験では，親世代に**純系**を用いる必要がある．純系とは，自家受精を繰り返しても同じ形質しか現れない系統のことである．エンドウの種子の形は丸かしわのいずれかである．このように対になっている形質を**対立形質**といい，対立形質を担う遺伝子を**対立遺伝子**という．エンドウの丸としわの純系を交配すると，**雑種第1代**（F_1）には片方の形質（丸い種子）しか現れな

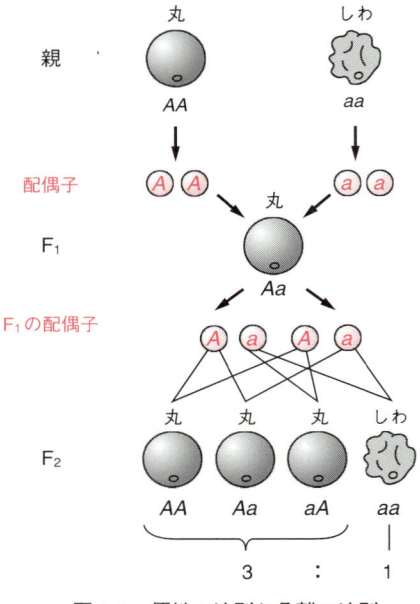

図1・1 優性の法則と分離の法則

い。そこで、F_1 に現れる形質を**優性形質**、現れない形質を**劣性形質**とよぶことになった。対立形質をもつ両親から生じる F_1 に優性形質だけが現れることを、**優性の法則**という（図1・1）。ヒトの「耳たぶが垂れる」と「そばかすがある」は優性形質である。

遺伝子は配偶子（卵と精子）によって親から子に伝えられる。したがって、子は両方の親由来の一対の遺伝子をもつ。丸の遺伝子を A、しわの遺伝子を a で表すと、丸の純系は AA、しわの純系は aa と表すことができ、AA と aa を交配して得られる F_1 はすべて Aa と表せる。A は a に対して優性なので、F_1 はすべてが丸の形質をもつ。

種子の丸としわのように、実際に現れる形質を**表現型**といい、Aa のように遺伝子を表したものを**遺伝子型**という。また、遺伝子型で Aa のような対立遺伝子の組み合わせを**ヘテロ**、AA や aa のように同じ遺伝子の組み合わせを**ホモ**という。なお、遺伝子を表す場合は A や a のように、斜体にする約束になっている。

F_1 どうしを交配して得られる個体を**雑種第2代**（F_2）という。エンドウの F_2 の形質を調べてみると、優性形質（丸）と劣性形質（しわ）が3：1であった。F_1（Aa）どうしを交配してできる F_2 の遺伝子型の割合は AA：Aa：aa＝1：2：1 となり、表現型の割合は 丸：しわ＝3：1 となる。このように、F_1 では1つの細胞の中で対として存在していた対立遺伝子 Aa が、配偶子をつくる際に、性質を変えずに A と a として分離して分配される。

このしくみを**分離の法則**という（図1・1）．

コラム．ヒトの性染色体遺伝病

　ヒトの遺伝子の数は約2万2000個と推定されている．遺伝子は常に変異が入る危険にさらされているので，これらの遺伝子のすべてが正常な人はほとんどいない．しかし，それでも多くの人が問題なく生きていられるのは，遺伝子の異常の多くは劣性だからである．両親から譲り受けた遺伝子のうち，片方が正常であれば，遺伝子の異常が現れることはほとんどない．親子から，いとこまで，近縁者間で子どもをつくらない約束になっているのは，近親結婚では遺伝子がホモになる可能性が高く，その場合，遺伝子の異常が表現型として現れてしまうからである．

　ヒトの性染色体は，女はXX，男はXYであり，女は性染色体上の遺伝子を2組もっているが，男は染色体XとYをそれぞれ1組しかもっていない．したがって，男の場合，性染色体上の遺伝子に異常があると，異常を補う対立遺伝子がないので，表現型として現れる．代表的な**性染色体遺伝病**に血友病や，色弱，筋ジストロフィー，レッシュナイハン症候群がある．

1・2　染色体

　メンデルが遺伝の法則を発表した当時（1865年）は，遺伝子が細胞のどこにあるのかわからなかった．細胞学が進歩して細胞分裂にともなう染色体の動きが明らかになると，遺伝子は染色体に存在すると考えられるようになった．

1・2・1　染色体のふるまい

　さかんに分裂している細胞を固定した後，塩基性色素で染めて顕微鏡で観察すると，色素によく染まる棒状の構造が見える（図1・2）．よく染まるので**染色体**と名づけられた．分裂間期の細胞には染色体が見られないが，細胞の中央に球状の，よく染色される構造がある．細胞の中央にある構造なので

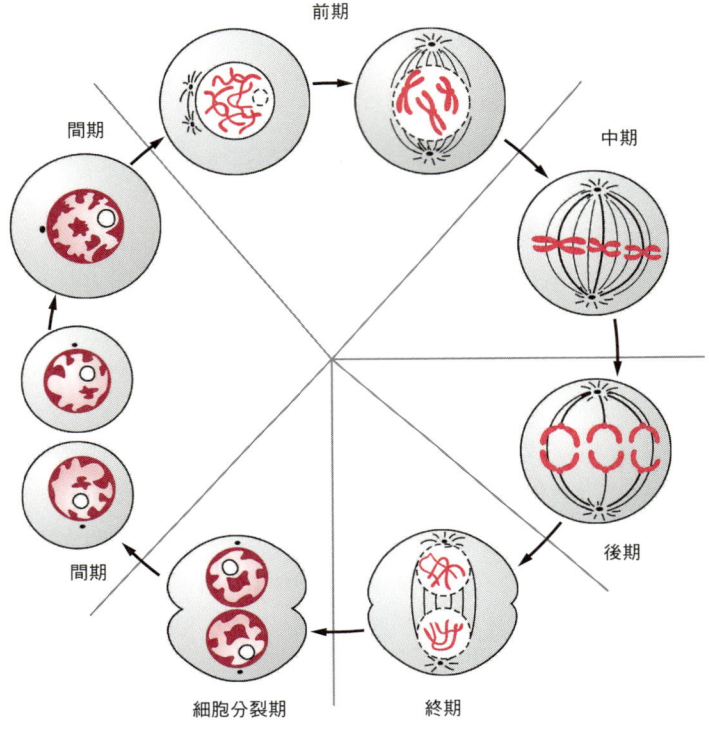

図 1・2　細胞分裂

核と名づけられた．原子核も原子の中央にあるから核とよばれるが，語源は細胞の核である．核には染色体を構成している**染色質（クロマチン）**が分散している．

　細胞が分裂する直前の核では，クロマチンが集まり，光学顕微鏡で観察できるくらいの太さになる（**染色糸**）．さらに太くなって棒状の構造になると染色体とよばれる．次に染色体は赤道面に整列した後，細胞の両極に引き寄せられて二分する．やがて細胞質が分裂して2個の細胞に分かれ，クロマチンが分散し球状の核になる．

1・2・2 染色体数

生物の種によって1個の細胞がもつ染色体の数は決まっている（表1・1）．染色体を詳しく観察すると，よく似た形の染色体が対になっているのがわかる．体を構成する**体細胞**は，1個の受精卵が分裂を繰り返した結果生じる．体細胞の対になっている染色体の片方は父親由来であり，もう片方は母親由来である．1対の同じ染色体を**相同染色体**という．

表1・1 染色体数（$2n$）

生物名	染色体数
ヒト	46
イヌ	72
マウス	40
トノサマガエル	26
イモリ	24
バフンウニ	46
ショウジョウバエ	8
ムラサキツユクサ	24
ホウレンソウ	12

ヒトの場合，父親から1組23本，母親から1組23本の染色体が与えられ，合計2組46本になる．体細胞では染色体を2組もつので**二倍体**（$2n$）とよばれる．

男の場合，1組だけ対にならない染色体がある．これらは性の決定に関わる染色体で**性染色体**とよばれる．性染色体がXYでは男になり，XXでは女になる．これに対して，男女にかかわらず必ず対になる染色体のことを**常染色体**という．

細胞が分裂しても染色体数が減らないのは，体細胞が分裂する前に，各染色体が複製されているからである．複製されてできた2本の染色体は隣り合わせに並んでおり，それぞれを**染色分体**という．分裂中期になると2本の染色分体が赤道面に並ぶ．分裂後期では染色分体が分離し，それぞれ対極に引き寄せられ，染色体が2つの細胞に等分される．

1・2・3 配偶子形成と減数分裂

多細胞動物の体細胞の分裂回数には限りがあり，やがて個体は死を迎える．多細胞動物は，ある年齢になると精子，卵という特殊な細胞（配偶子）をつくり出し，受精によって新しい個体を誕生させ，生命を連続させている．哺乳類では，生殖細胞のもと（**始原生殖細胞**）は胎児期に用意される．始原生殖細胞は初め，尿嚢と卵黄嚢に現れる．その後，胚の前方に向けて移

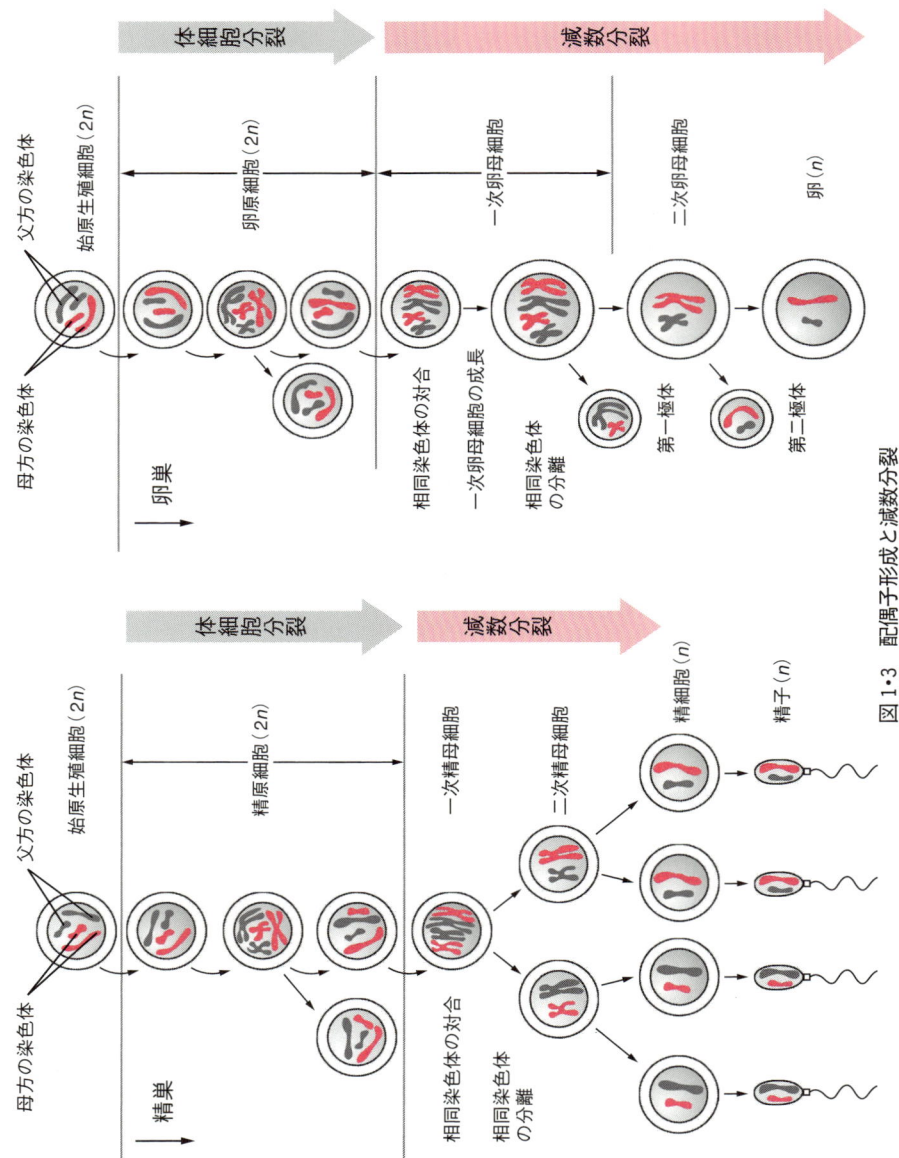

図 1・3 配偶子形成と減数分裂

動を始め，後腸を経由して**精巣**または**卵巣**に到着する．

　精巣内に入った始原生殖細胞は**精原細胞**となり，精原細胞は体細胞分裂を繰り返して増殖する（図1・3）．精原細胞は一時的に分裂を停止するが，個体が成熟すると，分裂を再開する．この分裂の結果できた娘細胞の片方だけが精子形成に向かう．これを**一次精母細胞**という．もう片方の娘細胞はそのまま精原細胞の形質を保ち続ける．このような細胞分裂を繰り返すことにより精原細胞から次々と精母細胞が形成される．一次精母細胞は**減数分裂**を行い，4個の精細胞になる．続いて，精細胞は核の凝縮，鞭毛の形成などの成熟過程を経て精子特有の形態になる．

　卵巣に始原生殖細胞が入ると，**卵原細胞**となり，卵原細胞は体細胞分裂を繰り返して増殖する（図1・3）．個体が成熟すると，卵原細胞は栄養分などを蓄えて大形の**一次卵母細胞**になり，減数分裂を開始する．一次卵母細胞は不均等に分裂して大きな**二次卵母細胞**と小さな細胞の**第一極体**になる．続く二次分裂でも二次卵母細胞は不均等に分裂して，大きな**卵**と小さな**第二極体**になる．なお，極体は後に消失する．卵として機能するためには莫大な量の物質を1個の細胞に詰め込む必要があり，多大なエネルギーを必要とする．減数分裂によって生じる4個の細胞のうち，1個だけを卵にして他を極体として捨てるのは，一種の間引きである．

　受精の際には，父方の染色体と母方の染色体の両方が受精卵にもち込まれる（図1・4）．したがって，2個の配偶子の合体で生じた新しい個体の染色体数は，配偶子の染色体数の和になる．この数は，親の体細胞の染色体数と必ず同じになる．配偶子は減数分裂という特殊な細胞分裂によって染色体数を半減させているからである．

　体細胞分裂では相同染色体はそれぞれ独立して行動するが，減数分裂では，母細胞の染色体の複製が完了すると，第一分裂の前期に相同染色体どうしが平行に並んで対合した状態になる．このとき，複製した相同染色体が対合するので，4本の染色体が分離せずに1つとして行動することになる．これを**二価染色体**といい，中期には相同染色体が対合したまま赤道面に並ぶ．

後期には相同染色体が対合面で分離し，両極に移動して，細胞質が2分する．この過程で，細胞がもつそれぞれの相同染色体は父親由来または母親由来のどちらか片方になり，組合せはランダムである．なお，体細胞分裂では相同染色体の分離が行われないので，核あたりの相同染色体は1対2本のままである．

続いて，染色体の複製が行われないまま第二分裂が開始される．第二分裂では，第一分裂で生じた2個の細胞が，それぞれ体細胞分裂とほぼ同じ過程を経て分裂する．中期に赤道面に並んだ二価染色体が二分され，後期にそれぞれ分かれて両極に移動し，新しい核を生じて細胞質も二分される．その結果生じた4個の生殖細胞の核にはそれぞれの相同染色体の片方の染色体のみが含まれることになる（図1・3）．

1・2・4　ヒトの性の決定

母親の性染色体はXXなので，卵がもつ性染色体は必ずXになる．一方，父親の性染色体はXYなので，精子がもつ性染色体はXまたはYになる．したがって，Xをもつ精子によって受精した卵は女の子に，Yをもつ精子によって受精した卵は男の子になる（図1・4）．

1・2・5　遺伝子と染色体

メンデルが発見した遺伝の法則（遺伝子のふるまい）と，染色体のふるまいは以下のようによく一致している（図1・5）．このことから，遺伝子は染色体に存在すると考えられるようになった．メンデルの遺伝の法則の発見から37年後の1902年のことだった．

遺伝子の性質
①各個体は，1つの形質に関して，1対の遺伝子をもつ．
②1対の遺伝子は，配偶子形成の際，別れて別々の配偶子に入る．
③受精によって，1つの形質の遺伝子は，新たな対をつくる．

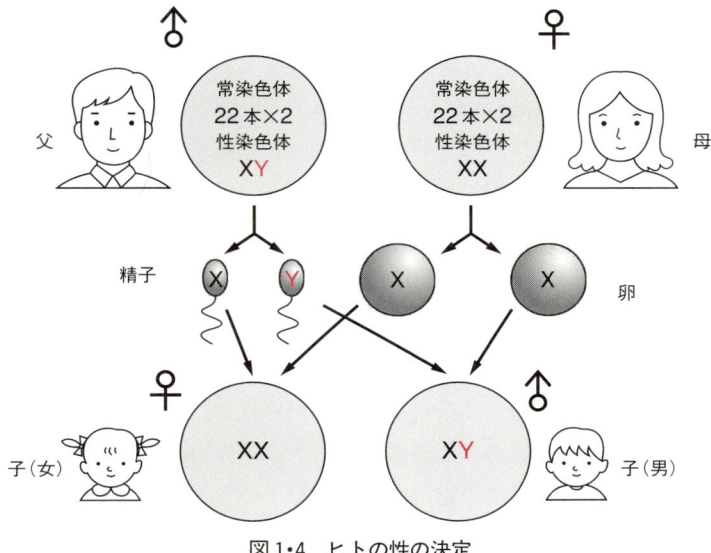

図1・4　ヒトの性の決定

染色体のふるまい

①体細胞には，1対の相同染色体が含まれている．
②1対の相同染色体は，減数分裂の際，別れて別々の細胞に入る．
③受精によって，相同染色体は新たな対を，受精卵の中でつくる．

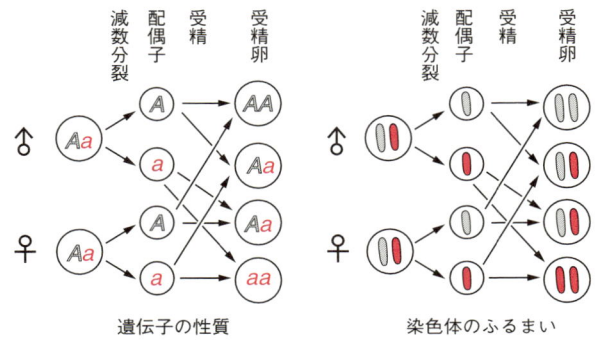

図1・5　遺伝子の性質と染色体のふるまい

1・2・6 遺伝子の連鎖と組換え

1本の染色体上に1つの遺伝子があるとすると，ヒトの場合23組の遺伝子しかないことになる．しかし，実際の遺伝子の数は，はるかに多い．遺伝の研究が進むにつれ，複数の形質が常にいっしょに遺伝する例が見つかり，多くの遺伝子が1本の染色体に存在することがわかってきた（1926年，モーガン）．

ショウジョウバエやユスリカの幼虫の**だ腺染色体**は1000本以上の染色体が並列に並んでおり，ふつうの染色体の約200倍の大きさがある．したがって，光学顕微鏡で染色体の様子を詳しく観察することができる（図1・6）．だ腺染色体には，色素によく染まる横しまが見られ，その数や場所は染色体によって決まっている．ある形質に異常がある個体の，だ腺染色体を調べると，形質の異常に対応して特定の位置の横しまのパターンが変化している．このことから，特定の横しまには特定の遺伝子が存在すると考えられるようになった．遺伝子の異常と，だ腺染色体上の変化とを対応させたものを，**だ腺染色体地図**といい，1本の染色体に複数の遺伝子が存在している状態を，遺伝子が**連鎖**しているという．

染色体上にある遺伝子の順番は決まっており，相同染色体の同じ位置には同じ遺伝子，または対立遺伝子が乗っている．減数分裂では，DNA複製が

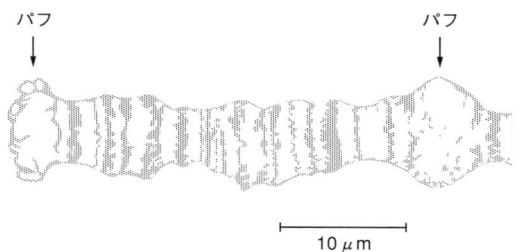

ショウジョウバエの第3染色体左腕多糸染色体
図1・6　だ腺染色体

完了すると，体細胞分裂では独立にふるまっていた相同染色体が分裂の前に対合する．このとき，対合した相同染色体の間で染色体の一部が入れ替わる．これを**乗換え**といい（図1・7），遺伝子が組み換えられる．**遺伝子の組換え**が起こる割合を**組換え価**という．

遺伝子の組換えは，それぞれの形質ごとに一定の割合で起こる．これは，遺伝子は染色体に1列に配列しており，遺伝子間の距離が離れているほど，組換えが起こりやすいと考えると説明できる．遺伝子の配列を調べることができなかった時代，研究者たちは，いろいろな形質について，互いに組換えの起こる頻度を調べ，各遺伝子が染色体にどのような位置関係で存在しているかを調べた．これを図に示したものを**染色体地図**（遺伝地図）という（図1・8）．

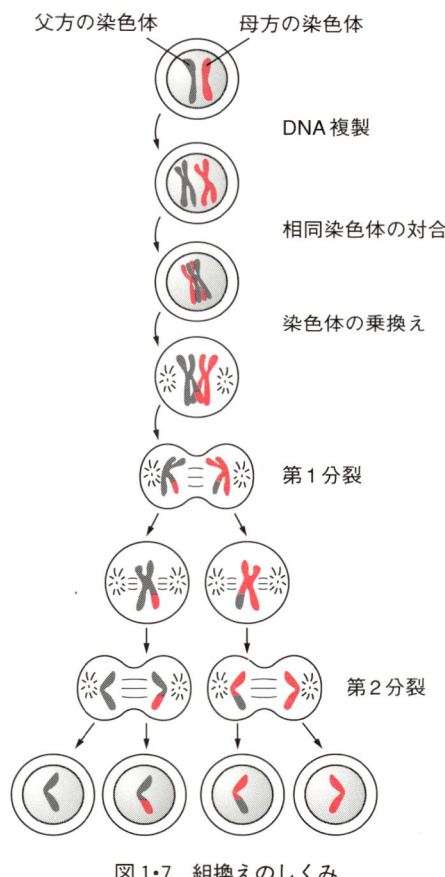

図1・7　組換えのしくみ

実際に染色体地図を作製する場合は，同じ染色体にある遺伝子（同じ連鎖群に属する遺伝子）をA，B，Cと3つ選び，同時に交配してその間の組換え価を調べる．その結果，AB間の組換え価が6％，AC間が2％，BC間が4％であれば，遺伝子はA−C−Bの順に配列していることを示している．この方法を**三点交雑**という（図1・9）．これに示される遺伝子の配列順序

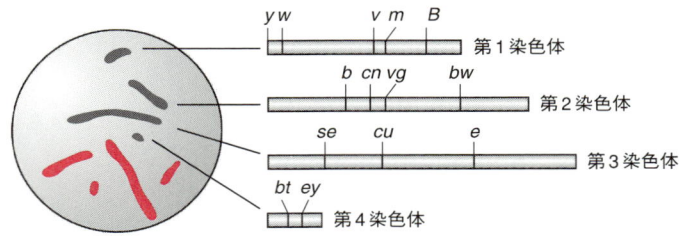

y：黄体色，*w*：白眼，*v*：朱色眼，*m*：小はね，*B*：棒眼
b：黒体色，*cn*：辰砂色眼，*vg*：痕跡はね，*bw*：褐色眼
se：セピア色眼，*cu*：そりはね，*e*：黒たん体色
bt：屈曲はね，*ey*：無眼

図1・8　キイロショウジョウバエの染色体地図（遺伝地図）と主な形質

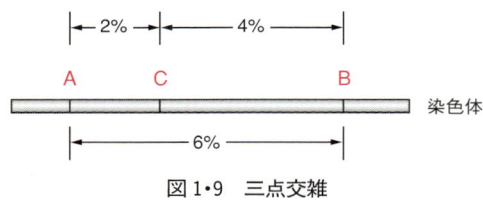

図1・9　三点交雑

は，だ腺染色体地図をもとにしてつくられた染色体地図のものと一致する．

コラム．遺伝子の混合は進化を促す

　各々の相同染色体は1対（父親由来と母親由来）であるが，減数分裂の第一分裂で，どちら（父親または母親由来）の相同染色体が，2つの細胞のどちらに分配されるかは完全にランダムである．ヒトの配偶子の染色体数は23本なので，各染色体の組み合わせパターンは2^{23}（約800万）パターンになる．精子と卵がそれぞれ800万パターンの染色体の組み合わせをもっているので，受精卵が受け取る染色体のパターンは800万の2乗（約64兆）パターンとなり，地球上の総人口60億人の1万倍以上となる．また，減数分裂の過程で起きる相同染色体間の組換えにより，さらに遺伝子の混合が促進される．このように，父方の遺伝情報と母方の遺伝情報が，減数分裂と受精の過程で混ぜ合わされ，次の世代へ受け継がれて

いく．人が1人ひとり皆違うのは，この数字からもよく理解できる．

　遺伝子の混合により遺伝子型の多様性が生まれ，さまざまな環境に対する適応力をもつ子孫が生まれる可能性が生じる．遺伝子の混合は種の存続にとって重要であるばかりでなく，進化を促進する．

1・3　遺伝子の本体

　体細胞分裂をしても染色体の数が変わらないのだから，染色体に含まれる遺伝子の本体は「細胞分裂をしてもその量が一定に保たれる」はずである．同じ種は同じ形質をもっており，種ごとに形質が違うのだから「核内における量が，種によって一定」である．さらに，遺伝子は個体の形や性質を決めているのであるから，遺伝子は「形質発現を支配する」はずである．

1・3・1　形質転換

　1928年，グリフィスは非病原性の**肺炎双球菌**と，加熱して死滅させた病原性の肺炎双球菌を混ぜてネズミに注射すると，ネズミの血液中に病原性の菌が増殖してくるのを発見した．死滅させた病原性の肺炎双球菌を注射しただけでは，菌の増殖はなかった．これは，死んだはずの病原性肺炎双球菌が生き返ったのではなく，死滅させた病原菌の中に，非病原性の肺炎双球菌を病原性に転換させる物質があることを意味している．さらに，エイブリーらは非病原性の肺炎双球菌が病原性に変化する現象は，ネズミに注射しなくても，培養した菌でも起きることを見つけた．そして，このような形質の変化は，細菌の遺伝的性質の変化であると考え，この現象を**形質転換**と名づけた．エイブリーらは，非病原性の肺炎双球菌を病原性に形質転換を起こさせる物質を精製したところ，それは炭水化物でもタンパク質でもなく，DNA（デオキシリボ核酸）であることがわかった．1944年のことであった．

　1950年ころまでに，ウイルスに関する研究が進み，ウイルスが細菌に感染すると細菌の形質が変わることや，細菌の中で増殖することから，ウイル

スは遺伝子をもっていると考えられるようになった。**バクテリオファージ**は細菌を宿主とするウイルスであり，感染すると細菌の中で複製を繰り返し，最後に宿主の細菌を溶かして多数のウイルスとなって飛び出す．感染するときには，バクテリオファージの全体が細菌に入るのではなく，一部だけが入ることがわかっていたが，何が入るのかは明らかではなかった．細菌に入った物質からバクテリオファージの全体ができることから，その物質こそが遺伝子の本体と考えられた．ウイルスはタンパク質とDNAからできている．どちらが遺伝子の本体であるかを明らかにしたのは1952年のハーシーとチェイスの研究だった（図1・10）．

当時，**放射性同位元素**を用いた物質の追跡がさかんに行われ始めており，彼らはタンパク質とDNAを構成する元素の違いに目をつけた．タンパク質を構成するアミノ酸にはメチオニンやシステインのように硫黄（S）を元素として含むものがあるが，DNAにはSは含まれない．一方，DNAにはリン（P）が含まれるが，タンパク質にはPが含まれない．そこでタンパク質を ^{35}S で，DNA を ^{32}P で標識したバクテリオファージをつくり，これを細菌

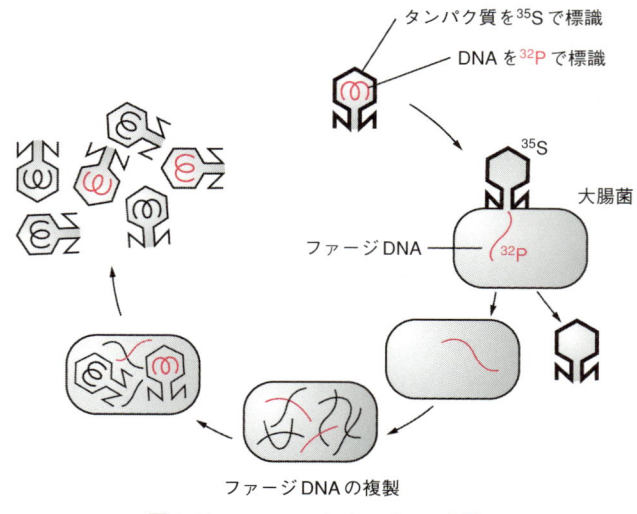

図1・10　ハーシーとチェイスの実験

に感染させて，どちらの元素が細菌に注入されるかを調べた．その結果，Pだけが細菌に入ることがわかり，DNA が遺伝子の本体であることが確定した．

1・3・2　細胞あたりの DNA 量

DNA は主として核に含まれ，その量は体細胞の種類にかかわらず一定であり，細胞分裂をしてもその量が一定に保たれている．しかし，精子のように減数分裂によって染色体が半数になった細胞では，核内の DNA 量もそれにともない半減しており，**受精**によってもとの量になる（図 1・11，表 1・2）．

表 1・2　細胞あたりの DNA 量（ニワトリ）

組織	DNA 量(pg)
肝臓	2.7
心臓	2.5
脾臓	2.6
膵臓	2.6
赤血球	2.5
精子	1.3

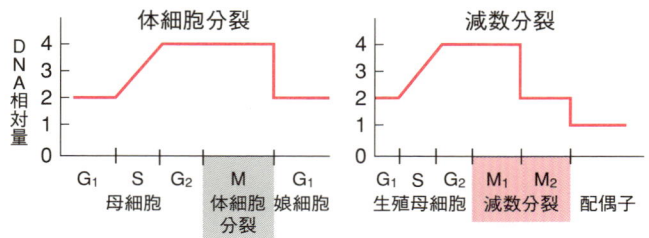

図 1・11　細胞分裂と DNA 量の変化

1・3・3　DNA の構造

DNA は，どのように遺伝情報を担っているのだろうか．人間が書き表すような文字があるのだろうか．DNA はアデニン（A），グアニン（G），シトシン（C），チミン（T）の 4 種類の塩基をもつポリヌクレオチドでできている．シャルガフらは 1949 年，DNA のヌクレオチドの定量分析によって，4 種類のヌクレオチドの含有量は種によって異なるが，比 A：T，G：C は常に 1：1 であることを発見した．一方，化学分析により DNA のヌクレオ

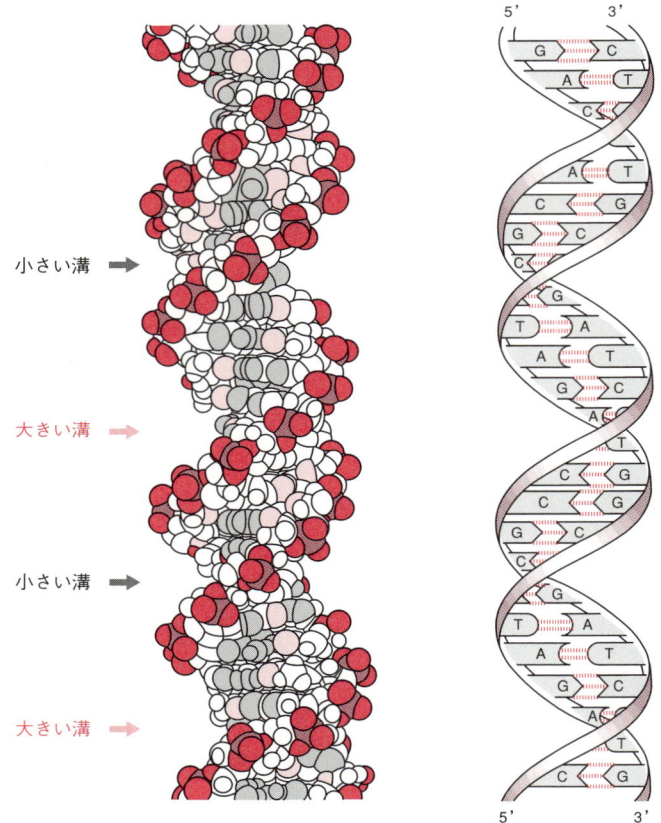

図 1・12　DNA の二重らせんモデル

チドを連結するのは 3′-5′ ホスホジエステル結合であることや，X 線回折によりらせん構造であることがわかってきた．ワトソンとクリックはこれらの結果を考慮して，理論的に最も可能性のある分子モデルを組み立て，1953 年，二重らせんモデルに到達した（図 1・12）．

　すべての生物の遺伝情報は A，G，C，T の 4 文字で書かれている．他の文字の遺伝情報を用いている生物はない．このことは，すべての生物がたった 1 つの祖先から出発していることを意味している．

遺伝情報の文字と読みとり装置

　人間が情報を記録するには文字を使う．たとえば英語のアルファベットは26文字，日本語のひらがなは50文字からできている．1つひとつの文字にはそれほど意味があるわけではなく，意味があったとしてもアルファベットとひらがなは，それぞれ26と50とおりの意味しか表せない．しかし，ある特定の文字の並べ方をすることで，ほとんど無限の意味をもたせることができる．遺伝情報はA，G，C，Tのたった4文字で書かれている．文字の数が少ないので，情報量が限られるかもしれない．しかし，コンピューターの言語が0か1の2文字で書かれているにもかかわらず，膨大な情報量を記録し，演算することができることを考えれば，4文字でも十分であると理解できる．

　人間は情報を目で見て読む．並べられた文字列の意味を，目から取り込み，神経を介して脳に伝え，理解する．生物は遺伝情報をもとに体を作り上げる．A，G，C，Tで書かれている遺伝情報をどのようにして読むのだろうか．その情報をもとに，どのようにして体をつくっていくのだろうか．

2・1 分子の形を決める基本要素

　生物は分子からできており，生命活動のすべては化学や物理の法則に従っている．細胞を構成する分子は大きさや形，化学的性質など，さまざまである．分子は原子が結合してできている．化学結合とは原子を結びつける引力であり，化学結合により原子が一定の形に集合したものを分子という．分子はさまざまな分子を認識し，特異的に結合する．遺伝情報は分子の凹凸として記録されており，遺伝情報の伝達は，分子と分子の特異的な結合が担って

いる．遺伝情報は点字，読みとる装置は指先にたとえられるかもしれない．分子の形と，その形の認識にかかわる化学結合についてみていこう．

2・1・1　共有結合

原子は原子核とその周囲をまわっている電子からなる．水は水素2原子と酸素1原子からできており，1個の酸素原子が2個の水素原子と**共有結合**している（図2・1）．共有結合とは複数の原子核が電子を共有している状態を表す．共有結合は他の化学結合に比べ，結合力が非常に強く，結合する2つの原子の中心間距離も短い（表2・1）．結合の強さは，結合を切り離すのに必要なエネルギーとして表され，一般に1モル（6×10^{23} 分子）あたりの熱エネルギー（kcal）で表される．

表2・1　化学結合

結合の種類	原子の平均 中心間距離 (nm)	生体内（水の中） での結合力 (kcal/mol)
共有結合	0.15	90
イオン結合	0.25	3
水素結合	0.30	1
ファン・デル・ワールス力	0.35	0.1

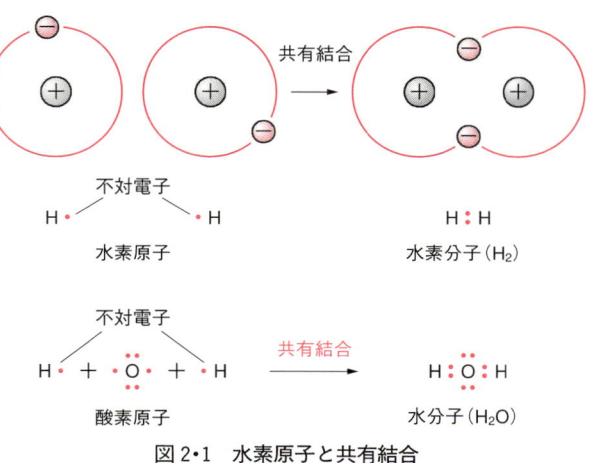

図2・1　水素原子と共有結合

2・1・2 ファン・デル・ワールス結合

2個の原子が互いに近づいたときに生じる引力と反発力がつり合って**ファン・デル・ワールス結合**ができる．この結合は非特異的で弱く，すべての原子間に生じる．結合の距離は原子によって異なり，厳密に決まっている．この距離をファン・デル・ワールス半径という（図2・2）．

各原子間のファン・デル・ワールス結合は弱いが，複数の原子が分子間でファン・デル・ワールス結合すると，熱運動による解離エネルギー（平均 0.6 kcal/mol）より結合力が強くなる．たとえば，抗体と抗原の結合力は 20 kcal/mol 以上にも達し，強固である．ファン・デル・ワールス結合が分子間で安定的に成立するには，分子の形が鍵と鍵穴のように厳密に相補的である必要がある．ファン・デル・ワールス結合は分子が分子を認識するための重要な結合様式である．

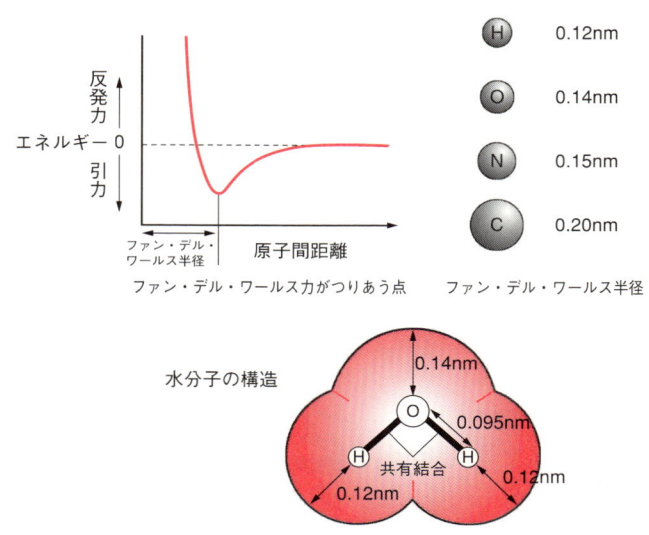

図2・2 ファン・デル・ワールス結合（引力と反発力），水分子の構造とファン・デル・ワールス半径

2・1・3　水素結合

　原子は原子核の陽子が正に帯電し、電子が負に帯電している。ふつう、陽子の数と電子の数が等しいので、原子全体では電気的に中性になる。ある原子と、その原子と異なる原子が共有結合して分子になると、原子の種類によって電子を引きつける力が違うので、分子の中で電気的にバランスが崩れることがある。酸素原子と水素原子、窒素原子と水素原子が共有結合したとき、水素原子がやや正に帯電し、酸素原子や窒素原子はやや負に帯電する。このとき、プラスとマイナスを帯びた磁石が他の磁石と結合するように、正と負に帯電した分子どうしが結合する。この結合を、水素を介して結合するので**水素結合**という（図2・3）。

　水素結合はファン・デル・ワールス結合とは異なり、強い方向性がある。水素結合はファン・デル・ワールス結合より強いが、共有結合よりはるかに弱く、安定的な結合をするには分子表面が相補的である必要がある。水素結合はDNA複製や、遺伝情報の読みとりに重要な役割を果たしている。

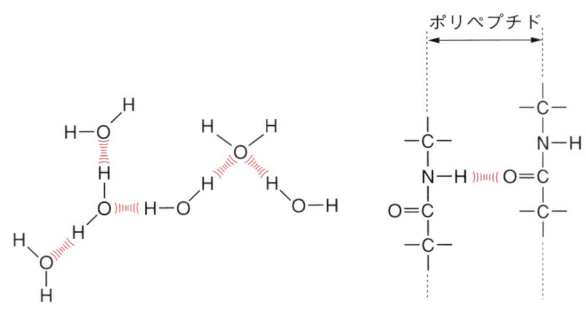

水分子間の水素結合　　　イミノ基とカルボニル基間の水素結合

図2・3　水素結合

コラム．水はスムーズな化学反応を保証している

　水分子は水素原子2個と酸素原子1個からなる小さな分子であるが，小さな分子に似合わず高比熱，高融点，高融解熱，高沸点，高蒸発熱という，特徴的な性質をもつ．それは，水分子が分極して磁石のような性質をもつ**双極子**となっており，水素結合により水分子どうしが緩やかに結びついているからである．高い比熱は，一定の温度環境を保ち，高い蒸発熱は体温の上昇を抑制し，高融解熱は水が凍りにくく低温条件でも細胞が氷で破壊されにくい特徴をもたらす．さらに，双極子の性質は，水が優れた溶媒であることを意味している．水は，正負どちらの電荷をもった物質も水和して溶解することができ，スムーズな化学反応を保証している．水のこのような特徴が生命を誕生させたと考えられている．

2・1・4　イオン結合

　有機分子には，正または負に帯電した基をもつものがある．たとえばアミノ酸には負に帯電した**カルボキシル基**（COO$^-$）と正に帯電した**アミノ基**（NH$_3^+$）がある．正と負に帯電した基や，イオンの間で起きる静電的な結合を**イオン結合**という（図2・4）．

　結晶のように水のない条件では，イオン結合は強いが，水の中ではイオンのまわりを水分子が取り囲むので，結合力は弱い．生理的条件では塩が水に溶けており，塩が解離してできるNa$^+$や，K$^+$，Mg^{2+}，Cl$^-$，SO$_4^{2-}$などの無機イオンによって有機分子の基の電荷が中和され，イオン結合力はさらに弱くなる．生理的条件下では，イオン結合力は弱いものの，タンパク質の立体構造や，タンパク質とタンパク質，タンパク質と核酸，酵素と基質の認識と結合に重要な役割を担っている．

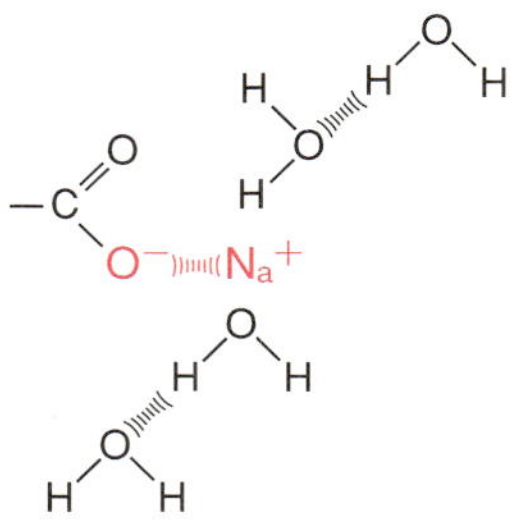

図2・4　Na$^+$とカルボキシル基のイオン結合

2・1・5 疎水結合

水は分極した分子や，イオン性の分子をよく溶かす．水によくなじむ分子の性質を**親水性**といい，水になじまず，水分子が排除しようとする性質を**疎水性**という．水が疎水性分子を排除するので，生理的条件（水の中）では結果的に疎水性分子どうしが集まり，結合することになる．これを一般に**疎水結合**といい，結合力の実体はファン・デル・ワールス結合である．疎水結合はタンパク質の折りたたみや，タンパク質どうしの結合，細胞膜の脂質二重層の形成に重要な役割を担っている．

コラム．タンパク質どうしの結合

グルコースやクエン酸など，分子内に電気的に極性がある分子（極性分子）は，=O や−OH のように，水素結合をつくることができる基を多くもっている．したがって，これらの分子が水に混じったときには，水分子どうしの水素結合をこわして水分子と水素結合をつくる．これが水に溶けた状態である．しかし，水分子どうしの結合より不安定なので，一定の濃度以上には溶けることができない．水分子どうしよりも不安定な結合にもかかわらず，水に溶けることができるのは熱運動による．温めると，極性分子がさらに水によく溶けるのはこのためである．

疎水性分子は水分子と水素結合をつくることができない．したがって，油は水になじまないように，疎水性分子を水に溶かすことはできない．水の中で，分子と分子が疎水性部分で結合する場合の結合力はファン・デル・ワールス結合によるが，ファン・デル・ワールス結合は水素結合に比べ弱い．生体内でタンパク質とタンパク質が比較的安定に結合できるのは，結合したタンパク質分子を取り巻く水とタンパク質の表面が水素結合しているからである．周囲の水分子と最大限に水素結合を形成できるような立体構造で，タンパク質分子は結合しているのである．

2・1・6 平衡定数

分子が特異的に分子を認識して結合するには，分子どうしが接近しなくて

$$\text{解離速度} = (\text{解離速度定数}) \times (\text{ABの濃度}) = k_{off}[AB]$$

$$\text{会合速度} = (\text{会合速度定数}) \times (\text{Aの濃度}) \times (\text{Bの濃度}) = k_{on}[A][B]$$

― 平衡状態のとき ―

$$k_{on}[A][B] = k_{off}[AB]$$

$$\text{平衡定数 } K = \frac{k_{on}}{k_{off}} = \frac{[AB]}{[A][B]}$$

図 2・5　平衡定数

はならない．出会った分子が，結合すべき分子と異なる場合は，再び離れる．最終的に目的の分子と安定的な結合ができるまで，接近と解離の試行錯誤が繰り返される．これを可能にしているのが熱運動エネルギーである．

2 つの分子 A，B の結合反応は，会合する速度と解離速度が等しくなるまで（平衡に達するまで）進行する．この平衡の状態は解離状態の A，B の濃度と，複合体 AB の濃度から図 2・5 の式で表すことができる．

平衡定数 K は 2 分子間の結合の強さの程度を表す．分子の結合は永続的ではない．多かれ少なかれ，結合と解離を繰り返している．

コラム．結合と解離を繰り返す分子

原子や分子は，熱運動により，めまぐるしく動いている．たとえば，エネルギーの通貨である ATP 分子の生理的な濃度 1 mM では，ATP が 1 個のタンパク質分子に 1 秒間に 100 万回も衝突する．また，ATP は細胞の端から端まで移動するのに 0.2 秒しかかからない．高分子のタンパク質はそれほど速く拡散しないが，

ある球状のタンパク質の場合，1秒間に100万回も回転している．酵素によって活性が異なるが，1秒間に100万回も触媒する酵素もある．体を構成する分子の世界は，想像を絶する速度で動いている．

　共有結合は分子の形を決める基本的な結合であるが，分子間の認識には結合力の弱い非共有結合が重要な役割を果たしている．熱運動がさまざまな分子を出会わせ，結合させる．しかし，分子間に形成された結合エネルギーが熱運動エネルギーに比べて小さいときには分子が解離する．こうして，最も適した分子どうしが結合するまで，結合と解離が繰り返され，特異的な分子間の認識と結合が成立する．その結合も恒常的ではなく，弱い非共有結合では，常に解離と結合を繰り返す．生体内で特異的な結合をすることが知られているタンパク質どうし，またはタンパク質とDNAの平衡定数は意外に低い．分子の濃度にもよるが，100分子〜1000分子に1個ぐらいしか結合していないことが多い．特異的な結合が形成されたとしても，その結合が長く続いては次の状況に対処することができない．生物は分子と分子を，結合と解離の中間的な状態にすることで，刻々と変わる環境に対応している．

2・2　DNAの構造と性質

　染色体のDNAは，2本のDNAの鎖からなる二重らせん構造をしている．2本のDNA鎖を結合させている力は塩基間の**水素結合**である．塩基間の対合は特異的で，必ずAはTと，GはCと結合する．これは，二重らせんの片方が反対鎖の鋳型になり得るということも意味しており，遺伝子の複製をよく説明できる．

2・2・1　二重らせん

　二重らせん構造をとるDNAのそれぞれの鎖は**ポリヌクレオチド**である．DNAポリヌクレオチドは**デオキシリボース**の5位の炭素と次のデオキシリボースの3位の炭素とが**リン酸ジエステル結合**によって結びつけられてお

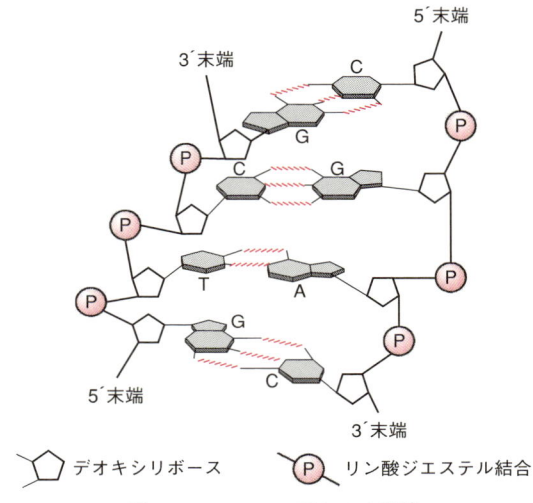

図2·6　DNAの二重らせん構造

り，これが繰り返されてDNA鎖の骨格となっている．情報はデオキシリボースの1位の炭素に結合している塩基の配列によって書き表されている．ポリヌクレオチドには方向があって，それぞれの端をリン酸の結合したデオキシリボースの炭素の位置で表し，**5′末端**，**3′末端**とよぶ．

　DNAの二重らせんは逆の方向を向いたポリヌクレオチド鎖が巻きあったものである（図2・6）．塩基は比較的疎水的で，親水性の鎖の骨格から二重らせんの内側に突き出ている．塩基の分子は平面構造をとっており，その面は鎖に対してほぼ直角となっている．同一の鎖の中では各々の塩基の分子の面は互いに平行で，鎖に沿って少しずつずれながら重ね合わさった格好となり，この重なりがDNA分子の安定化に寄与している．

　2本の鎖の塩基どうしは水素結合により結びついており，安定な水素結合はAとT，CとGだけでつくられる（図2・7）．その組み合わせは，大きな**プリン**には小さな**ピリミジン**と決まっていて，いずれも塩基対全体の大きさが変わらないようになっている．したがって，DNA鎖の太さは塩基配列によらず，一定である．一方，塩基と塩基が水素結合している部分は二重ら

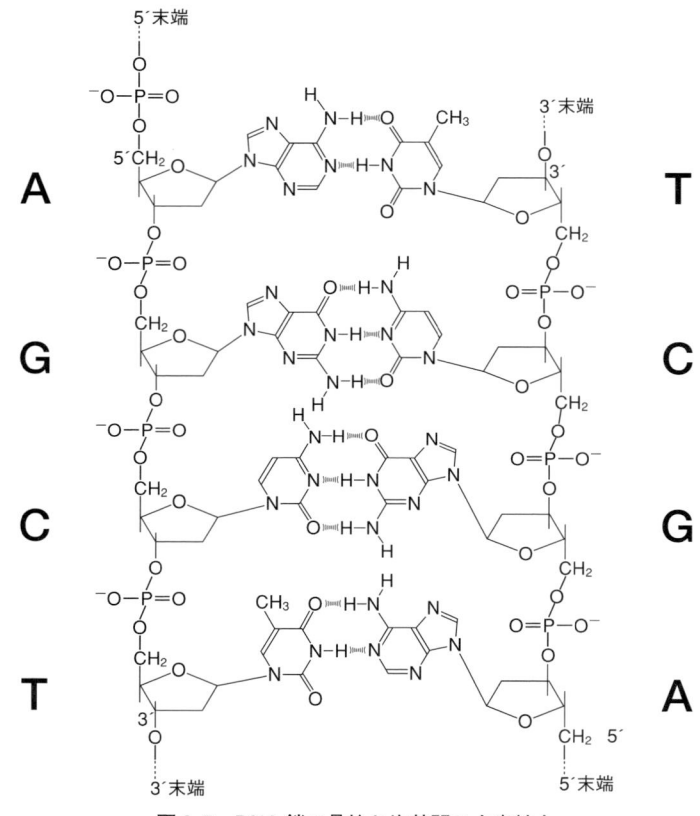

図2・7　DNA鎖の骨格と塩基間の水素結合

せんの溝にあり，塩基の種類によって溝に凹凸が生じる．この溝の凹凸のパターンに遺伝子の発現調節の情報が書き込まれている（5・4・1参照）．

2・2・2　DNAの変性と二重らせん再構成

　DNAを100℃近くまで熱したり，アルカリや尿素など，水素結合を不安定にする試薬を与えると二重らせんが解けて1本鎖DNAになる．1本鎖DNAの状態は2本鎖よりもエネルギー的に不安定で，塩基は水素結合をつくって2本鎖になろうとする．したがって，水溶液中の1本鎖DNAは相補

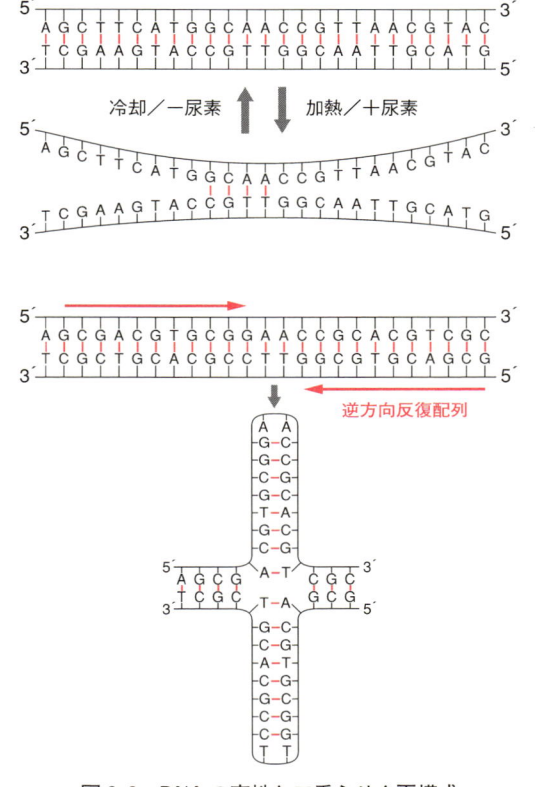

図 2・8　DNA の変性と二重らせん再構成

する鎖に出会うと自然に二重らせんを再構成する（図 2・8 の上）．完全に相補する鎖でなくてもある程度以上の**相補性**があれば適当な条件下では二重らせんを再構成する．配列によっては同じ DNA 鎖の中でも 2 本鎖 DNA ができる．ある配列のすぐ近くに，逆方向反復配列があれば同一 DNA 鎖の中で 2 本鎖ができ，十字型の構造が形成される（図 2・8 の下）．

　A と T の組み合わせは 2 つの水素結合，C と G の組み合わせは 3 つの水素結合により結びついており，DNA の CG 含量が高いほど，二重らせんの安定性が増し，DNA 鎖の解離温度が高くなる（12・1・5 参照）．ポリヌク

レオチド鎖の相補性は遺伝子の複製や発現に重要な意味をもっている．また，特異的な塩基配列の検出など，遺伝子の研究にも DNA の相補性を利用した技術がたくさん用いられている（12・1・5 参照）．

2・2・3 遺伝子の情報量

一倍体（1 n）（p 5 参照）あたりの塩基数を**ゲノムサイズ**（表 2・2）という．ウイルスから細菌，ヒトを含めた真核生物に至るまでサイズは幅広く，ヒトのゲノムサイズは細菌に比べ約 1000 倍大きい．複雑な生物ほどゲノムサイズが大きい傾向があるが，例外もある．イモリはヒトの 10 倍，単細胞にもかかわらずアメーバは 13 倍もある．ゲノムサイズが大きいからといって遺伝情報量が多いとは限らない．

表 2・2　ゲノムサイズ

生物種	ゲノムサイズ（塩基対）	生物種	ゲノムサイズ（塩基対）
ウイルス SV-40	5×10^3	ヒキガエル	6×10^9
天然痘ウイルス	2×10^5	イモリ	3×10^{10}
大腸菌	4.6×10^6	スズメ	2×10^9
コウジカビ	4×10^7	ヒト	3×10^9
酵母	1.2×10^7	クロレラ	4×10^7
アメーバ	4×10^{10}	シロイヌナズナ	1×10^8
線虫	1×10^8	イネ	5.6×10^8
ショウジョウバエ	1.4×10^8	タマネギ	2×10^{10}
ウニ	8×10^8	ダイコン	2.5×10^9
カレイ（魚）	6×10^8	マツ	2.5×10^{10}

コラム．ヒトの情報量はどのくらいか？

ヒトのゲノムサイズは 30 億文字であり，父親と母親から譲り受ける情報を合わせると 60 億文字に達する．これは，1000 ページの本，約 8 千冊分に相当する．また，1 人のヒトの DNA を全部つなげると 60 兆×2 m＝1200 億 km となり，月と地球（距離 38 万 km）を 16 万回往復する長さに達する．

2・3 遺伝情報の詰め込み場所

遺伝情報は核に詰め込まれている．ヒトの細胞の核の大きさは直径約 10 μm であり，各細胞核がもつ DNA の長さは 2 m であるから，核の直径の約 20 万倍の長さの分子が詰まっていることになる．ヒトの染色体の数は 46 本だから，1 本の染色体としても，情報は平均 5 cm の 1 本の連続した分子として存在する．核は DNA を単に詰め込むだけでなく，複製したり，状況に合わせて特定の遺伝情報を読みとる必要がある．細長い DNA を引きちぎることなく，どのようにして収めているのだろうか．

真核生物の DNA は**ヒストン**とよばれるタンパク質が結合している．ヒストンはプラスの電荷をもつリシンやアルギニンを多く含み，マイナスに帯電した DNA に結合する．ヒストンには H1，H2A，H2B，H3，H4 の 5

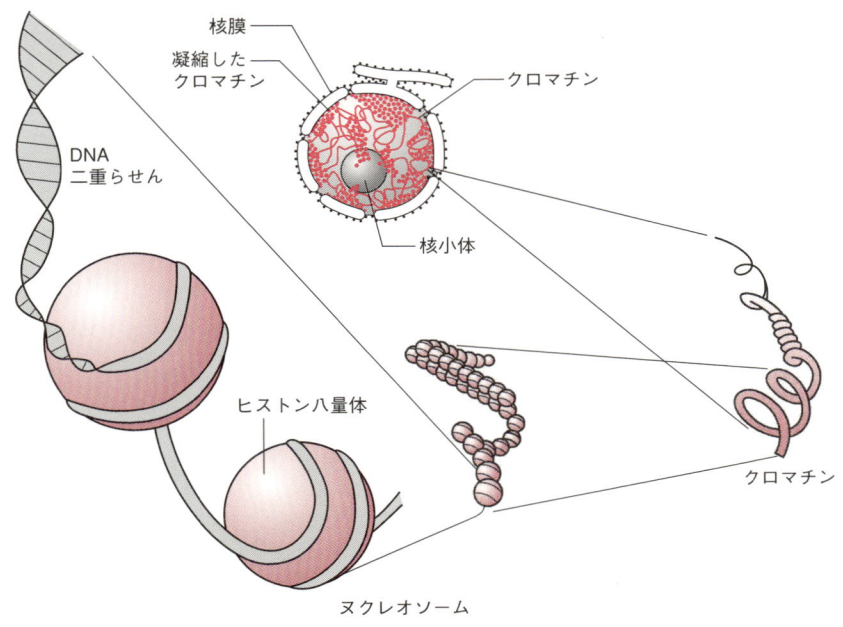

図 2・9　ヌクレオソームと染色体

種類ある．H2A, H2B, H3, H4（コアヒストン）がそれぞれ2個ずつ集まった球状のヒストン八量体にDNAが巻き付き，**ヌクレオソーム**構造をとる（図2・9）．ヒストン八量体に巻き付いているDNAの長さは146 bpで，リンカー（ヌクレオソームをつなぐ糸のように見える部分）を含めると約200 bpの繰り返し単位からなる．この段階でDNAは5分の1の長さに折りたたまれる．H1はリンカーとコアヒストンの両方に結合して橋かけをしており，ヌクレオソーム構造をコンパクトにするはたらきがある．この段階でDNAの長さは40分の1になる．有糸分裂の際にはさらに幾重もらせん状に折りたたまれた**スーパーコイル構造**をとり，DNAの長さが圧縮され，光学顕微鏡で観察されるような染色体となる．遺伝情報が読みとられる際には，コンパクトな染色体がほどけ，DNAがむき出しとなって情報が写し取られる．核のDNAにはDNAポリメラーゼ，RNAポリメラーゼや，DNA複製や転写を調節するタンパク質など，ヒストン以外のタンパク質も結合している．これらをまとめて**非ヒストンタンパク質**という．また，DNAとこれらのタンパク質の複合体を**クロマチン**という．

2・4　遺伝情報の読みとり装置

　遺伝情報はA，G，C，Tの分子の並び方で記録されている．A，G，C，Tはそれぞれ形が違うので，その並び方によってDNA鎖の凹凸のパターンが決まる．これを情報として認識するのがタンパク質である．DNAとタンパク質，タンパク質とタンパク質の特異的認識はタンパク質の立体構造が担っている．

2・4・1　ペプチド結合

　アミノ酸はアミノ基（$-NH_2$）とカルボキシル基（$-COOH$）が1つの炭素原子に結合した分子である．タンパク質を構成するアミノ酸は20種類あり，これらが**ペプチド結合**により連結されて，タンパク質となる（図2・

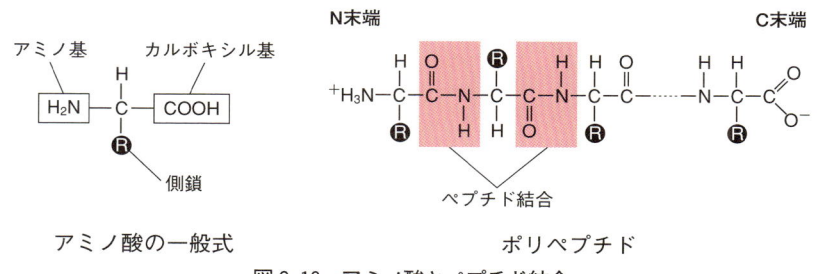

図2・10　アミノ酸とペプチド結合

10)．ペプチド結合でつながったアミノ酸の鎖を**ペプチド鎖**といい，長いペプチド鎖を**ポリペプチド**，その分子全体をタンパク質という．ペプチド結合はアミノ酸のカルボキシル基に別のアミノ酸のアミノ基が脱水結合することにより形成される．その結果，合成されたポリペプチドの1番目のアミノ酸にはアミノ基，最後のアミノ酸にはカルボキシル基が残ることになる．そこで，ポリペプチドの方向を示す際には，最初のアミノ酸のある端を**N末端**，その反対側の端を**C末端**と表す約束になっている．生体内でもタンパク質はN末端からC末端に向けて合成される．ペプチド結合でつながったアミノ酸の並び順をタンパク質の**一次構造**という．

2・4・2　アミノ酸の性質

タンパク質の一次構造は遺伝子上の遺伝情報（遺伝暗号）により決められており，タンパク質の基本的機能は一次構造で決まる．タンパク質は鎖状の分子として合成されるが，生体の中では鎖が折りたたまれて，一定の立体的な構造をとる．この立体構造がタンパク質の機能に厳密にかかわっている．タンパク質の立体構造の形成にはアミノ酸の**側鎖**の性質が大きな影響を与える．アミノ酸は側鎖の性質により**塩基性アミノ酸，酸性アミノ酸，極性中性アミノ酸，非極性アミノ酸**に分類される（図2・11）．

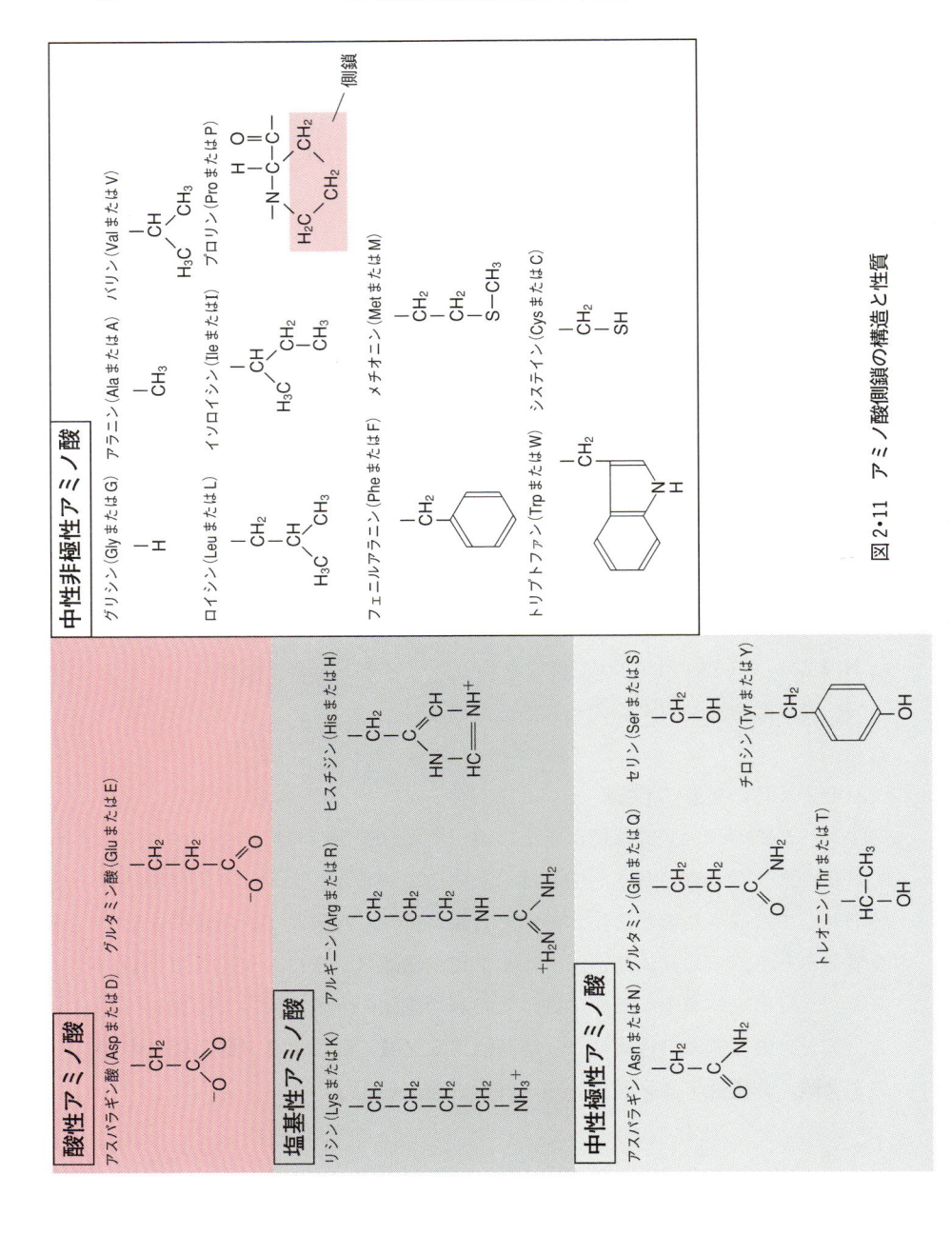

図2·11 アミノ酸側鎖の構造と性質

αヘリックス　　　　　βシート(逆平行)

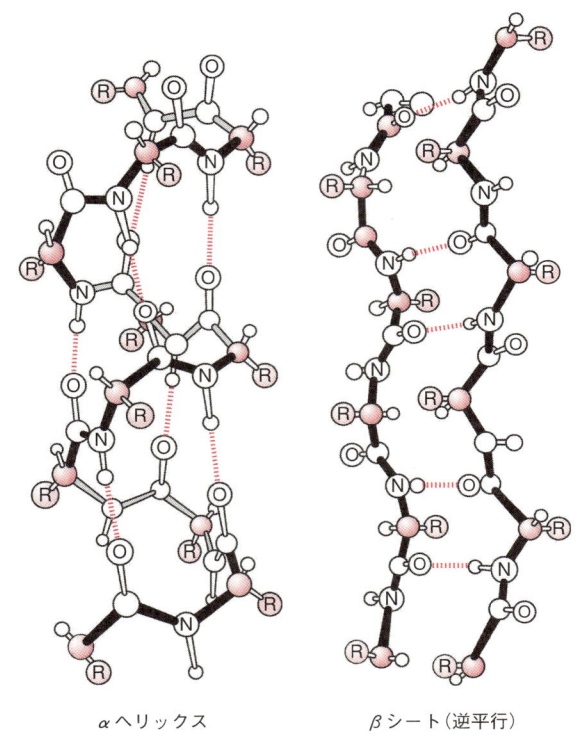

図2・12　タンパク質の立体構造

2・4・3　タンパク質の立体構造

　疎水性のアミノ酸が連なっている部分は，水の中では，水を避けタンパク質分子の内側に入り込む．一方，親水性の塩基性アミノ酸，酸性アミノ酸や極性中性アミノ酸が連続しているか，その割合が多い部分は周囲の水と接するように，タンパク質分子の表面に位置する．タンパク質が機能するには厳密な**水素イオン濃度**の条件（多くの場合，生理的pH 7.2～7.3）が必要である．それは，電荷をもったアミノ酸の**電離度**（電離して電荷を有する分子と，全分子数との比）は水素イオン濃度に大きな影響を受けるからである．各アミノ酸の電離度が変化すれば，タンパク質の立体構造も変化する．

タンパク質の立体構造の形成には，ペプチド結合間に生じる水素結合も重要な役割を果たしており，水素結合が立体構造の骨格を形成している．アラニンのように側鎖が比較的小さく極性をもたないアミノ酸が連続しているところでは，それぞれのペプチド結合の N–H の水素原子（H）と，そこから4番目のアミノ酸のカルボニル基の酸素原子（O）との間で分子内水素結合が生じ，その結果，右巻きに1回転3.6アミノ酸のピッチでらせん構造が形成される．同一らせん分子内で各アミノ酸ごとに水素結合ができるので，比較的しっかりしたスプリング様の構造になる．これを α ヘリックスという（図2・12左）．自律的にこのような構造ができるのは，エネルギー的に最も安定だからである．α ヘリックス構造をとる部分ではすべての側鎖がヘリックス構造から外に向けて突き出ることになる．リシン（＋）やグルタミン酸（－）のように側鎖に電荷をもつ場合は，同じ電荷をもつアミノ酸が連続していると側鎖が互いに反発しあい，α ヘリックスができない．また，プロリンは特異な構造をしたアミノ酸なので，プロリンがあると α ヘリックスがそこで中断され，ペプチド鎖がねじれるか，折れ曲がる（図2・11）．

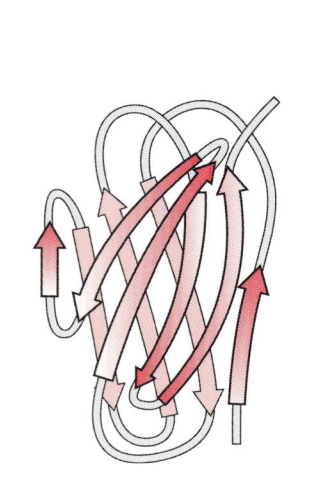

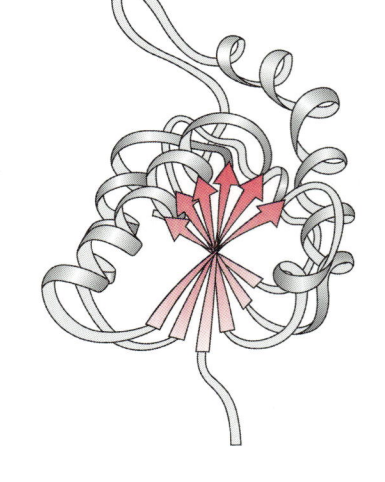

免疫グロブリンL鎖可変ドメイン　　　　乳酸脱水素酵素NAD結合ドメイン

図2・13　タンパク質の立体構造：逆平行 β シート（左）と平行 β シート（右）

ポリペプチド鎖の間で，N原子とカルボニル基との間に水素結合が生じてできる構造を**βシート**という（図2・12右）．特に，同じポリペプチド鎖がヘアピンのように曲がり，逆向きに並んだβシート構造を**逆平行βシート**といい（図2・13左），同じポリペプチド鎖が平行に並んだβシート構造を**平行βシート**という（図2・13右）．βシートは，タンパク質構造の核として機能する場合が多く，球状タンパク質の中央部によく見られる．大規模な平行βシートは，絹糸のフィブリンや毛髪のケラチンなどがある．βシートは，いずれも非常に安定な波状構造をとる．このように，ポリペプチド鎖の相互作用によって形成される構造をタンパク質の**二次構造**という．

コラム．タンパク質は生理的なイオン濃度で機能する

タンパク質のアミノ酸組成を調べると，疎水性アミノ酸が意外と多い．タンパク質は本来は水に不溶性である．たとえば，熱を加えてタンパク質を変性させると白く不溶性になるのがわかる．タンパク質（蛋白質）の白の由来である．アミノ酸がいくつも連なったタンパク質は，生体内で（生理的食塩水の中）では，決まった形に正確に折りたたまれ，一定の立体的な構造を形成する．立体構造をとったタンパク質は疎水性部分を内側に，親水性部分を外側にして水分子と安定な水素結合をして溶けている．熱を加えると熱運動エネルギーによりタンパク質の立体構造が乱され，疎水性部分がタンパク質表面に露出し，水分子と安定な水素結合ができなくなる．同時に，疎水性部分でタンパク質どうしが結合して，大きな固まりをつくり沈殿する．これがタンパク質の熱変性による白濁と凝固である．

タンパク質には正または負の電荷をもつアミノ酸が含まれている．タンパク質の立体構造の形成には，この電荷による反発力や引力がかかわっており，塩濃度はこれらの静電力に影響を与える．卵から取り出した卵白を真水に懸濁してみると白く濁る．白くなったのは本来のタンパク質分子の立体構造がとれなくなった（変性した）ことを意味している．では，体液と同じぐらいの濃度の塩水に懸濁してみると，今度は白濁しない．しかし，塩濃度をさらに高めると逆に白濁する．生理的なイオン濃度で，タンパク質分子は機能する立体構造をとっているのである．

2・4・4　ジスルフィド結合

システインは分子内の他のシステインと**ジスルフィド（S-S）結合**により分子内架橋をつくる．どのシステインとも架橋できるわけではなく，タンパク質が安定な立体構造をとった後，近くに来る特定のシステインと結合し，立体構造をさらに安定化させるはたらきがある（図2・14）．

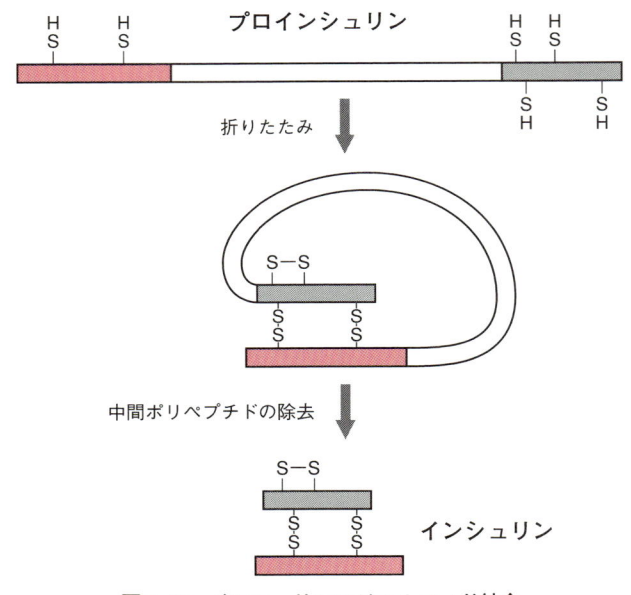

図2・14　インシュリンのジスルフィド結合

2・4・5　ドメイン

タンパク質の中で一定（特定の塩基配列をもつDNAとの結合，特定のタンパク質や調節因子との結合，基質との結合と触媒など）の機能をもつ領域を**ドメイン**といい，多くのタンパク質は複数の機能ドメインをもつ．タンパク質を構成するアミノ酸は20種類あるので，アミノ酸の配列の組み合わせは，たとえば100アミノ酸からなるドメインは20^{100}となり，ほとんど無限の組み合わせの可能性がある．しかし，理論的に可能なアミノ酸の配列のう

ち，安定的な立体構造をとる配列は少なく，実際に存在するドメインの種類は約100種類と推定されている．ドメインの中の1つのアミノ酸を変えてしまうと，まったく機能しなくなるタンパク質が多い．進化の選択圧の中で，不安定な（立体構造が定まらず，一定の機能を果たさない）ドメインは消滅したと考えられる．

2・4・6 タンパク質はチームをつくる

タンパク質の多くは，同一タンパク質，あるいは他のタンパク質と結合して複合体を形成する．複合体の個々の構成要素を**サブユニット**といい，100種類ものタンパク質が複合体を形成してはじめて機能する例もある．サブユニットはいつも決まったサブユニットと結合してばかりいるわけではなく，多くの種類のタンパク質とさまざまなチーム（**複合体**）をつくることができる．チームをつくることで，多数の機能ドメインが集まり，チームを構成するメンバー（サブユニット）を変えることで，多様な役割を果たすことができるのである．サブユニットが結合して複合体を形成する力は，多くの場合，ファン・デル・ワールス結合と水素結合によるので，結合力はそれほど強くなく，常に結合と解離を繰り返している．

コラム．サブユニットからなる複合体は近年のビジネス戦略と似ている

別々の遺伝子から合成されたタンパク質が，細胞の中で自律的に組み合わさり，正確に複雑な装置を形成していく様は想像するだけで驚きを禁じ得ない．生物がサブユニットからなる複合体を進化させてきた理由として，「さまざまなスペシャリスト（サブユニット）が一堂に会することで，複雑な作業が効率よく行え，構成員を換えることにより，違った機能をもつことができる」が考えられる．1本のポリペプチドの中に複数のドメインをもつ（共有結合でドメインがしっかり結合している）よりも，複合体としてサブユニットごとにドメインをもたせると，解離・再集合が容易になり，状況に合わせて機能ユニットを構築できる．巨大企業ではなく，小さなベンチャー企業を，状況に合わせてグループ化し，再編成する

最新のビジネス戦略とも似ている．

1本のポリペプチドですべての機能をまかなうには，長大な分子になってしまう．その結果，合成過程で変異が入る危険性が増し，多数の機能しない分子ができる可能性がある．サブユニットとして機能を分担すれば，たとえ欠陥サブユニットができたとしても，組立ての工程で削除することができるのである．

2・4・7 タンパク質構造のゆらぎ

タンパク質の構造は剛体のように不動でいるわけではない．α ヘリックスや，β シート構造を形成する水素結合は，結合の1つひとつはそれほど強くなく，スプリングのように弾力性のある構造となっている．したがって，熱エネルギー運動によって，タンパク質は一定の範囲内で構造がゆらぐことになる．この**ゆらぎ**があるからこそ，分子識別のチャンスが広がり，目的の分子との迅速な結合を可能にしている．また，酵素が高い触媒活性を示すのもこのゆらぎによる．

2・4・8 アロステリックタンパク質

タンパク質の立体構造は，**リガンド**（タンパク質に特異的に結合してタンパク質機能を調節する因子）など，他の分子と結合することで大きく変化することがある．リガンドは，はめ込み式の鍵のようなものであり，タンパク質の一部にリガンドが結合すると，それが引き金となって，タンパク質全体の立体構造が変化する．立体構造が変化すれば，機能も変化する．特定の分子が結合すると，立体構造が変わるタンパク質を**アロステリックタンパク質**といい，シグナル伝達や代謝調節にこの機構が重要な役割を担っている．

アスパラギン酸カルバモイルトランスフェラーゼ（ATC ase）はCTP合成経路の一員である．十分量のCTPが存在するとATC aseにCTPが結合し，不活性化してCTP合成を抑制する（図2・15）．CTP濃度が低下するとCTPが結合していない活性型ATC aseが増加し，CTP合成が促進される．このように，多数の酵素反応がかかわる合成経路の初めの反応を触媒す

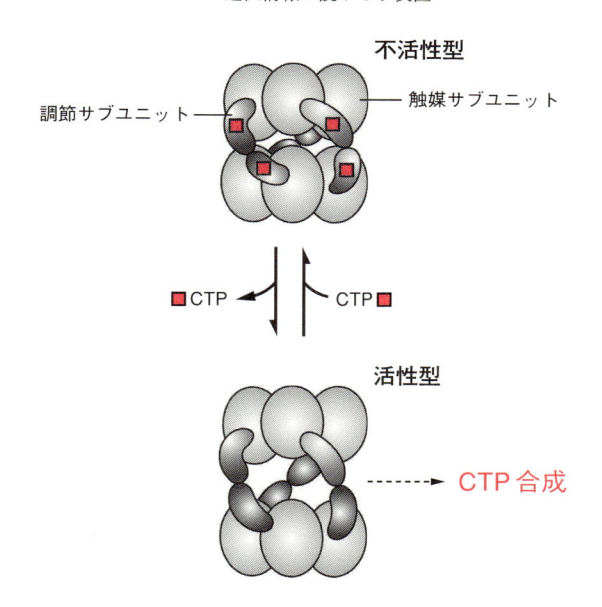

アスパラギン酸カルバモイルトランスフェラーゼの
サブユニットとアロステリック調節

**図2・15　複合体のサブユニットとアロステリック
タンパク質**

る酵素（この場合 ATCase）が最終産物（この場合 CTP）で抑制される現象を負の**フィードバック制御**という．

2・4・9　修飾によるタンパク質構造の変化

　タンパク質のポリペプチド鎖の一部が切り取られると，それが引き金となって，タンパク質の立体構造が大きく変化することがある．たとえば，膵臓で合成されるタンパク質消化酵素の**キモトリプシン**を例に考えてみよう（図2・16）．消化管に分泌される前に酵素活性をもっていては，キモトリプシンを合成する細胞を傷つけてしまう．キモトリプシンは，酵素活性をもたない前駆体（**キモトリプシノーゲン**）として合成される．消化管に分泌された

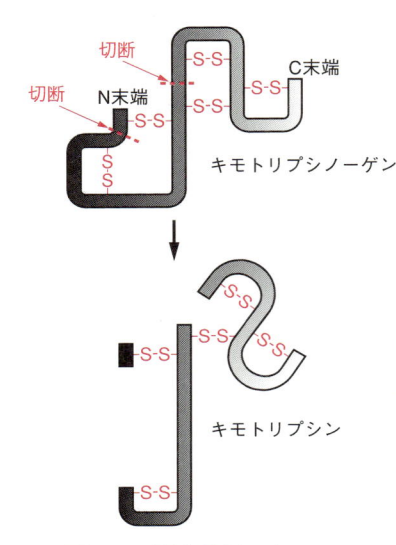

図2·16 限定分解によるキモトリプシノーゲンの活性化

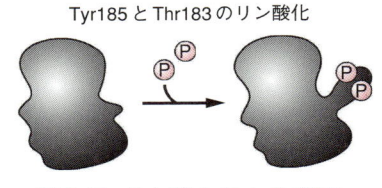

図2·17 リン酸化によるMAPキナーゼの構造変化

後，トリプシンとキモトリプシンにより，ポリペプチド鎖の特定の位置で切断（限定分解）されると，はじめて酵素活性をもつ立体構造（キモトリプシン）に変わる．この他，**シグナル伝達因子**にはセリンプロテアーゼなど，タンパク質分解活性をもつタンパク質がいくつも知られている．

多くのシグナル伝達因子はリン酸化されることにより，機能を変化させる．タンパク質にリン酸を共有結合（リン酸化）させる因子を**キナーゼ**という．キナーゼは多くの種類があり，それぞれ特異的なタンパク質をリン酸化する．タンパク質はリン酸化により，強い負の電荷をもち込むことになり，それが引き金となって立体構造が変化し，機能が変化する（図2·17）．このように，リガンドや，限定分解，リン酸化はタンパク質機能のスイッチということができる．

3 遺伝情報の複製機構

　生物の最も基本的で重要な特徴は自己複製である．個体は，自分と同じ種の子孫を残し，細胞は分裂によって，もとと同じ2個の細胞になる．その現象の基本は遺伝情報（DNA）の複製である．遺伝情報の複製を間違えれば，遺伝子の機能を失うことになりかねない．生物はどのようにして間違いなく遺伝情報を伝えていくのだろうか．

3・1　DNA の複製

　DNA 2本鎖のそれぞれの鎖は，ポジフィルムとネガフィルムの関係にたとえることができる．DNAの2本鎖が2つに別れ，それぞれの鎖を鋳型にして新しいDNA 2本鎖が合成されるのである．新たにできた2本鎖は，古い鎖と新しい鎖からなるので**半保存的複製**とよばれる．

3・1・1　DNA ポリメラーゼ

　DNA の合成をつかさどるのは **DNA ポリメラーゼ**とよばれる酵素である．DNA ポリメラーゼはDNA鎖を鋳型として，dATP，dGTP，dCTP，dTTP を基質に，相補するデオキシリボヌクレオチドを連結する．

　DNA ポリメーラーゼは1本鎖DNAしか鋳型とすることができない．DNA 2本鎖は非常に安定であり，普通は1本鎖にならない．DNAがまさに合成されている点は，その形状から**複製フォーク**とよばれる（図3・1）．複製フォークでは，**ヘリカーゼ**がATPのエネルギーを使ってDNA 2本鎖を解き，1本鎖に分離している．

　細菌ではDNAポリメラーゼはI，II，IIIの3種類あり，**DNA ポリメ**

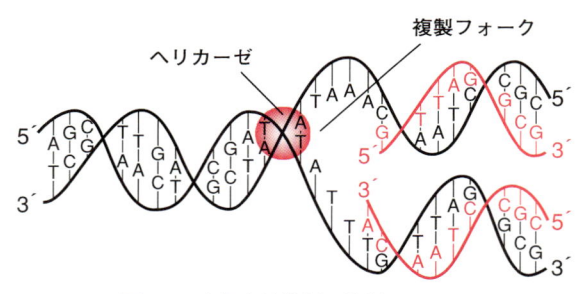

図 3·1　半保存的複製と複製フォーク

表 3·1　DNA ポリメラーゼ

機能	エキソヌクレアーゼ活性	
	$3'\to 5'$	$5'\to 3'$
細菌の DNA ポリメラーゼ		
DNA ポリメラーゼ I　　DNA 修復と複製	＋	＋
DNA ポリメラーゼ II　　DNA 修復	＋	－
DNA ポリメラーゼ III　 DNA 複製	＋	－
真核生物の DNA ポリメラーゼ		
DNA ポリメラーゼ α　　プライマー合成	－	－
DNA ポリメラーゼ β　　DNA 修復	－	－
DNA ポリメラーゼ γ　　ミトコンドリア DNA の複製	＋	－
DNA ポリメラーゼ δ　　DNA 複製	＋	－
DNA ポリメラーゼ ε　　DNA 複製？	＋	－

ラーゼ III が DNA 複製の主役である．真核生物では α, β, γ, δ, ε の 5 種類あり，核の DNA 複製の主役は DNA ポリメラーゼ δ である（表 3·1）．**DNA ポリメラーゼ δ** が機能するにはタンパク質 **PCNA**（Proliferating Cell Nuclear Antigen）を必要とする．

コラム．DNA の複製はデジタルコピー

おとなのヒトの細胞数は約 60 兆個である．受精卵から出発して，60 億文字もの情報を，1 世代で最低でも 46 回複製することになる．次の世代となる配偶子も受精卵から出発していて，複製を繰り返した後に形成される．ヒトは 600 万年前に発祥したといわれており，現在までに約 40 万世代経ている．単純に計算するなら

ば約2000万回複製しても，ヒトの遺伝子は，ヒトをつくり出す遺伝情報であり続ける．ヒトがヒトであり続けるためには，遺伝情報の複製に間違いがあってはならない．本のコピーを繰り返すと，写真は不鮮明になり，文字ですら読みにくくなってくる．コピーを繰り返しても遺伝情報を間違えない秘訣は，情報のコピーの方法がデジタルだからである．DNAが複製されるときには，まず，相補する塩基が鋳型と鋳物の関係で結合し，その後，リン酸エステル結合によって連結される．AはT，GはCとしか結合しない．A，G，C，Tの鍵と鍵穴は，出っ張りとくぼみが2つか3つ，それだけの単純な構造である．この単純さこそが，間違いなく情報を複製する秘訣である．

最近，4文字で演算するコンピュータが開発されつつある．その名を「DNAコンピュータ」という．スーパーコンピュータより演算速度100万倍，エネルギー効率10億倍と期待されている．

3・1・2　DNAポリメラーゼの校正機能

相補するデオキシリボヌクレオチドの水素結合は単純でデジタル式であるが，分子と分子の認識と結合は定常的ではなく，常に結合と解離を繰り返していることも事実である．したがって，相補すべきデオキシリボヌクレオチドの組み合わせも，非常に低い確率ではあるが間違える．たとえば，AがCと結合する確率はAがTと結合する確率の10^8分の1である．わずかな誤りと考えられるかもしれないが，ヒトの1本の染色体のDNAの長さは約10^8塩基であるから，1回の複製ごとに変異が1か所入る確率になる．しかし，DNAポリメラーゼは誤ったデオキシリボヌクレオチドを付加したことを認識し，除去して正しいデオキシリボヌクレオチドに置き換える**校正機能**をもつ．DNAポリメラーゼが誤った塩基付加させると，DNA二重らせんの構造がゆがみ，そのゆがみをDNAポリメラーゼが感知するのである．この校正機能により，複製の誤りの頻度はさらに10分の1に低下する（7・3・1参照）．

3・1・3　不連続的複製

　複製フォークでは，ヘリカーゼのはたらきで2本に別れたDNA鎖を鋳型に，5′→3′と，3′→5′の両方向にDNA合成の反応が進み，それぞれ複製されるように見える（図3・1参照）．しかし，実際はDNAポリメラーゼは5′→3′の方向にしか鎖を伸長させることができない．DNAポリメラーゼは，ポリヌクレオチド鎖の3′OHにデオキシリボヌクレオチドを付加することはできるが，5′OHには結合させることができない．ではどうやって3′→5′への合成ができるのだろうか．

　2本の鎖のうち，古い鎖の3′→5′鎖を鋳型に合成される鎖を**リーディング鎖**といい，5′→3′鎖を鋳型に合成される鎖を**ラギング鎖**とよぶ（図3・2）．3′→5′鎖を鋳型とする場合は，DNA2本鎖が1本鎖に開かれるのにともなって，DNAポリメラーゼが5′→3′方向に連続して鎖を伸長させる．一方，5′→3′鎖を鋳型にする場合は，複製フォークでDNAが1本鎖に開かれると同時に，少しずつ（原核生物の大腸菌では約1000塩基，真核生物では約100塩基），不連続に5′→3′方向に鎖を伸長させ，最後に短い鎖を連結する．

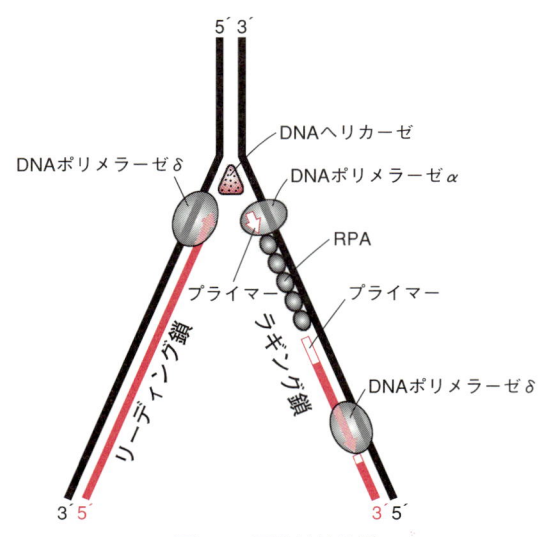

図3・2　不連続的複製

この短い鎖を，発見者の名前にちなんで**岡崎フラグメント**という．

複製フォークでは，DNAが解かれ1本鎖になっているが，1本鎖は不安定で，すぐに相補的に結合して2本鎖になろうとする．これを防ぐはたらきをするのが，細菌では1本鎖DNA結合タンパク質**SSB**（Single Strand Binding protein），真核生物では複製タンパク質**RPA**（Replication Protein A）である．DNAが複製され，2本鎖になるとこれらのタンパク質は解離する．

3・1・4　プライマー

DNAポリメラーゼは，単独ではDNA合成を開始することができない．DNAポリメラーゼは，鋳型となる1本鎖DNAと相補して2本鎖を形成しているオリゴヌクレオチド，またはポリヌクレオチドの3′末端にヌクレオチドを付加することはできる．しかし，相補する鎖がない場合は，鋳型が1

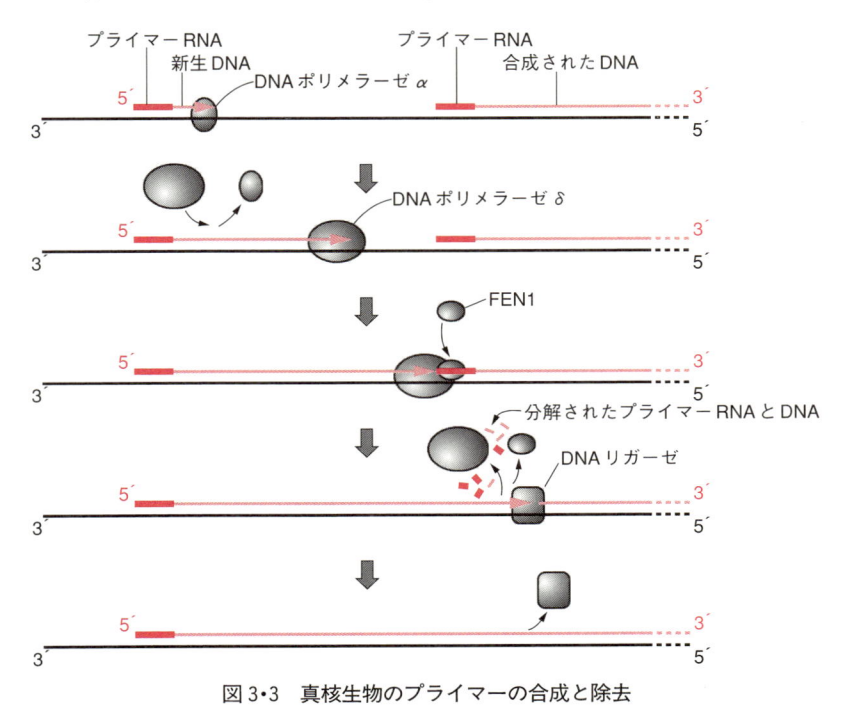

図3・3　真核生物のプライマーの合成と除去

本鎖DNAであっても，複製を開始することができない．

　DNA複製のきっかけを与えるのは**プライマーゼ**である．プライマーゼは1本鎖DNAを認識し，これを鋳型にして短いRNA鎖を合成することができる．これを**プライマー**という．細菌ではプライマーRNAの3′OH末端にDNAポリメラーゼIIIがデオキシリボヌクレオチドを付加していく（図3・3）．

　プライマーはRNAなので，プライマーが残っていてはDNAを複製したことにならない．細菌ではDNAポリメラーゼIIIが，すでに合成されたプライマーに到達すると，複製反応を停止し，代わりにDNAポリメラーゼIがDNA複製を継続する．DNAポリメラーゼIは5′→3′エキソヌクレアーゼ活性をもっており，プライマーを分解しながら，DNAポリメラーゼ活性によってDNAを合成する．その結果，プライマーがDNAに置き換えられ，最後に**DNAリガーゼ**によって，DNA鎖がつながれる．なお，DNAポリメラーゼIIIは5′→3′エキソヌクレアーゼ活性がないので，プライマーをDNAに置き換えることはできない（表3・1）．

　さらに複製フォークが進むと，リーディング鎖では連続してDNAが合成され，ラギング鎖では不連続なDNA合成が繰り返される．こうして全体的に見ればリーディング鎖では5′→3′，ラギング鎖では3′→5′のDNA合成が起きていることになる（図3・2参照）．

　真核生物では**DNAポリメラーゼ**αのサブユニットの1つがプライマーゼ活性をもち，DNAポリメラーゼαがRNAプライマーを合成した後，約30塩基ほどDNAを合成する．DNAポリメラーゼδは，このDNAポリメラーゼαが合成したプライマーとそれに続くDNAの3′末端に，デオキシリボヌクレオチドを付加する．DNAポリメラーゼδがプライマーに到達すると，エンドヌクレアーゼ**FEN 1**（Flap Endonuclease）がDNAポリメラーゼδに結合し，プライマーとDNAポリメラーゼαが合成したDNAも除去する．同時に，DNAポリメラーゼδが隣の岡崎フラグメントの直前までDNAを合成し，最後にDNAリガーゼによって，DNA鎖がつながれる

(図3・3).

　せっかく DNA ポリメラーゼ α が合成した DNA まで，FEN 1 が除去するのは無駄なようにみえる．しかし，DNA ポリメラーゼ α は 3′→5′エキソヌクレアーゼ活性がないため，校正機能（3・1・2 参照）をもたない．したがって，複製過程で間違いが生じる可能性がある．DNA ポリメラーゼ α が合成した DNA を除去することにより，遺伝情報に変異が入るチャンスを低下させているのである．

3・1・5　DNA のねじれの解消

　複製フォークでは，ヘリカーゼのはたらきで DNA 二重らせんが巻き戻され 1 本鎖に解離する．二重らせんは 10 塩基に 1 回，回転しているので，複製フォークの進行にともない，DNA が回転し，強いねじれが蓄積されるはずである（図3・4）．このねじれを解消するのが**トポイソメラーゼ**で，DNA を切断し，すぐ結合するはたらきがある．DNA が切断されている短い時間にねじれの張力が解消されるのである．トポイソメラーゼには DNA 二重らせんの片方の鎖を切断し，切れ目から反対の鎖

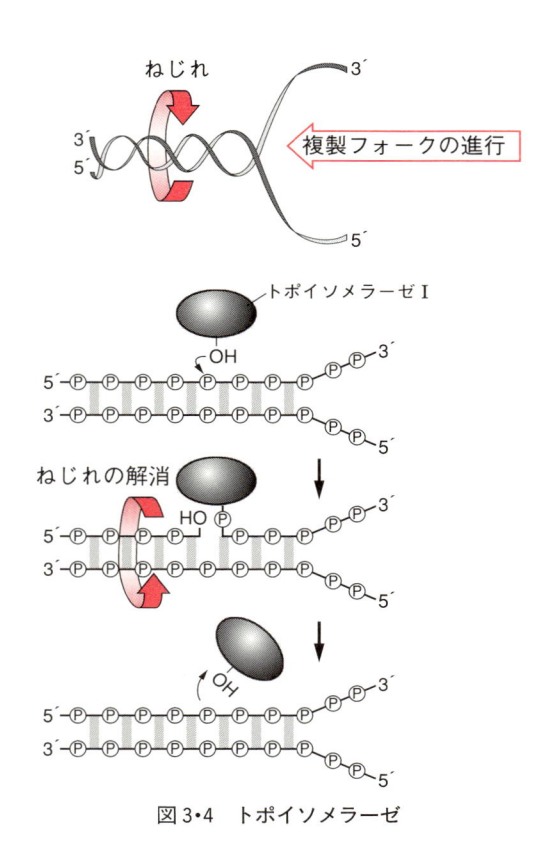

図3・4　トポイソメラーゼ

を通して，再び鎖をつなぐⅠ型と，二重らせんの両方の鎖を切断し，切れ目から別の二本鎖を通過させて，再び鎖をつなぐⅡ型がある．

3・1・6　複製起点

複製が開始される所を**複製起点**といい，ウイルスや細菌のDNAの複製はゲノム上の特定の1か所から始まる．酵母では約300個の複製起点があり，約4万塩基ごとに1か所の複製起点がゲノム上にあることになる．複製起点からは両方向に複製フォークが形成され，複製は両方向に進む（図3・5）．

大腸菌の複製起点は *oriC* とよばれ，アスパラギン合成酵素遺伝子の近くにある245塩基の中にある．*oriC* には9塩基の繰り返し配列（5′-TT（A/T）T（A/C）CA（A/C）A-3′）が5か所に点在し，その隣に13塩基の縦列反復配列（5′-GATCTNTTNTTTT-3′：Nは任意の塩基）が存在する（図3・6）．複製が開始されるときには，複製開始タンパク質 **DnaA** が9塩基の繰り返し配列に結合し，さらにDnaAタンパク質どうしが結合して，約30個のDnaAからなる樽状の複合体を形成する．DnaA複合体はDNAを巻き付けた格好になり，DNAにねじれが生じる．すぐ隣にある13塩基の縦列反復配列はATに富むため，ほどけやすく，ねじれの力により1本

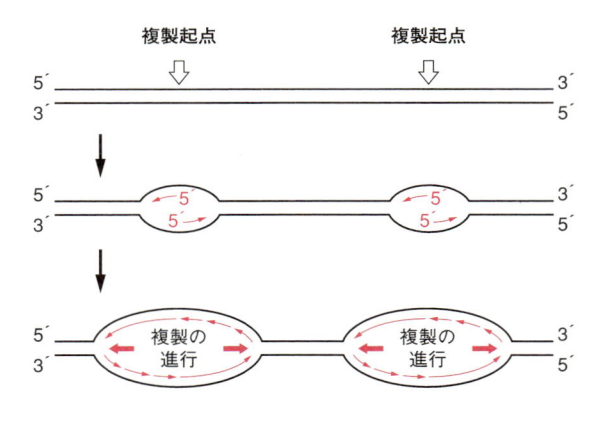

図3・5　両方向性のDNA複製

3·1 DNAの複製

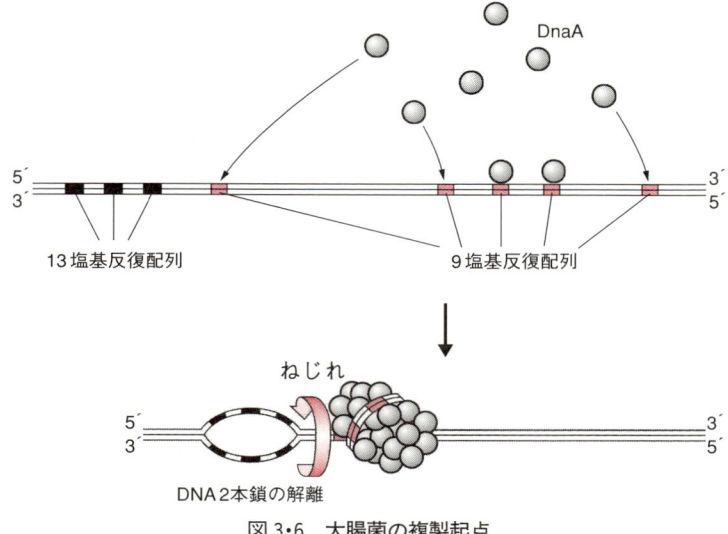

図3・6 大腸菌の複製起点

鎖に解離する．次に，解離した1本鎖DNAに2種類のタンパク質からなるDnaB／DnaC複合体が結合し，DnaBのヘリカーゼ活性により，DNA2重らせんが大きく解かれ，ここにプライマーゼやDNAポリメラーゼが入り込み，DNAの伸長反応が開始される．

真核生物の複製開始機構は多くの努力にもかかわらず，酵母以外ではほとんど明らかになっていない．酵母の複製起点の配列は，この配列を含んだ人工染色体が，酵母の中で複製することから，**自律複製配列**（ARS：Autonomously Replicating Sequence）とよばれている．ARSは約200塩基からなり，すべてのARSは領域A，B1，B2，B3とよばれる配列をもつ（図3・7）．AとB2にはARS共通配列がある．複製起点認識配列は領域AとB1を含む約40塩基であり，6種類のタンパク質からなる複製起点認識複合体**ORC**（Origin Recognition Complex）が結合する．ORCは複製の有無にかかわらず常に結合していることから，複製開始シグナルを仲介す

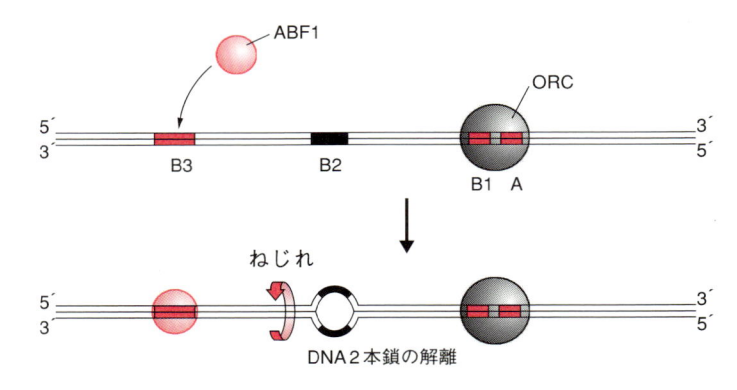

5´-(A/T)TTTAT(A/G)TTT(A/T)-3´
ARS共通配列
図3・7　酵母の複製起点

るはたらきがあると考えられている．複製開始の引き金は，ARSの領域B3に結合するARS結合タンパク質**ABF1**が担っている．ABF1が結合すると，DNAにねじれが生じ，領域B2が1本鎖に解離する．ここにヘリカーゼが結合して，DNA二重らせんを大きく解き，DNAの伸長反応が開始される．

　われわれヒトを含めた多細胞動物の複製開始機構は，ほとんど解明されていない．ゲノムの複製速度から約2万個の複製起点がヒトのゲノムにあると推定されるが，唯一，ヒトの11番染色体のβグロビン遺伝子群を含む8万塩基の配列が複製起点としてはたらくことが示されているだけである．複製起点と複製開始機構は，生物学のみならず，がんの克服など，医学的にも重要な課題である．

3・1・7　複製終結

　複製の終結については，真核生物ではほとんど研究が進んでいない．大腸菌ではDNA複製終結の目印があることが明らかになっている．大腸菌のゲノムは環状であり，複製起点のほぼ反対側に**複製終結点**がある（図3・8）．

複製終結点を挟んで逆向きに終結配列が配置されており，終結配列に Tus とよばれるタンパク質が結合する．Tus は複製フォークの DnaB ヘリカーゼの進行を阻止するはたらきがあるが，阻止するのは片方から来た場合だけで，反対方向から進んで来たヘリカーゼの進行は妨げない．Tus 分子の片側は β シートからなる壁様の構造をしており，ヘリカーゼは，この壁に阻まれ，複製フォークが停止する．一方，Tus の反対方向から来るヘリカーゼは Tus を押しのけて進むことができる．Tus は複製終結点を挟んで逆向きに配置されているので，複製終結点を越えて複製フォークが進行することはない．

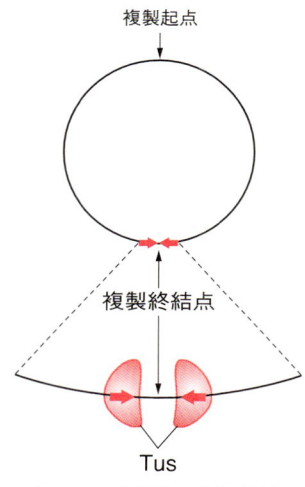

図3・8　大腸菌の複製終結

3・1・8　テロメア

　線状の DNA を複製する場合は，ラギング鎖の 3′末端が複製されない．したがって，複製のたびに DNA が短くなる（図3・9）．複製の最後の岡崎フラグメントのプライマーは，3′末端に形成されるとは限らないからである．3′の最末端にプライマーが合成されたとしても，プライマーは RNA であり，3′末端の RNA を DNA に置き換えることができない．したがって，複製が終了すると DNA は 3′末端から短くなり，細胞分裂を繰り返すと，染色体 DNA は短くなり続け，最後に消滅してしまうはずである．

　高等真核生物では，染色体 DNA の末端に，**テロメア**とよばれる 5′-TTAGGG-3′などの短い配列が 1000 回以上繰り返す構造がある．テロメアの大部分は通常の DNA 複製により複製されるが，3′末端は複製されない．実際，体細胞では DNA 複製のたびにテロメアが短くなる．

　生殖細胞系列では，**テロメラーゼ**が発現しており，複製にともなう DNA

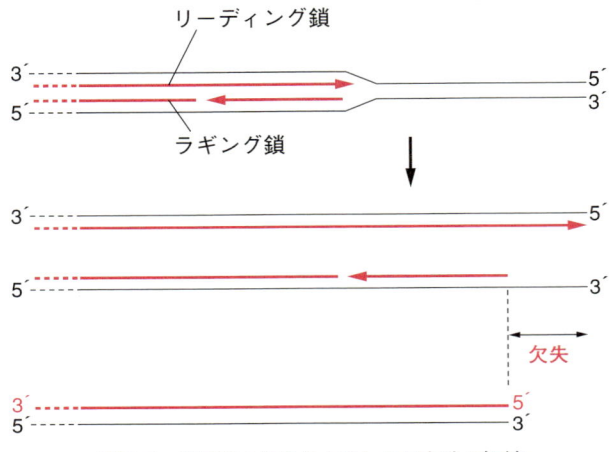

図 3・9　複製後の染色体 DNA の 3′末端の短縮

の短縮を防いでいる．テロメラーゼは DNA ポリメラーゼで複製されない部分を複製するはたらきがある．テロメラーゼは RNA を鋳型に DNA を合成する**逆転写酵素**活性をもつタンパク質と 450 塩基の RNA からなり，この RNA の 5′末端にはテロメアの 5′-TTAGGG-3′ と相補する配列 5′-CUAAC-CCUAAC-3′ がある．テロメラーゼがテロメアの 3′末端に結合し，5′-TTAGGG-3′ と相補的結合をすると，テロメラーゼの RNA が鋳型となり，逆転写されてテロメアの 3′末端が数塩基合成される．次に，テロメラーゼがテロメアの 3′側に数塩基分移動し，再び逆転写によって DNA を合成する．これを繰り返すことで，染色体 DNA のラギング鎖の 3′末端を伸長させる（図 3・10）．

　十分に伸長したラギング鎖が 3′末端に合成されると，DNA ポリメラーゼ α が結合し，プライマーと岡崎フラグメントを合成する．その結果，染色体 DNA の 3′末端が 2 本鎖になって複製が完了する．テロメラーゼのはたらきは，テロメア結合タンパク質 TBP (Telomere Binding Protein) によって調節されており，テロメアは一定の長さに保たれる．

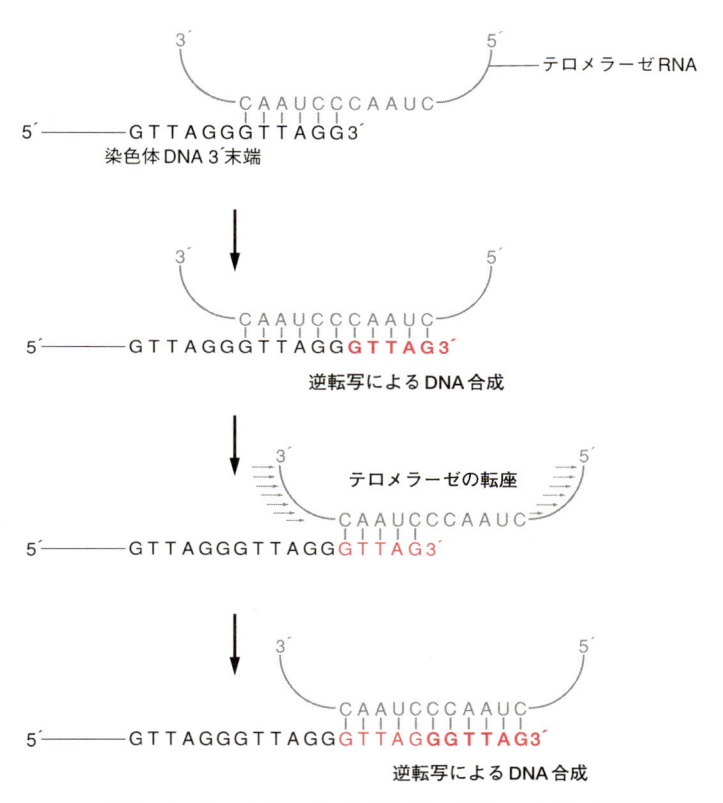

図3・10　テロメラーゼによるラギング鎖の3′末端の伸長

コラム．テロメラーゼで不老長寿が得られるのか？

　体細胞ではテロメラーゼが発現しておらず，DNAが複製されるたびにテロメアが短くなる．すべての多細胞動物に寿命があるのは，テロメアがある程度以上に短くなると，細胞はアポトーシスを起こして死ぬからである．テロメアの長さと寿命は正の相関関係があり，テロメアは命を刻む時計といわれる．生殖細胞系列ではテロメラーゼが発現しており，染色体の長さが維持される．多細胞動物は生殖により子孫を残すことで，命をつなぐことができるのである．

　クローン羊のドリーは体細胞の核を卵に移植してつくられた．卵に移植したこ

とで細胞分化はリセットされたが，ドリーのテロメアは短くなっており，早期老化も認められた．このことは，命の時計のリセットはできないことを意味している．テロメラーゼを体細胞で発現させれば，不老長寿が得られると考えるかもしれない．しかし，テロメラーゼが体細胞で発現すれば，放射線などにより断片化した染色体の末端にもテロメアを合成し，異常な染色体をもった細胞を生き残らせることになる．その結果，がん細胞が発生する確率が高くなる．また，不老不死の個体では，遺伝子を混合するチャンスが非常に低くなる．多細胞動物は体細胞に寿命をもたせ，生殖により命をつなぐことで，遺伝子の多様化を促進させ，進化してきたのである．

3・2 真核生物の DNA 複製速度

　原核生物の大腸菌では，DNA ポリメラーゼの複製速度は 1 秒間に約 5000 塩基であるが，真核生物ではその 10 分の 1 の約 500 塩基／秒である．ヒトの 1 本の染色体 DNA は 10^8 塩基対にも達する長大な分子であり，単純に計算すると，染色体の中央から複製が開始されたとしても，複製が終了するまでに 250 時間かかる．しかし，ヒト由来の HeLa 細胞の DNA 複製時間は約 6 時間であり，細菌（ヒトのゲノムサイズの 1000 分の 1）に比べても 20 倍程度しか長くない．真核生物では，どのようなしくみで DNA の複製時間を短くしているのだろうか．

3・2・1 真核生物には複製起点が複数ある

　真核生物では，ゲノム DNA の複製起点は複数ある．いくつもの起点から複製を開始することにより，短い時間でゲノム全体の DNA を複製することを可能にしている（図 3・11）．なお，それぞれの複製起点から複製される単位を**レプリコン**といい，酵母では全ゲノム中に約 300 個のレプリコンがある．それぞれの複製起点では両方向にフォークが進んで行き，隣の複製起点（50 kb〜300 kb 離れている）からの複製フォークと出会ったところで，複

3・2 真核生物の DNA 複製速度

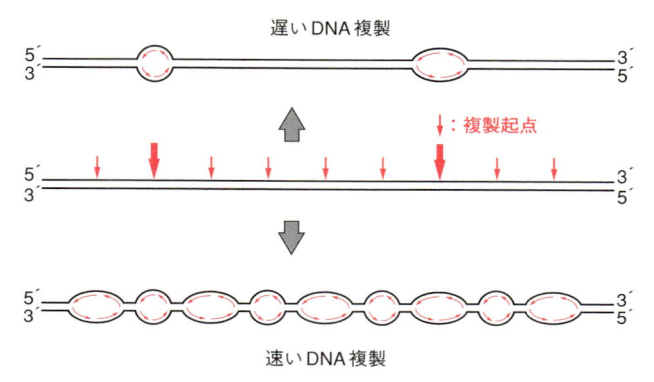

遅い DNA 複製

↓：複製起点

速い DNA 複製

図 3・11 複製速度と複製開始点の数

製された DNA が連結される．レプリコンがいくつもつながって，最終的に長大な DNA 鎖全体が複製される．

3・2・2 ゲノム DNA の複製速度の調節

　真核生物では発生の時期や，細胞の状態によってゲノム DNA の複製にかかる時間は，数分から数時間と大きな幅がある．卵生の動物では，発生の初期には DNA 複製速度は驚くほど速い．たとえば，ヒトのゲノムサイズの約 7.5 倍もあるアフリカツメガエルでも，卵割期には 1 回の DNA 複製は約 10 分で終了する．DNA ポリメラーゼ自体の複製速度を変えることができないのに，どのようにしてゲノム DNA の複製速度を変えることができるのだろうか．

　電子顕微鏡で卵割期の DNA を観察すると，ゲノム DNA 上の多くの個所から複製フォークが形成されているように見える．詳しくは明らかにされていないが，卵割期のように細胞分裂がさかんな時期には複製起点がすべてはたらき，分化した細胞のようにゆっくり細胞が分裂する時期には，複製起点の一部だけが複製開始点となる機構があると考えられている（図 3・11）．

コラム．複製の優先順位

1本の染色体DNAには多数の複製起点があるが，これらの複製起点すべてで同時に複製が開始されるわけではない．ゲノムDNAの複製の初期には，最初に，その細胞で転写されている遺伝子から複製が始まり，転写されていない遺伝子は複製の後期に複製される．また，GCに富む領域はゲノムDNAの複製の前半に，ATに富む領域は後半に複製される傾向がある．GCに富む領域には**ハウスキーピング遺伝子**（代謝関連遺伝子など，すべての細胞で共通に発現する遺伝子）が多く，それらは常に発現しており，ATに富む領域には，組織特異的に発現する遺伝子が多く，その大部分は不活性である．

機構は明らかになっていないが，転写されているクロマチンはゆるんでおり，ゆるんだクロマチン構造をとっている領域は，2本鎖DNAを解きやすく，DNA複製装置を形成しやすいからではないかと考えられている．

3・3　細胞周期とその調節

体細胞の増殖を観察すると，細胞は成長と分裂を繰り返し，常に一定の大

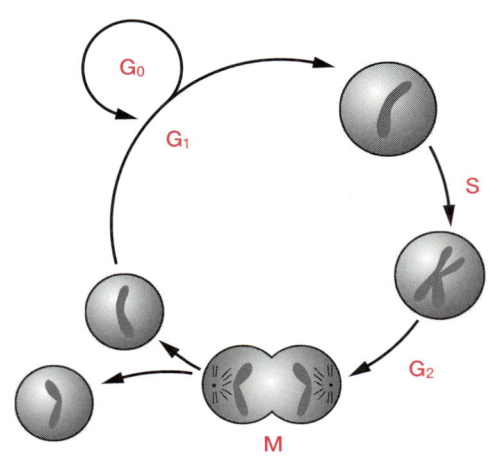

図3・12　細胞周期

きさの細胞がつくられているのがわかる．この繰り返しを**細胞周期**という（図3・12）．同じ細胞をつくり出すためには，遺伝情報の正確な複製ばかりでなく，染色体の分離や，細胞質の分配など，さまざまな過程が順序正しく，正確に行われなければならない．DNA が完全に複製される前に分離されたり，何本もある染色体のどれか 1 つが取り残されても，遺伝情報を正確に分配することができない．また，十分な量の細胞質が確保されていなければ，細胞の機能に異常が生じる．ここでは，細胞周期を回すしくみと，細胞周期の運行状況をチェックする機構についてみていこう．

3・3・1　細胞周期

細胞周期の中で，最も目立つのは染色体が見える有糸分裂と，それに続く細胞質分裂である．これをまとめて **M 期**（Mitotic phase）という．M 期以外の時期を**間期**といい，細胞が成長するだけに見えるが，この時期に DNA が複製され，遺伝子が発現する．間期は細胞が機能するための大切な時期である．核の DNA 複製は間期の特定の時期に行われ，これを **S 期**（Synthesis phase）という．また，M 期→S 期の間を G_1 **期**（Gap 1 phase）といい，S 期→M 期の間を G_2 **期**（Gap 2 phase）という（図3・12）．増殖している細胞は細胞周期 $G_1 \rightarrow S \rightarrow G_2 \rightarrow M$ を繰り返している．分化した細胞では，DNA 複製を数日から数年にわたって停止する細胞がある．この状態の細胞を特に G_0 **期**とよぶ．一方，卵生の動物の卵割期は細胞周期が非常に早く，G_1 期，G_2 期がないか，きわめて短い．

3・3・2　細胞周期を回すしくみ

ヒトデの受精卵から核を除去しても，中心体が残っていれば，細胞質分裂を繰り返し，核のない小さな細胞がたくさんできる．また，アフリカツメガエルの卵割期には，細胞周期にともなって卵表層の固さが変化することが知られているが，受精卵から核を除いても，卵表層の固さの周期的な変化は継続する．これらの結果から，細胞は核に依存せず，細胞質にある自律的機構

3. 遺伝情報の複製機構

により，細胞周期を回していると理解できる．

　初期卵割期のウニ胚は細胞周期が同調していて，細胞周期を回す機構の研究に最適である．ウニ胚の初期卵割期に合成されるタンパク質を^{35}Sメチオニンで標識し，細胞周期のさまざまな時期で調べると，細胞周期にともなって出現と消失を繰り返すタンパク質が検出された．そのタンパク質は周期的に現れることから，サイクリンと命名された．**サイクリン**の発見は，その後の細胞周期を回す機構の解明に大きな手掛かりを与えることになった．

　細胞周期を回すしくみは，単細胞生物も脊椎動物の細胞も，基本的には同じである．研究は主に細胞周期の研究に適した酵母をモデルに進められてきており，データの蓄積も多い．したがって，ここでは酵母の細胞周期につい

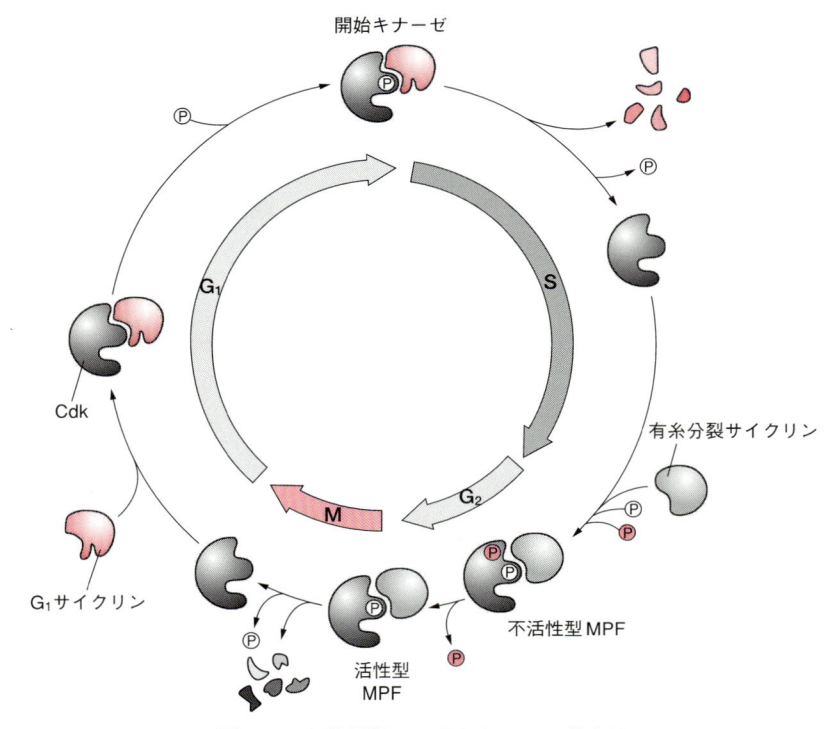

図 3・13　細胞周期とサイクリン-Cdk 複合体

て述べる．

　サイクリンは**有糸分裂サイクリン**と**G$_1$ サイクリン**の2種類に分けられる（図3・13）．サイクリンは，サイクリン依存性プロテインキナーゼ**Cdk**（Cyclin-dependent protein kinase）と結合し，Cdkの活性化と，Cdkの標的タンパク質を特定化する役割をもっている．なお，Cdkは細胞周期を通じて，量的変動はない．

　有糸分裂サイクリンはG$_2$ 期に徐々に蓄積され，Cdkと結合して有糸分裂サイクリン-Cdk複合体**MPF**（M期促進因子：M-phase-promoting factor）を形成するが，この状態ではMPFは不活性である．MPFの活性化と不活性化にはCdk分子にある2か所のリン酸化部位がかかわっている．Cdkは有糸分裂サイクリンと結合すると立体構造が変わり，活性化にかかわるリン酸基の付加（活性化キナーゼMO 15のはたらき）が可能になる．同時に，抑制にかかわるリン酸基の付加（抑制キナーゼWee 1のはたらき）も可能になり，MPFは依然として不活性である．細胞は，この機構により，いつでもすぐに活性型に転換することが可能なMPFを蓄えることができる（図3・14）．

　不活性化にかかわるリン酸基がホスファターゼCdc 25によりはずされると，ついにMPFは活性型に転換する．しかし，Cdc 25はWee 1のはたらきと拮抗しており，活性型MPFは徐々にしか蓄積しない．一方，活性型MPFは，ホスファターゼCdc 25の活性化を促進し，抑制キナーゼWee 1のはたらきを抑制する．この機構により，活性型MPF濃度がある程度（閾値）以上に高まると，蓄積された不活性型MPFは自己触媒反応を起こし，爆発的に活性型MPFが生じる．

　活性型MPFは，ヒストンH 1や核膜の裏打ちタンパク質など，複数の標的タンパク質をリン酸化し，染色体の凝縮，核膜の分散を引き起こす（図3・14）．さらには，細胞骨格を再編して紡錘体の形成を促し，細胞を不可逆的に有糸分裂へ突入させる．

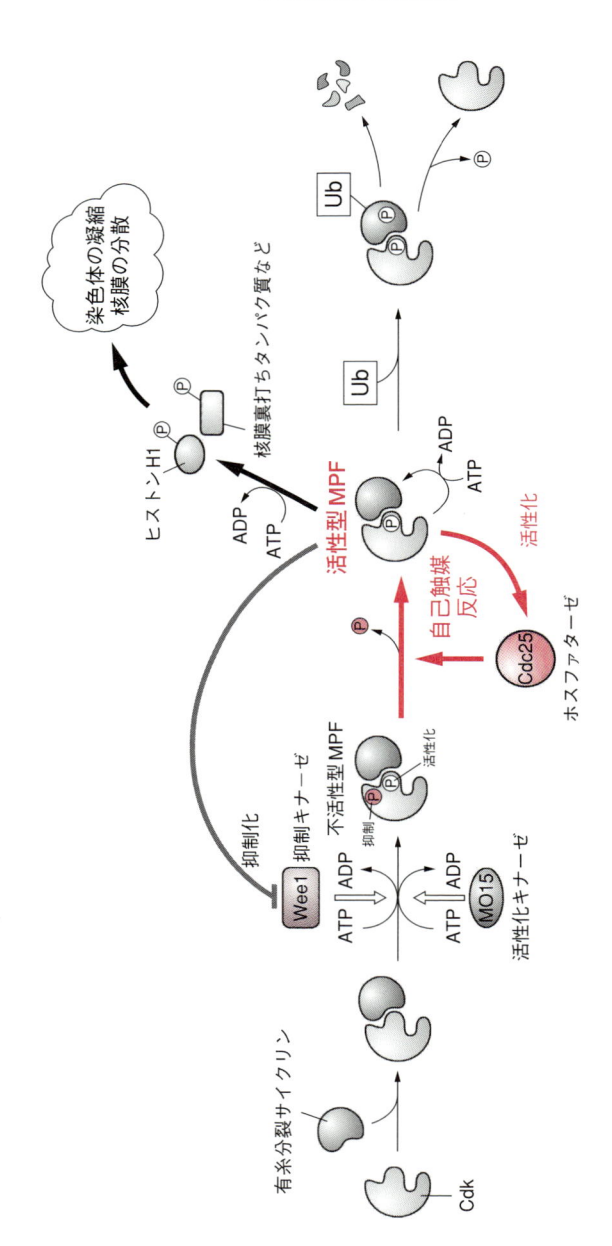

図 3・14　Cdk のリン酸化と MPF 活性

活性型 MPF の爆発的増加は，サイクリンの分解も引き起こす．サイクリンが消失すれば，MPF の供給がストップし，MPF 濃度は急速に低下する．その結果，MPF によりリン酸化されていたさまざまなタンパク質の脱リン酸化が起こり，染色体の膨潤，核膜の再構成，細胞質分裂が引き起こされ，M 期が終了する．続いて，有糸分裂サイクリンの蓄積が再び始まり，次の細胞周期に入る．これが繰り返されることにより細胞が増殖する．

G_1 サイクリンは G_1 期に蓄積される．まだあまり研究が進んでいないが，G_1 サイクリンは Cdk と結合して開始キナーゼ複合体を形成し，開始キナーゼも MPF と同様の過程を経て活性化され，最後に G_1 サイクリンが分解して開始キナーゼ活性が消失すると考えられている．開始キナーゼの役割は，染色体 DNA の複製の誘導である．開始キナーゼが，何らかの調節因子をリン酸化することにより，DNA 複製に必要な，ヌクレオチド合成酵素や，DNA ポリメラーゼ，DNA リガーゼなど，さまざまな酵素がはたらけるようになると考えられている．

コラム．ユビキチン化とタンパク質の死

有糸分裂サイクリンには，特別な**デストラクションボックス**とよばれるアミノ酸配列（RXALG（NDE/V）IXN：1文字表記，X は任意のアミノ酸を表す）がある．デストラクションボックスは**ユビキチン**（タンパク質の一種）が付加されるための目印であり，ユビキチン化はタンパク質の死を意味している．有糸分裂サイクリンは，活性型 MPF があると，ユビキチン化される．ユビキチン化されたタンパク質は，ユビキチンが目印となって，**プロテアソーム**（タンパク質分解専門の複合体）の標的となり，消化される．細胞周期にともなって一時的に現れるタンパク質の多くは，そのすみやかな消失に，ユビキチン化を介した分解がかかわっている．また，プロテアソームは，転写調節因子や情報伝達物質のすみやかな除去，**アポトーシス**（陸上で生活する哺乳類の水かき組織の除去，オタマジャクシの尾の吸収など，発生過程における組織の再編成や，生体防御ではたらく

プログラムされた死），異常な立体構造をとったタンパク質の除去など，生命現象のさまざまな場面で，積極的なタンパク質の分解にかかわる大切な装置である．

3・3・3　細胞周期のチェック機構

細胞周期が回る過程では，遺伝情報を複製した後，核から取り出して分配するという大変危険な作業をともなう．失敗すれば細胞は致命的な損傷をこうむる．そこで，遺伝情報の複製と分配に不都合があれば，ただちに細胞周期の運行を中止し，不都合が解消されるまで待つしくみが備えられている（図3・15）．

異常が生じた場合，S期に入る直前のG_1期と，M期に入る直前のG_2期で止まることから，それぞれ**G_1チェックポイント**，**G_2チェックポイント**という．G_1期には，細胞の大きさは十分か（細胞質が細胞分裂により半減し

G_1チェックポイント
細胞は十分に大きいか？

中期チェックポイント
染色体は紡錘体上に整列したか？
DNAに損傷がないか？

G_2チェックポイント
DNA複製は完了したか？
細胞は十分に大きいか？

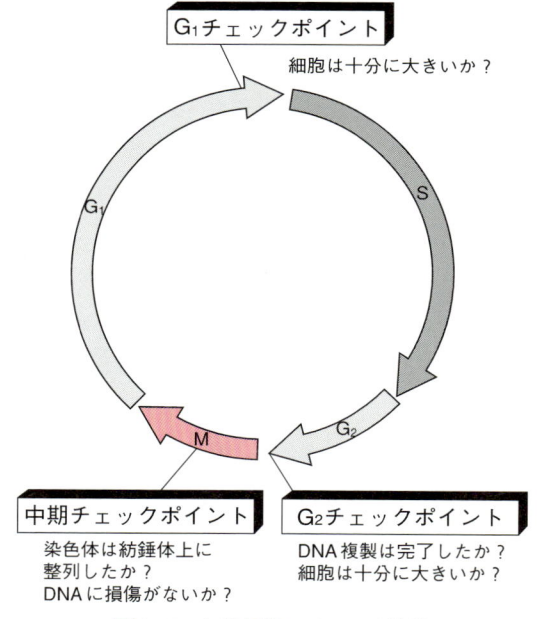

図3・15　細胞周期のチェック機構

ても，機能できるだけの量があるか）を確認しており，G_1 チェックポイントでは，DNA 複製を開始して細胞分裂に進むべきか否かの最終決定を行う．G_2 期は，有糸分裂を始める前に，DNA 複製が完全かどうか，細胞の大きさは十分かを確認しており，G_2 チェックポイントでは，M 期に進むか否かの最終決定を行う．チェックポイントでの評価が不可の場合は，細胞周期をそこで一旦停止し，過程が終了するのを待って，細胞周期を再スタートさせるのである．チェック機構の詳細は明らかではないが，サイクリン-Cdk 複合体のはたらきを不活性化させることにより，細胞周期の進行を停止させると考えられている．

M 期には，すべての染色体が紡錘体に付着しているか，DNA に損傷がないかを確認する**中期チェックポイント**がある．異常があれば MPF の不活性化を妨げ，細胞周期を M 期で停止し，修復されるのを待つ．これを通過すると細胞は M 期から脱出し，G_1 期に進む．

3・3・4　DNA の再複製阻止

真核生物の DNA 複製は複数の複製起点から始まり，複製の開始時期は複製起点により異なる．したがって，1 本の DNA 分子上で，DNA 複製が完了している領域と，複製していない領域が同時に存在することになる．すでに複製が完了している領域の複製起点が再びはたらいては，遺伝情報の等し

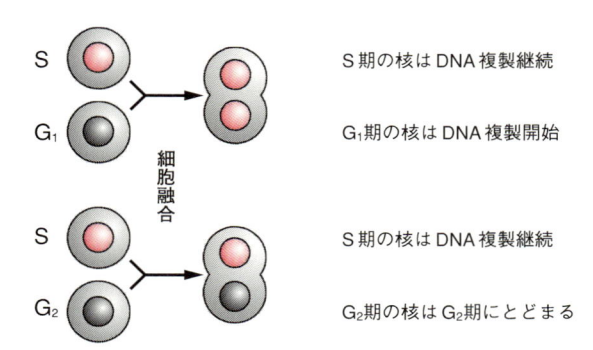

図3・16　DNA の再複製阻止

い分配ができなくなる．どのようにして，**DNA の再複製**を阻止しているのだろうか．

　S 期と G_1 期の細胞を融合させると，G_1 期の核に DNA 複製を開始させることができる．ところが，S 期と G_2 期の細胞を融合させた場合は，S 期の核は DNA 複製を続けるが，G_2 期の核に DNA 複製を開始させることができない（図 3・16）．この実験は，① S 期の細胞には拡散性の DNA 複製を開始させる因子が存在すること．② DNA 複製開始因子が存在しても，G_2 期の核には非拡散性の複製を阻止する（複製起点を起動させない）しくみが備わっているか，③複製前（G_1 期）の DNA には複製を許可する因子（**ライセンスファクター**）が結合しており，複製フォークの進行とともに，ライセンスファクターが分解されることにより，再複製が妨げられることを示唆している．しかし，いずれも実体は明らかになっておらず，生物学上の重要な課題となっている．

4 遺伝情報の内容

　遺伝子の本体はDNAであり，遺伝情報はA，G，C，Tの4文字で書かれている．では，A，G，C，Tの文字列は何を表しているのだろうか．

4・1　遺伝情報からタンパク質がつくられる

　DNAが遺伝子の本体であることが明らかになる以前から，アカパンカビを用いた遺伝学的研究により，遺伝子は特定の酵素の合成を支配すると考えられるようになっていた．1940年代当時，酵素はタンパク質でできており，タンパク質が20種類のアミノ酸からできていることが知られていたので，遺伝情報はアミノ酸の順番を規定していると予想された．しかし，遺伝子の本体がタンパク質か核酸か決着しておらず，アミノ酸の順番を規定する機構は想像できなかった．

　遺伝子（DNA）がアミノ酸の配列を決めている証拠がはじめて得られたのは，遺伝病の**鎌状赤血球貧血症**のヘモグロビンの研究である．鎌状赤血球貧血症を引き起こすヘモグロビンのβ鎖と，正常なヘモグロビンのβ鎖のアミノ酸配列を比較したところ，N末端から6番目のアミノ酸がグルタミン酸からバリンに置き換わっていた（1957年）．また，他の型の遺伝性貧血症では，ヘモグロビンのβ鎖の別のアミノ酸が置き換わっていることも明らかになった．これらの結果から，アミノ酸配列を決める情報はDNAにあることが示された．では，DNAがどのように，タンパク質のアミノ酸の順番を決めているのだろうか．

　DNAは核に存在することがわかっていたが，生化学的研究が進むと，タンパク質は細胞質で合成されることが明らかになった．細胞質は核膜で

DNA と隔てられているので，DNA とタンパク質をつなぐ遺伝情報伝達物質が存在するに違いないと考えられるようになった．そこで，もう1つの核酸の **RNA** が注目された．RNA が細胞質に存在することと，DNA と構造がよく似ており，DNA の塩基と水素結合により相補的に結合する可能性があることから，DNA を鋳型に RNA が合成され，RNA の鋳型によってタンパク質のアミノ酸配列が決まるという仮説が提唱された（1956 年）．

　A, G, C, T で書かれた遺伝情報は分子の凹凸として記録されている．したがって，DNA の塩基配列の凹凸を鋳型に，RNA の塩基配列の凸凹として情報を写し取ることは理解できる．しかし，RNA の塩基配列の凸凹はアミノ酸の立体構造とは相補性がなく，アミノ酸の鋳型になることはない．そこで，アミノ酸はアダプターに結合し，アダプターが RNA の塩基と相補的に結合するというアイデアが提唱された．特定のアダプターに 20 種類のアミノ酸のうちの1つが特異的に結合されるという機構である．その後，アダプターの **tRNA** と，mRNA が発見され（1956 年），1960 年代に入ると mRNA の鋳型情報がリボソームでタンパク質に変換されることが示された．この章では，DNA → RNA →タンパク質の情報の流れの分子機構を詳しくみていこう．

4・2 転 写

　DNA の遺伝情報は，**RNA ポリメラーゼ**のはたらきにより，鋳型から鋳物がつくられるように RNA に写し取られる．したがって，この過程を**転写**という．

4・2・1 RNA の構造

　RNA は，リボースの1位の炭素に塩基が結合し，5位の炭素と次のリボースの3位とリン酸ジエステル結合によって結びつけられた鎖状のポリヌクレオチドである．DNA と似た構造をしているが，DNA の糖は 2-デオキシ

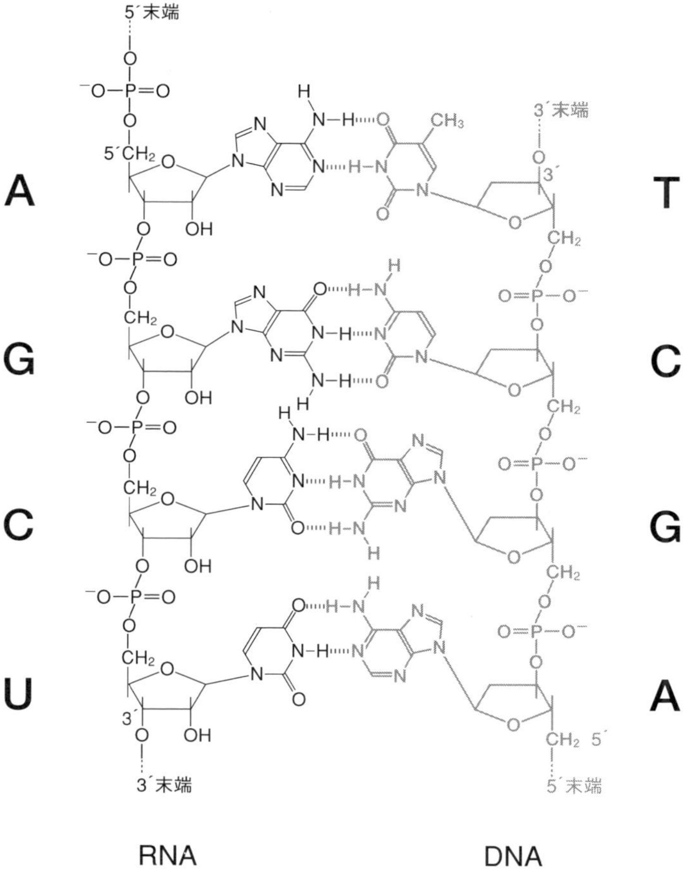

図4・1 RNAとDNAの構造

リボースであるのに対し，RNAではリボース，塩基はDNAではA, G, C, Tであるのに対しRNAではA, G, C, U（ウラシル）となっている．なお，UはTと同様にAと相補的な水素結合を形成する（図4・1）．RNAは基本的には1本鎖であるが，分子内に相補する塩基配列があると部分的に二重らせん構造をとる．また，DNAの塩基配列と相補する配列をもつRNAは，DNA・RNAハイブリッド二重らせん構造をとる．

4・2・2　RNA ポリメラーゼ

RNA ポリメラーゼは，DNA を鋳型として，ATP, GTP, CTP, UTP を基質に，相補するヌクレオチドを連結していく．この酵素はヌクレオチドの 3′OH にだけヌクレオチドを付加し，5′OH には付加しない．したがって DNA の 3′→5′鎖を鋳型として 5′→3′に向けて RNA が合成される（図 4・2）．

図 4・2　転写

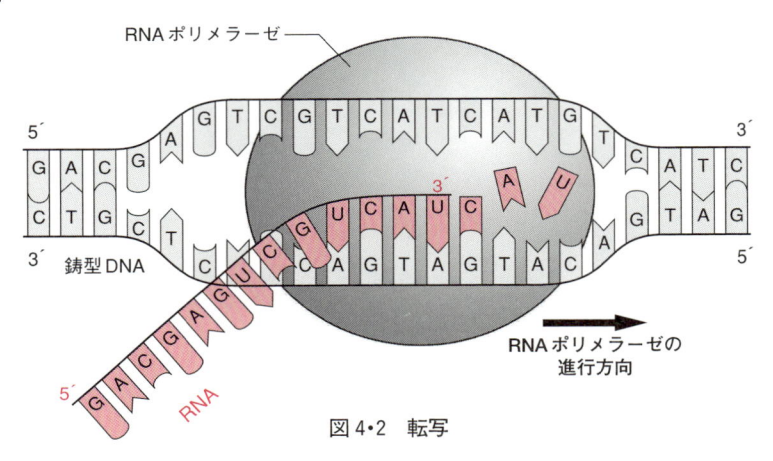

DNA は 2 本鎖からなるが，遺伝情報が乗っているのは片側だけである．しかし，長い DNA 鎖の片側にだけすべての遺伝子の情報があり，反対鎖にまったく遺伝情報がないというわけではない．どちらの鎖にも遺伝情報は乗っている．ただし，RNA の合成は常に 5′→3′で，鋳型となる DNA は 3′→5′に読まれるので，どちらの鎖を鋳型にするかによって転写の方向は逆になる（図 4・3）．

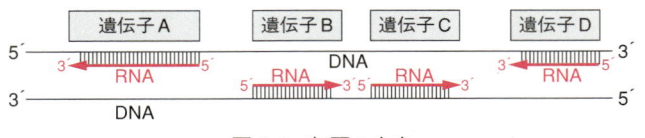

図 4・3　転写の方向

真核生物にはRNAポリメラーゼが3種類あり，それぞれ転写する遺伝子が異なる．タンパク質のアミノ酸配列を規定する遺伝情報を写し取ったRNAをmRNA（mesenger RNA：伝令RNA）といい，**RNAポリメラーゼII**により転写される．なお，真核生物のmRNAは，合成にともない5′末端に**キャップ**とよばれる**7-メチルグアノシン**と（6・1・1参照），3′末端に**ポリ(A)**が付加される（6・1・2参照）．

スプライシング（6・1・3参照）ではたらくsnRNAもRNAポリメラーゼIIが転写する．リボソームの構成成分であるrRNAはRNAポリメラーゼIが転写し，tRNAや5SrRNAはRNAポリメラーゼIIIが転写する．

コラム．RNAがもたらす遺伝情報の多様性

遺伝情報は，細胞や個体にとって大切であり，一部でも失われたり傷ついてはならない．遺伝情報の原本であるDNAは大切に核の中に収めておき，RNAとしてコピーした情報を用いることにより，情報の原本の安全性が高められている．また，必要な情報を必要な量だけコピーすることができるとともに，RNAは細胞質で分解されやすいので，継続して情報を流し続けない限り，発せられた情報はすみやかに消失する．したがって，環境に対する臨機応変な対応が可能である．さらに，RNAの情報を編集することにより（6・1・3参照），1つの遺伝子から複数の性質をもつタンパク質をつくり出すことが可能となり，遺伝情報に**多様性**をもたせることができた．

RNAポリメラーゼIIの鎖の伸長速度は1分間に約2000塩基であるが，RNAポリメラーゼIははるかに遅く，約20塩基である．真核生物では数百個のrRNA遺伝子が直列につながっている．また，卵形成過程の**卵核胞**では，胚発生の急速なタンパク質合成に備えて並列に，さらに1000倍ほどrRNA遺伝子が増幅される．遅いrRNA合成速度を，遺伝子のコピー数を増やすことにより補っているのかもしれない．

4・3 翻訳

RNA の情報をもとにタンパク質を合成することを翻訳という．複製では DNA を鋳型に DNA を合成し，転写では DNA を鋳型に RNA を合成する．しかし，RNA の構造と，タンパク質を構成するアミノ酸の構造は相補性がなく，RNA はタンパク質の鋳型にはなれない．翻訳は複製や転写よりもはるかに複雑な機構で行われている．

4・3・1 遺伝暗号

遺伝情報は A，G，C，T の4文字で書かれており，これが20種類のアミノ酸の並び方を規定している．1文字で1つのアミノ酸を規定しているとすると4種類のアミノ酸だけしか対応できず，2文字では16種類のアミノ酸しか対応できない．3文字ならば64通りの組み合わせができることから，物理学者のガモフは3文字（**トリプレット**）で20種類のアミノ酸を規定していると予言した．1955年のことである．

1960年頃になると，活発にタンパク質を合成している大腸菌の抽出物にRNAを加えるとタンパク質合成が促進されることがわかってきた．そこで，マティとニーレンバーグは塩基配列のわかった合成 RNA を大腸菌の抽出物に加え，生成されたタンパク質のアミノ酸配列を調べる実験を行なった．最初に意味が明らかにされたトリプレットは UUU である．合成ポリUを大腸菌の抽出物に加えるとフェニルアラニンのホモポリマーが合成されたのである．このようにして様々な組み合わせの塩基からなる RNA を合成して，64種類すべてのトリプレットとアミノ酸との対応がついたのは1966年のことだった（表4・1）．

トリプレットが1種類のアミノ酸を規定する現象は，一見無関係に思える3塩基配列とアミノ酸が対応するということであり，研究者はこれを暗号解読に見たてて，アミノ酸を規定する3塩基配列を**コドン**（暗号）とよび，64種類のトリプレットとアミノ酸との対応表を**コドン表**とよぶことにした．ま

表 4・1　コドン表(アミノ酸を表す略記号については図 2・11 を参照)

		2文字目			
		U	C	A	G	
1文字目(5′末端)	U	UUU ┐Phe(F) UUC ┘ UUA ┐Leu(L) UUG ┘	UCU ┐ UCC │Ser(S) UCA │ UCG ┘	UAU ┐Tyr(Y) UAC ┘ UAA 終止 UAG 終止	UGU ┐Cys(C) UGC ┘ UGA 終止 UGG Trp(W)	U C A G	3文字目(3′末端)
	C	CUU ┐ CUC │Leu(L) CUA │ CUG ┘	CCU ┐ CCC │Pro(P) CCA │ CCG ┘	CAU ┐His(H) CAC ┘ CAA ┐Gln(Q) CAG ┘	CGU ┐ CGC │Arg(R) CGA │ CGG ┘	U C A G	
	A	AUU ┐Ile(I) AUC ┘ AUA AUG Met(M)(開始)	ACU ┐ ACC │Thr(T) ACA │ ACG ┘	AAU ┐Asn(N) AAC ┘ AAA ┐Lys(K) AAG ┘	AGU ┐Ser(S) AGC ┘ AGA ┐Arg(R) AGG ┘	U C A G	
	G	GUU ┐ GUC │Val(V) GUA │ GUG ┘	GCU ┐ GCC │Ala(A) GCA │ GCG ┘	GAU ┐Asp(D) GAC ┘ GAA ┐Glu(E) GAG ┘	GGU ┐ GGC │Gly(G) GGA │ GGG ┘	U C A G	

た，遺伝子が，あるタンパク質 A のアミノ酸配列を規定する場合，「遺伝子がタンパク質 A を**コードする**（タンパク質 A の遺伝暗号をもつ）」という表現をする．同様に，RNA からタンパク質を合成する過程を，暗号文（RNA の塩基配列）から意味が理解できる文章（アミノ酸配列）にするという意味で，**翻訳**（translation）という．

UAA，UAG，UGA は対応するアミノ酸がない．したがって，アミノ酸を連結していくうちにこれらのコドンに出会うと，そこでタンパク質合成が途切れてしまうはずである．実際，これらは翻訳の終結点として機能しており，これらを**終止コドン**とよぶ．一方，翻訳の開始は必ずメチオニンをコードする AUG から始まるので，これを**開始コドン**とよぶ．

AUG 以外のコドンは重複して１つのアミノ酸をコードしている．多くのアミノ酸は最初の２文字で規定されており，３文字目は柔軟性に富んでいる．同じアミノ酸をコードするコドンを**同義コドン**という．どのコドンがよ

り頻繁に用いられるかは生物種により異なるが，どのコドンがどのアミノ酸に対応するかは細菌から高等真核生物にいたるまで，すべての生物種で共通である．地球上に棲息するすべての生き物が共通の祖先から発している1つの証拠である．

4・3・2 tRNA

mRNA の塩基配列は直接にはタンパク質のアミノ酸配列の鋳型にならない．mRNA とアミノ酸をつなぐのは tRNA（転移 RNA）とよばれる約75塩基からなる RNA で，これがアダプターの役割をしている．tRNA は分子内で塩基対を形成しており，どの tRNA も平面的にはクローバー葉構造，立体的には L 字型構造をしている．クローバーの中央の葉の先端にはアンチコドンとよばれるトリプレットがあり，これが mRNA のコドンと相補的な塩基対を形成して結合する．tRNA の 3′ 末端の配列は—CCA 3′ であり，A のリボースにアミノ酸が結合する（図 4・4）．

mRNA 側のトリプレットは，終止コドンを除くと，61通りのトリプレットがあり，これが20種類のアミノ酸を規定している．tRNA も，いくつかのアミノ酸に対しては，複数種類ある．しかし，必ずしも61通りのトリプレット各々に対応する tRNA があるわけではない．少ない tRNA で61通りのトリプレットにどのように対応しているのだろうか．

トリプレットの3文字目は多くの場合1文字に限定されているわけではなく，柔軟性に富んでいる．実際，mRNA のトリプレットとアンチコドンは最初の2

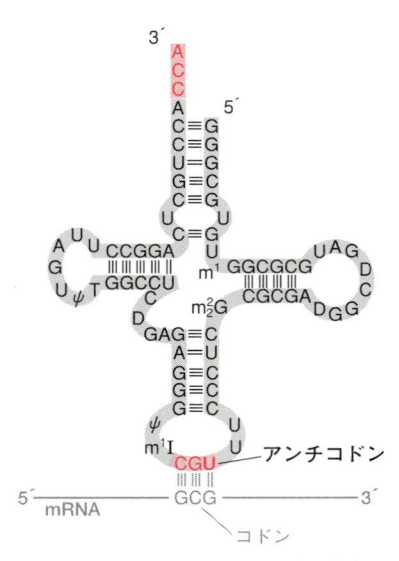

図 4・4　アラニン tRNA の平面構造

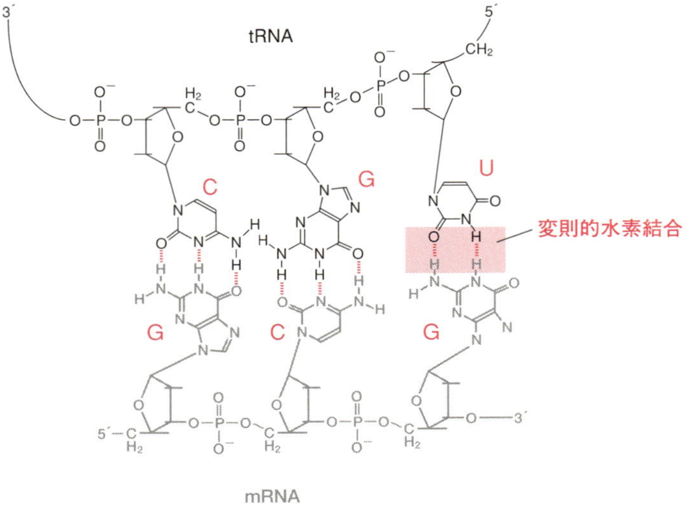

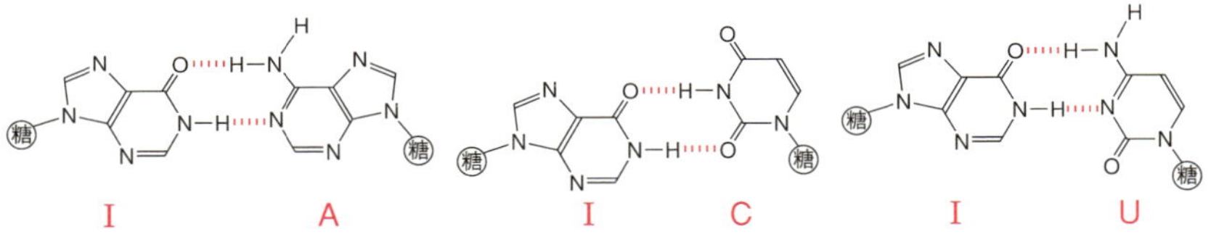

図 4・5　変則的水素結合

文字で塩基対を形成するが，3文字目では比較的弱い水素結合によって結びつけられている．これを**ゆらぎ**（wobble）とよぶ．コドン認識のゆらぎは，アンチコドンが tRNA の湾曲している部分に存在するために生じる．アンチコドンが湾曲しているため，コドンと通常の水素結合による相補的結合をせず，コドンの3番目の塩基と，アンチコドンの1番目の塩基が変則的な水素結合をする．その結果，複数種類の塩基と反発することなく水素結合が形成できるのである（図 4・5）．また，tRNA によってはアンチコドンの1番目の塩基として，変則的な**イノシン**が存在する．イノシンはグアノシンから

脱アミノ基反応により合成され，アデニン，シトシン，ウラシルと水素結合することができる．このゆらぎによって少ない種類のtRNAで，すべてのコドンに対応できるのである．

4・3・3 アミノアシル-tRNA合成酵素

tRNAにアミノ酸を結合させるのは，**アミノアシル-tRNA合成酵素**である．アミノアシル-tRNA合成酵素は20種類あり，それぞれ20種類のアミノ酸に対応している．アミノアシル-tRNA合成酵素にはアミノ酸の側鎖を認識して結合する領域と，tRNAの構造（特にアンチコドンの配列）を認識して結合する領域がある（図4・6）．アミノアシル-tRNA合成酵素は，特定のアミノ酸および，そのアミノ酸に対応するtRNAの両方とも，鋳型と鋳物の関係にあり，結合を仲立ちしている．

アミノアシル-tRNA合成酵素が触媒するtRNAとアミノ酸の結合過程

アミノ酸と
tRNA3´末端
を認識する部位

ATP

アンチコドンを
認識する部位

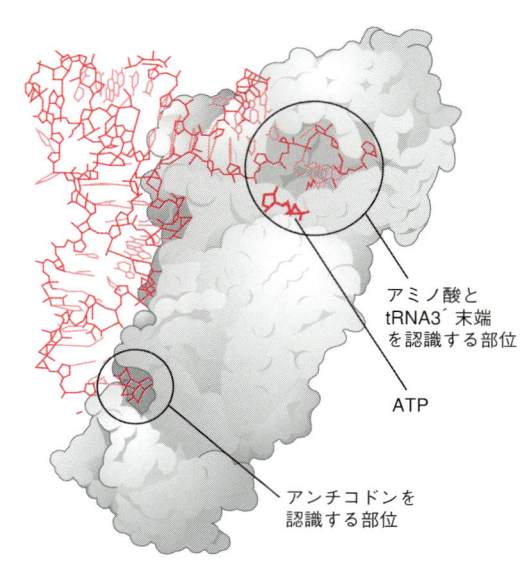

図4・6 tRNAとアミノアシル-tRNA合成酵素の立体構造

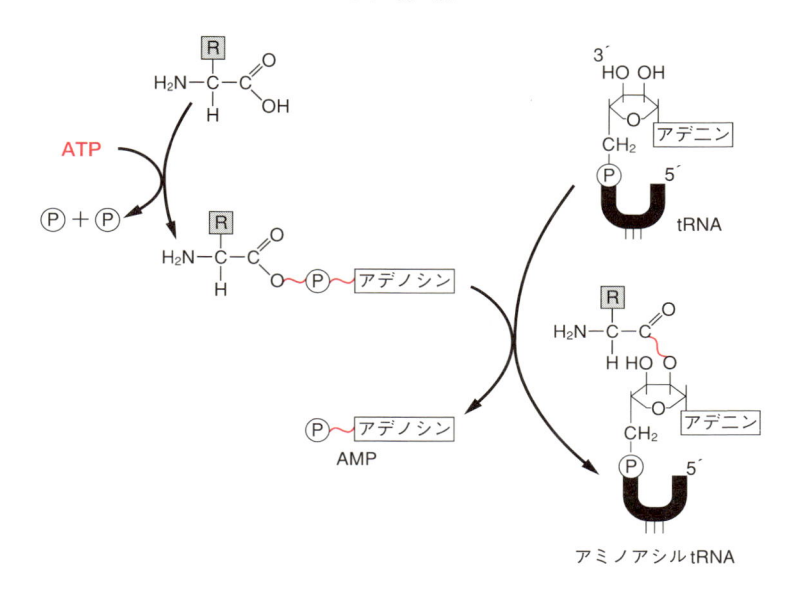

R アミノ酸残基　P リン酸　〜 高エネルギー結合
図4・7　アミノアシル-tRNA 合成酵素の反応

は，2段階に分けられる（図4・7）．第一段階は，ATP とアミノ酸を基質として，**アデニル化アミノ酸**を合成する．ATP のエネルギーを用い，アミノ酸のカルボキシル基に AMP を結合させて，アミノ酸に**高エネルギー結合**をもたらすのである．このエネルギーは，後にリボソーム上でアミノ酸を連結するペプチド結合をつくるのに用いられる．次に，アデニル化アミノ酸はアミノアシル-tRNA 合成酵素に結合したまま，tRNA の 3′末端のリボースの水酸基に転移され，アミノ酸と tRNA が結合した**アミノアシル-tRNA** となる．アミノアシル-tRNA は**伸長因子 eEF-1**（Elongation Factor）と結合し，**リボソーム**に移行する．

4・3・4　リボソーム

mRNA のコドンにしたがってアミノ酸を連結するはたらきをするのはリ

ボソームである．リボソームは**大サブユニット**と**小サブユニット**からなり，いずれも複数の RNA 分子（rRNA：ribosomal RNA）と多種類のタンパク質からなる複合体である．これら大小のサブユニットは翻訳していないときは解離しているが，翻訳開始とともに会合し，翻訳終了とともに解離する．

　rRNA はリボソーム質量の 60% を占める．rRNA は分子内で塩基対を形成しており，折りたたまれて安定な立体構造をとる．rRNA はタンパク質のアミノ酸配列をコードしていないが，リボソームの構造体として機能しているばかりでなく，大サブユニットの rRNA は**ペプチジル基転移酵素活性**があり，タンパク質合成にかかわる酵素として重要な役割を果たしている．

コラム．RNA ワールド

　rRNA には，ペプチド結合の形成を触媒するペプチジル基転移酵素活性以外にも，rRNA のスプライシング（6・1・3 参照）の際に，自身の RNA の特定の個所を切断，断片を除去したのち，再び連結させる酵素活性がある．また，tRNA のスプライシングにかかわる RNA–タンパク質複合体の RNA 部分にも，tRNA 前駆体の特定の個所を切断する酵素活性があることが知られている．RNA は 1 本鎖であり，折れ曲がりやすく，一定の構造を保つことができないと考えられていたが，実際は，tRNA や rRNA では，分子内で相補的 2 本鎖構造を形成する配列が多く，折りたたまれて一定の立体構造をとることができる．

　生命の根本は自己再生産である．RNA は複製して伝えることができる**塩基配列の情報**と，三次元的に折りたたまれた結果生じる**触媒活性**の二面性をもっており，原始生命の特徴を備えている．RNA が酵素として機能することが明らかになり，原始の生体反応では触媒として RNA が使われ，タンパク質は進化の過程で後から加わったという，新しい考え方が広まってきている．リボソームは生命の黎明期を見せているのかもしれない．

4・3・5　ポリペプチド鎖の伸長反応

　リボソームの小サブユニットには，mRNA が結合する部位と，アミノア

図 4・8 RNA の翻訳

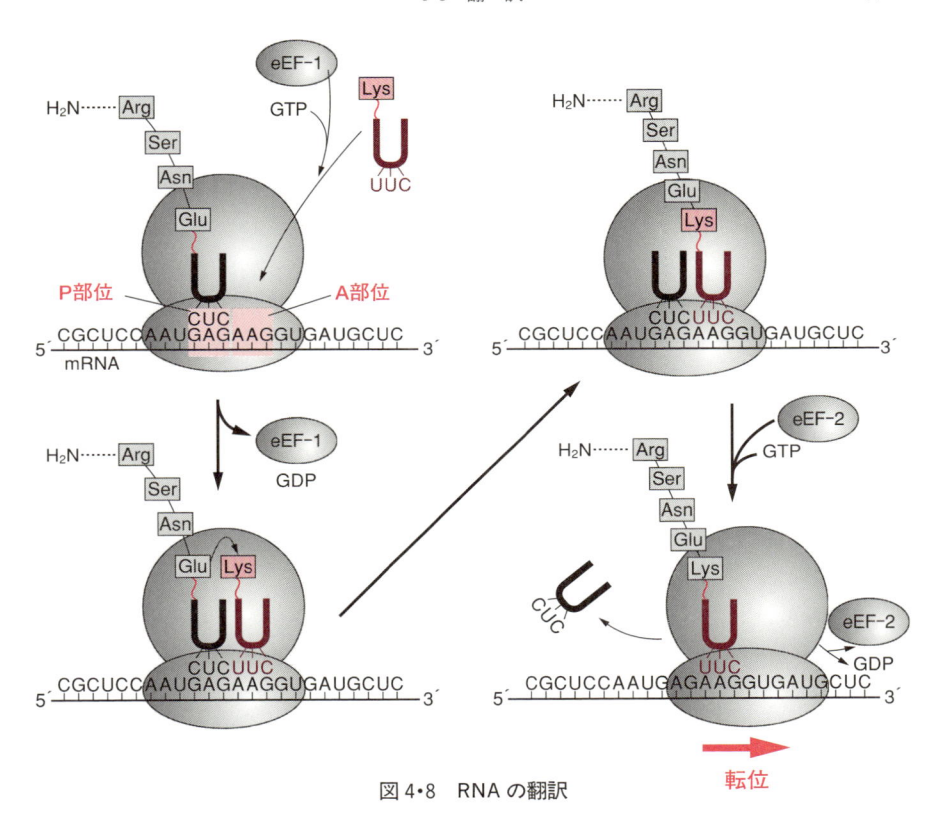

シル-tRNA が結合する部位（**A 部位**：Aminoacyl-tRNA binding site），すでに伸長しているポリペプチド鎖が結合したペプチジル-tRNA が結合する部位（**P 部位**：Peptidyl-tRNA binding site）が近接して存在する．

リボソーム上のポリペプチド鎖の伸長反応は 3 段階ある（図 4・8）．ペプチジル-tRNA が P 部位に結合しており，A 部位が空いているリボソームがあると，20 種類のアミノアシル-tRNA が A 部位にランダムに接近する．mRNA のコドンと相補するアンチコドンをもつアミノアシル-tRNA が来ると，GTP のエネルギーを用いて A 部位に結合する．次に，ペプチジル基転移酵素のはたらきで，P 部位のペプチジル-tRNA のポリペプチド鎖の C 末

端が tRNA からはずれ，A 部位のアミノアシル-tRNA のアミノ酸とペプチド結合を形成する．このペプチド結合の形成に，アミノ酸と tRNA をつなぐ高エネルギー結合のエネルギーが使われる．さらに，GTP のエネルギーを使って，eEF-2 がリボソームを mRNA に沿って $5' \to 3'$ の方向に，正確に 1 コドン分移動させる．同時に，ポリペプチド鎖がはずれた tRNA が P 部位を離れる．このサイクルが回ることにより，タンパク質が N 末端から C 末端に向けて合成される．

なお，mRNA の $5' \to 3'$ の方向にタンパク質の N 末端→C 末端のアミノ酸配列の情報が乗っており，タンパク質は N 末端から合成されるので，mRNA の $5'$ 側を**上流**，$3'$ 側を**下流**という．同様に遺伝子（DNA）も $5'$ 側を上流，$3'$ 側を下流という約束になっている．

4・3・6 翻訳開始

mRNA は 3 文字一組のコドンでアミノ酸配列を規定しているが，どの組み合わせの 3 文字を用いるか（**読み枠**）によって意味がまったく異なる．たとえば，ハラガ・スイタ・パンヲ・タベルは意味をなすが，ハ・ラガス・イタパ・ンヲタ・ベルとハラ・ガスイ・タパン・ヲタベ・ルは意味不明である．3 つの読み枠のどれを選択するかは，**翻訳開始点**が決める．翻訳は必ず

図 4・9　真核生物の翻訳開始
(1) 開始因子 eIF-2 がリボソーム小サブユニットに結合する．
(2) 開始 tRNA-メチオニンがリボソーム小サブユニットの P 部位に入り込む．
　注：ポリペプチド鎖の伸長反応では，tRNA-アミノ酸は A 部位に入るが，開始 tRNA は P 部位に入る．
(3) 開始前複合体は，eIF-3 とキャップ結合複合体 eIF-4，ポリ(A)結合因子のはたらきにより，mRNA の $5'$ 末端に結合し，開始複合体が完成する．
(4) 開始複合体は ATP のエネルギーを使って mRNA 上を $3'$ に向かって動き，コザック共通配列を探す．
(5) eIF-6 はリボソーム大サブユニットに結合しており，mRNA に結合していない小サブユニットに大サブユニットが結合するのを妨げている．
(6) 開始複合体の開始 tRNA が開始コドンに結合すると，小サブユニットと大サブユニットから開始因子 eIF がはずれる．
(7) リボソーム大サブユニットがリボソーム小サブユニットに結合できるようになり，リボソームが完成して翻訳が開始される．

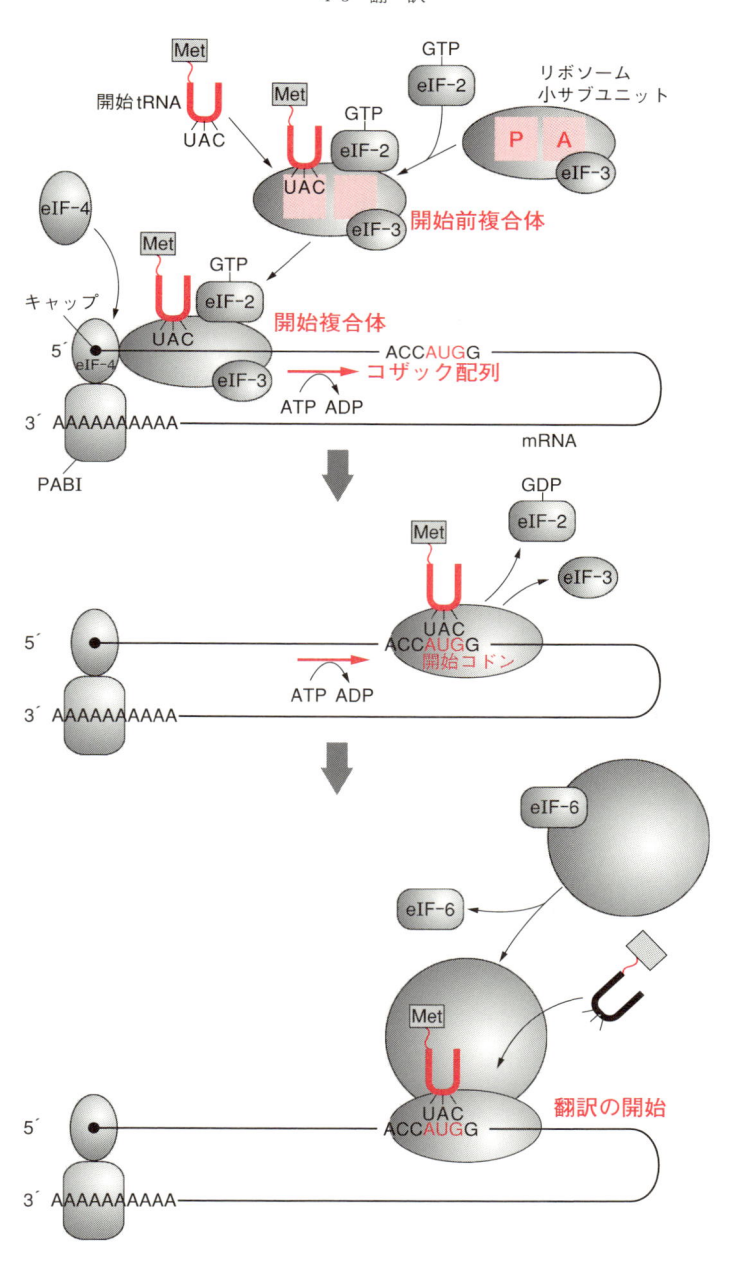

4・3 翻訳

AUG（メチオニン）から始まる．AUG は 3 文字で表されているので，AUG が存在する確率は 4^3 分の 1（64 塩基：約 21 アミノ酸に 1 か所）となる．平均的タンパク質は約 500 アミノ酸からなるので，N 末端だけではなく，ポリペプチド鎖の中にもメチオニンがあることになる．また，実際にメチオニンはポリペプチド鎖の中にも存在する．したがって，翻訳開始点として AUG は必要条件であるが，十分条件ではないと理解できる．翻訳開始の目印は，AUG とその周囲の塩基配列が担っており，これを発見者の名前にちなんで**コザック共通配列**（Kozak consensus：5′-ACCAUGG-3′）という．翻訳開始点の AUG に結合する tRNA は，それ以外の AUG に結合する tRNA とは異なり，**開始 tRNA** とよぶ．

リボソームの小サブユニットと大サブユニットには，それぞれ**開始因子**（eukaryotic Initiation Factor）eIF-3 と，eIF-6 が結合しており，両サブユニットは解離した状態にある．翻訳の開始は，eIF-2 がリボソーム小サブユニットに結合し，開始 tRNA-メチオニンがリボソーム小サブユニットの P 部位に入り込むことから始まる（図 4・9）．これを**開始前複合体**といい，開始 tRNA-メチオニンは mRNA がなくても，小サブユニットに結合する．

開始前複合体は，キャップ結合複合体 eIF-4 と eIF-3，3′末端のポリ（A）に結合する因子 **PAB I**（polyadenylate-binding protein I）のはたらきにより mRNA の 5′末端に結合する．この状態の複合体を**開始複合体**という．次に，開始複合体は ATP のエネルギーを使って mRNA 上を 3′に向かって動く．コザック共通配列に到達すると，開始複合体から開始因子が遊離し，リボソーム大サブユニットがリボソーム小サブユニットに結合できるようになり，リボソームが完成して翻訳が開始される．

原核生物では 1 本の mRNA が複数のタンパク質をコードしており，それぞれの翻訳開始点の 3〜10 塩基上流にリボソームが結合する部位がある．大腸菌ではリボソーム結合部位の共通配列は（5′-AGGAGGU-3′）であり，結合したリボソームは，すぐ下流の AUG から翻訳を開始する．

4・3・7　翻訳終止

終止コドンがリボソームのA部位に来ると，終止コドンに対応するアミノアシル-tRNAがないのでポリペプチド鎖の伸長反応が停止する．空いたA部位に，tRNAと立体構造がよく似た**遊離因子**（タンパク質）が結合すると，大リボソームのペプチジル転移酵素の性質が変わり，ポリペプチド鎖のC末端に，アミノ酸の代わりに水酸基（−OH）を付加する（図4・10）．tRNAから離れたポリペプチド鎖はリボソームを離れ，同時にP部位にあったtRNA，大・小サブユニットがmRNAから遊離し，翻訳の過程が完了する．解離した因子は新たなタンパク質合成に再利用される．

コラム．保存されない変異，保存される変異

64種類あるコドンのうち終止コドンは3つあるので，終止コドンが現れる確率は64分の3になる．すなわち，確率的に21アミノ酸ごとに終止コドンが現れるので，平均的なタンパク質の長さは理論上20アミノ酸となる．しかし，実際にはタンパク質は，はるかに多い数のアミノ酸からできている．mRNA上のタンパク質をコードする領域では，3つの読み枠のうち，1つは広い範囲にわたって終止コドンがない．この領域を**ORF**（open reading frame）といい，ゲノムDNA上の未知の遺伝子を見つける際の目安となる．

遺伝子に変異が入っては困るが，さまざまな要因で変異が入り続けている．変異はランダムに入るので，遺伝情報は無秩序で意味をなさない方向に向かい続けている．時には，特定のアミノ酸を指定するコドンが，変異により終止コドンに転換する場合もある．タンパク質をコードしていない領域や遺伝子以外の領域は変異が多い．意味がない塩基配列に変異が入っても，生命活動に支障がなく，そのまま変異として残るのである．また，タンパク質をコードする読み枠以外の2つの読み枠には終止コドンが確率どおり頻繁に見られる．

一方，タンパク質をコードしている読み枠に終止コドンがないのは，遺伝情報の無秩序化が一世代ごとにリセットされるからである．タンパク質のポリペプチド鎖が途中までしか合成されなければ，タンパク質として機能することができず，

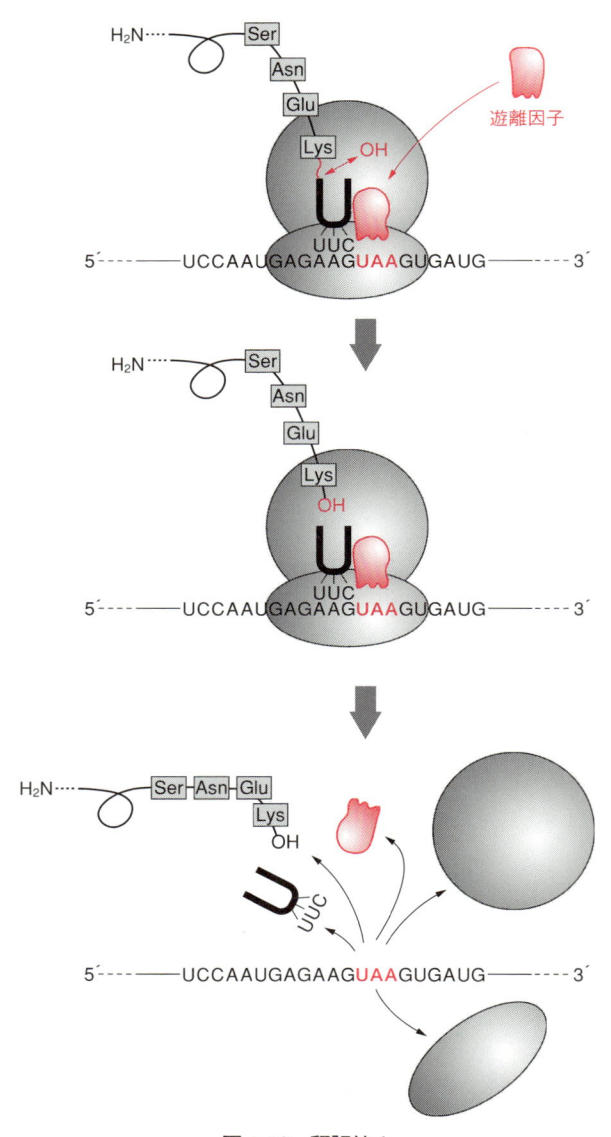

図 4・10　翻訳終止

遺伝病になったり，死に至ることもある．タンパク質をコードする読み枠に終止コドンができた遺伝子をもつ個体は，子孫をつくるチャンスが低くなり，その結果，子孫に変異が伝えられないのである．

アミノ酸配列の変異も同様であり，タンパク質の機能に必須の領域のアミノ酸配列は，微生物からヒトを含めた複雑な動物まで同じである．長い進化の過程でも，アミノ酸配列が変化しなかったのである．これを生物用語で，配列あるいは領域が**保存されている**という．

鎌状赤血球貧血症では，ヘモグロビンのβ鎖のN末端から6番目のアミノ酸がグルタミン酸からバリンに置き換わっていることは前に述べた．遺伝的に不利であるにもかかわらず，この変異が人類の遺伝子に残っているのは，鎌状赤血球貧血症の患者はマラリアに罹らないからである．マラリアで死ぬ選択圧と，貧血症による不都合の選択圧のバランスが，鎌状赤血球貧血症の変異を残している．

原核生物の大腸菌では1秒間に約20個のアミノ酸が連結される．タンパク質が500アミノ酸で構成されているとすると，約25秒でタンパク質1分子の合成が完了することになる．実際には，1本のmRNA分子に対して1個のリボソームが翻訳するのではなく，1個のリボソームが翻訳を開始すると，すぐに次のリボソームが翻訳を開始する（約80塩基間隔）．したがって，1本のmRNA分子に多数のリボソームが結合して，次々とタンパク質を合成することになる．この状態のmRNAとリボソームを**ポリソーム**という（図4・11）．

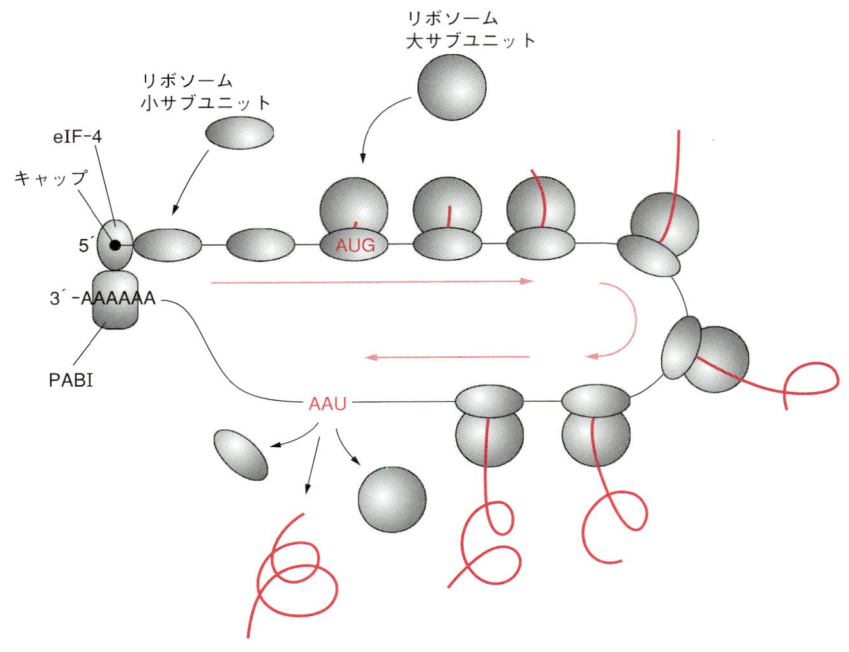

図4・11　ポリソーム

5 遺伝子の転写調節機構

　情報には，必ず始まりと終わりがある．細胞は，ゲノムDNAの中にある情報の初めと終わりを認識し，RNAとして情報を写し取る．遺伝子の大部分はタンパク質をコードしているが，一部はrRNAやtRNAなど，RNA自体の情報もある．

　30億文字からなるヒトゲノムの中で，遺伝子の領域はごくわずかであり，宇宙の中の銀河のように，遺伝子はゲノム上に点在している．では，転写されない領域は何をしているのだろうか．生物が生きていくには，状況に応じて必要な情報を，必要なだけ取り出す必要がある．遺伝子の前後には，その遺伝子がいつ，どこで，どんな状況の時に転写されるべきかの情報が塩基配列として書かれている．

5・1 遺伝子の構造

　RNAは，DNAの3′→5′鎖を鋳型に，5′→3′に向けて合成される．遺伝子を図示するときには，RNAと同じ配列をもつDNA鎖の配列だけを示し，5′側を左に，3′側を右に配置する約束になっている．転写が開始される最初の塩基を**転写開始点**といい，その位置を+1で表し，以下，下流の塩基の位置をプラスの整数で表す．転写開始点の上流配列の位置は，転写開始点から最初の塩基を−1とし，上流の塩基の位置をマイナスの整数で表す．転写開始点を図示する場合は，−1と+1の間に右向きの矢印を描くことになっている．転写が終わる塩基を**転写終結点**という．

　転写調節を受けるための情報は遺伝子の上流，下流，あるいは遺伝子の中にある．その情報（塩基配列）を，遺伝子と同じ分子上にある要素という意

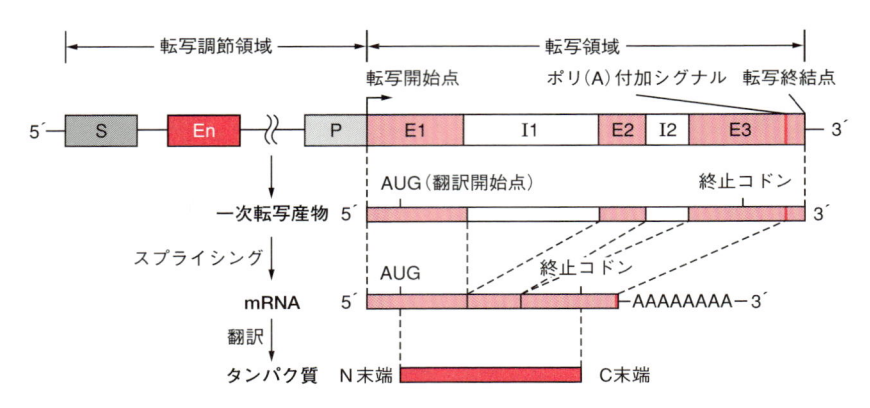

図5・1　真核生物の遺伝子の構造
P：プロモーター，E1〜E3：エキソン1〜3，I1〜I2：イントロン1〜2，En：エンハンサー，S：サイレンサー

味で，**シスエレメント**（cis-element）という．シスエレメントが存在する領域を**転写調節領域**といい，一般に，複数の異なる機能をもつシスエレメントが近接して存在する．転写開始点のすぐ上流には，転写を開始させるための塩基配列があり，これを**プロモーター**という．転写開始点から離れたところにも，シスエレメントがあり，塩基配列の向きによらず（逆向きにしても有効）転写を活性化させる配列を**エンハンサー**といい，転写を抑制する配列を**サイレンサー**という．エンハンサーは，遺伝子によっては 100 kb も上流に存在する場合もあり，遺伝子の内部や，下流に存在することもある．また，複数の遺伝子の転写を活性化するエンハンサーもある．

　mRNAはタンパク質をコードする遺伝子を鋳型に合成されるが，真核生物の多くの遺伝子では，転写されたRNA（一次転写産物）が，そのままmRNAになるわけではない（図5・1）．一次転写産物には，mRNAとして残る部分と，切り捨てられる部分がある．この編集作業を**スプライシング**という．mRNAとして残る部分および，遺伝子上のmRNAに相当する塩基配列を**エキソン**といい，mRNAになるときに取り除かれる部分と，その部分に相当する遺伝子の配列を**イントロン**という．イントロンは，スプライシ

5・1 遺伝子の構造

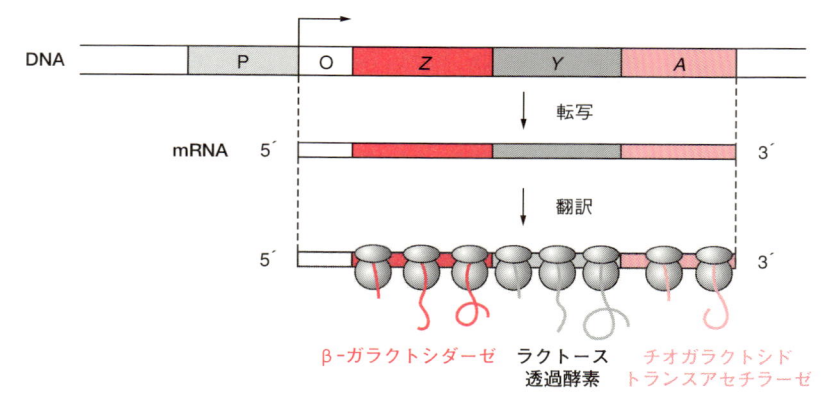

図5・2　大腸菌のラクトースオペロン
P：プロモーター，O：オペレーター，Z：lacZ 遺伝子（β-ガラクトシダーゼ），
Y：lacY 遺伝子（ラクトース透過酵素），A：lacA 遺伝子（チオガラクトシド
トランスアセチラーゼ）

ングにより除かれ，エキソンのみから構成される mRNA となる（6・1・3 参照）．

　mRNA 鎖には，タンパク質をコードする領域（**コード領域**）以外に，**非コード領域**がある．コード領域の上流の非コード領域を 5′UTR（Untranslated Region），下流の非コード領域を 3′UTR といい，非コード領域には mRNA の寿命や，タンパク質合成の効率を決める情報がある．また，卵に蓄積される mRNA の場合は，卵のどの位置に局在するかの情報が 3′UTR に書かれているものもあり，卵の前後軸，背腹軸，動植物軸に沿った位置価を与えるはたらきがある（8・3・1 参照）．

　古細菌を除く原核生物（大腸菌などの真正細菌）にはイントロンがなく，転写された RNA はそのまま mRNA として翻訳される．多くの原核生物では，一つの転写調節領域によってまとめて転写調節を受ける一つながりの遺伝子がある（図5・2）．このように同調的に調節を受ける一群の遺伝子を**オペロン**とよび，同じオペロン内の遺伝子は機能的に関連しているものが多

い．一つのオペロン内では，それぞれの遺伝子はつながった1本のmRNAとして転写される．原核生物も翻訳はAUG（メチオニン）から始まる．それぞれのコード領域の翻訳開始点から上流4〜7塩基には，6塩基の**リボソーム結合配列**があり，ここにリボソームが結合して，1本のmRNAから複数のタンパク質が合成される（4・3・6参照）．

コラム．一つの遺伝子から多様なタンパク質を合成する

真核生物の遺伝子では，**イントロン**の数が数個から100個を越えるものもあり，遺伝子の長さが数万塩基にもおよぶ場合がある．mRNAとならない部分をわざわざ転写するのは無駄とも考えられるが，真核生物の多くの遺伝子ではイントロンに転写調節を受けるための情報が書かれている．ヒトでは約2万2000個の遺伝子から，約10万種類のタンパク質が合成される．転写を開始するエキソンを変えたり，mRNAとなるエキソンの組合せを変えることにより，一つの遺伝子から多様なタンパク質を合成することができるのである．

また，イントロン部分には繰り返し配列が多く，遺伝子の組換えが起こりやすい特徴もある．組換えによりエキソンを交換することで，新しい機能をもつ遺伝子を作り出すことが可能になり，遺伝子の進化，すなわち**生物の多様性と進化**を促進したと考えられる．

5・2 転写開始機構

CD（Compact Disc）やMDを思い浮かべてみよう．音楽の情報の頭には，タイトルに対応する開始の印がついており，瞬間頭出しができる．それぞれの遺伝子の頭にも，その遺伝子を識別する情報があり，細胞は，必要な情報を瞬時に読み出すことができる．だからこそ，さまざまな状況に，細胞や個体が対応することができるのである．

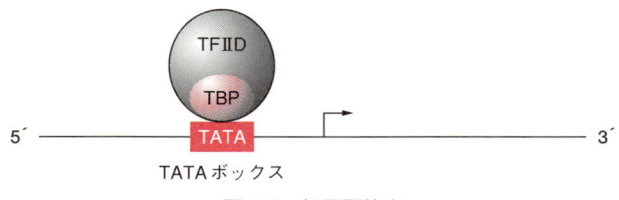

図 5・3　転写開始点

5・2・1　転写開始点の目印

タンパク質をコードする遺伝子の転写開始点の上流，約 25 塩基対には塩基配列 TATAAA があり，転写開始点を決める目印になっている（図 5・3）．この配列を，**TATA ボックス**という．mRNA は RNA ポリメラーゼ II（Pol II）によって転写されるが，Pol II 単独では，転写を開始することができない．Pol II は，どこから転写を開始したらよいのか，識別することができないのである．TATA ボックスを認識して結合するのは，**TBP**（TATA-Binding Protein）であり，TBP は他の多くのタンパク質と複合体を形成し，RNA ポリメラーゼ II（Pol II）を転写開始点につれてくるはたらきがある．

5・2・2　転写開始複合体

転写を開始させるための複合体を**転写開始複合体**といい，Pol II 以外に TF II とよばれる複数の**基本転写因子**からなる．TF II A，TF II B，TF II D，TF II F は Pol II を転写開始点につれてくるはたらきがあり，転写開始複合体が組み立てられると Pol II の位置は，TATA ボックスの約 25 塩基下流になる．Pol II の C 末端領域 **CTD**（C-Terminal Domain）は TBP にしっかりと結合しているので，このままでは転写を開始することはできない（図 5・4）．

TF II E は TF II H を転写開始複合体に結合させる役割を担っており，TF II H は Pol II を転写開始複合体から解離させ，転写を開始させるはたらきがある．TF II H は Pol II の CTD をリン酸化するキナーゼ活性をもつ．

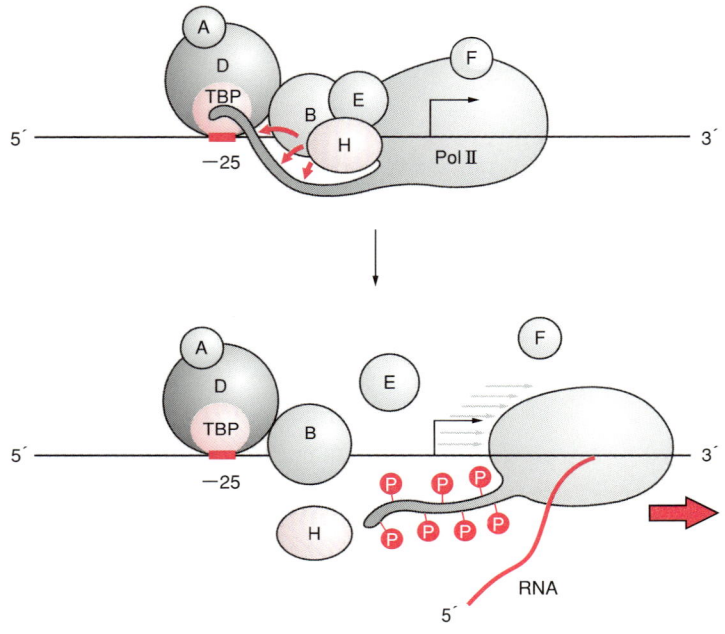

図 5・4 転写開始複合体
A〜H は TF II A〜TF II H を表す

　CTD がリン酸化されると，CTD の構造が変化して TBP と結合できなくなる．その結果，Pol II が転写開始複合体を離れ，転写を開始する．

　転写の開始を，競馬のスタートにたとえるならば，競走馬（Pol II）をスタート地点に立たせ，走り出さないようにつなぎ止めておくのが転写開始複合体で，最後に TF II H が Pol II を解放して走り出させるのである．なお，TF は Transcription Factor，II は Pol II，A，B，D，E，F，H は核タンパク質から基本転写因子を精製するときの画分の名称（例：TF II D は D 画分にある Pol II の転写にかかわる基本転写因子）である．

　TBP は TF II D のサブユニットの一つであり，TF II D は TBP 以外に少なくとも 12 種類の TBP 関連因子 **TAF**（TBP-associated factor）から構成されている．

5・2・3　TATA ボックスがないプロモーターの転写

　タンパク質をコードする遺伝子でも，TATA ボックスがないプロモーターをもつ遺伝子がある．すべての細胞の活動に必要で，常に発現している**ハウスキーピング遺伝子**とよばれる遺伝子に多い．転写は RNA ポリメラーゼ II が行うが，TATA ボックスがないので，TFIID のサブユニット TBP は TATA ボックスに結合することはない．プロモーター上の他のシスエレメントに結合する転写因子が転写開始複合体を構築する位置を定めるが，TBP を含め，TFIID も転写開始複合体の形成に参加する．一般に，TATA ボックスがない RNA ポリメラーゼ II のプロモーターでは，転写開始点の位置が明確でなく，開始点が転写ごとに数塩基前後する．

　RNA ポリメラーゼ I の転写の開始は，−45 塩基から +20 塩基にあるコアプロモーターと，約 −100 塩基にある上流制御エレメント UCE（Upstream Control Element）によって制御される．UCE に結合する UBF と，コアプロモーターに結合する複合体 SL1 が RNA ポリメラーゼ I を転写開始点につれてくる（図 5・5 の上）．

　RNA ポリメラーゼ III のコアプロモーターは，転写開始点の下流 +50 塩基か

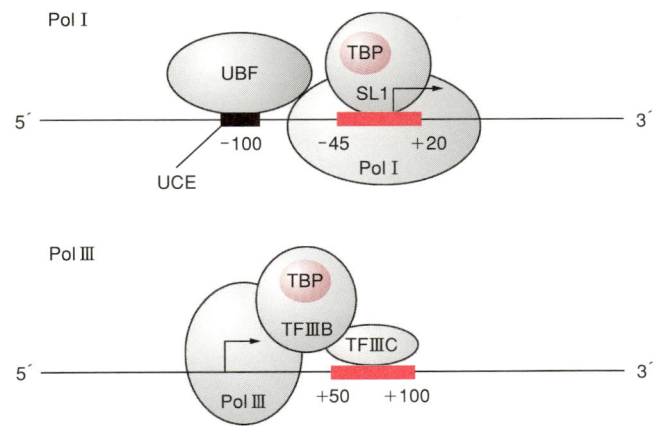

図 5・5　TATA ボックスがないプロモーター上の転写開始複合体

ら+100塩基にある．コアプロモーターにTF III Cが結合し，これにTF III Bが結合して，RNAポリメラーゼIIIが転写開始点に配置される．RNAポリメラーゼIとIIIのプロモーターにはTATAボックスがないが，TBPは，それぞれ転写開始複合体のSL1およびTF III Bのサブユニットとして機能している（図5・5の下）．

5・3 転写終結機構

細菌では，転写を終結させるための目印となる配列があり，これを**ターミネーター**という．ターミネーターは転写終結点から上流15〜20塩基対にあり，逆方向反復配列と，そのすぐ下流にTの連続（鋳型となる反対鎖はAの連続）をもつ．

RNAポリメラーゼがまさにRNAを合成している点ではDNAの2本鎖が開き，10数塩基にわたって鋳型になるDNAと，転写されたRNAが水素結合により相補的に結合している．このRNA−DNAの結合が安定ならばRNAの伸長反応は続けられる．しかし，ターミネーター部分が転写されると逆方向反復配列のため，RNA鎖内で相補的結合が形成され，転写されたRNAはヘアピン構造になる（図5・6）．RNAとRNAの相補的結合は，RNA−DNAの結合より安定なため，RNA−DNAの相補的結合を妨げることになる．

さらに，そのすぐ下流にTの連続が転写されると，Uの連続と鋳型のAの連続との水素結合は弱いので結合が不安定となり，RNAはDNAから離れ，転写が終結する．

真核生物の転写終結機構についてはほとんどわかっていない．mRNAの場合，タンパク質のコード領域の転写が完了してしばらくすると転写終結前にmRNAが切断され，転写終結点が正確につかめないからである．実際の転写終結は切断点の1 kb以上も下流で起こる例も知られている．ウイルス

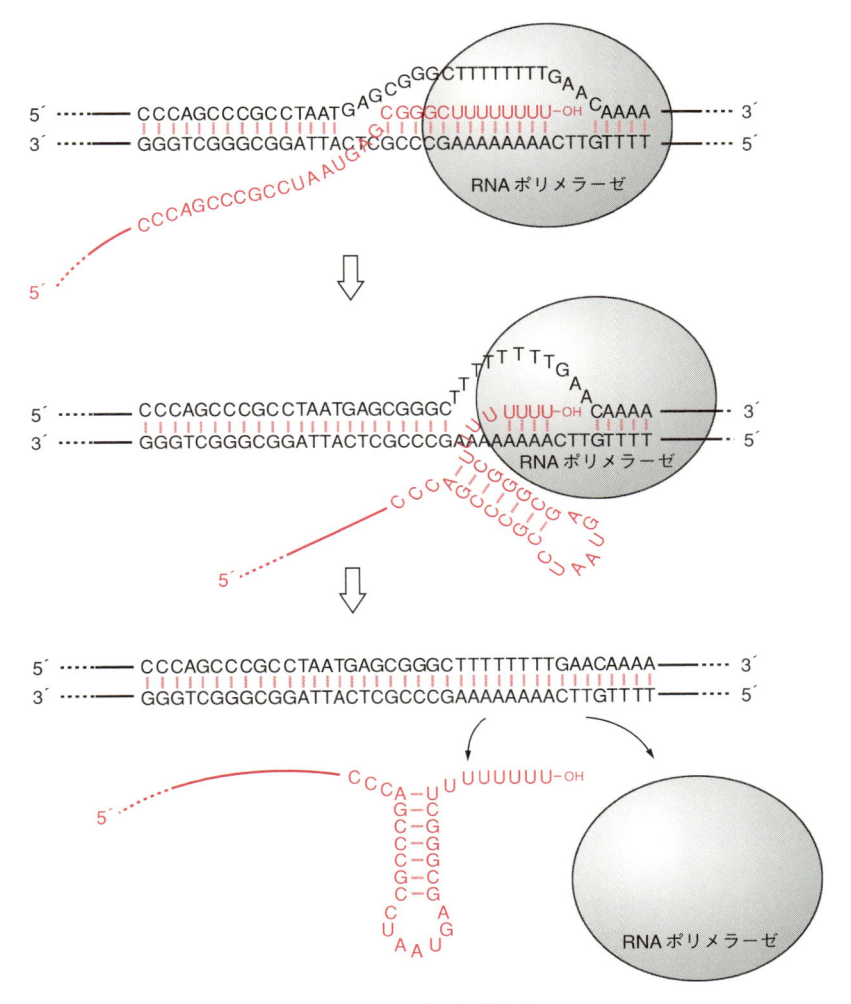

図 5・6　細菌の転写終結

の SV 40 を用いた実験では T の連続が終結の目印らしいことがわかってきたが，周辺の配列も重要で，特殊な高次構造が転写を終結させると考えられている．rRNA，tRNA 等の転写終結機構も同様な理由でまだよくわかっていない．

5・4 転写因子

転写開始複合体だけでは，実際は，ほとんど転写が起こらない．自動車でいえばアイドリング状態にある．また，転写開始複合体だけでは状況に応じた転写調節ができない．転写の活性化や抑制をつかさどるタンパク質を**転写因子**といい，シスエレメントに結合する．転写因子の多くは，機能的に**DNA 結合ドメイン**，**転写活性化／抑制ドメイン**，**調節ドメイン**の 3 つのドメイン（2・4・5 参照）に分けることができる．

5・4・1 DNA 結合ドメイン

タンパク質や RNA の遺伝情報は，DNA の塩基配列として書かれており，DNA 2 本鎖を 1 本鎖に解いてから，情報を RNA に写し取る（4・2・2 参照）．しかし，転写調節を受けるときには，シスエレメントがある DNA 鎖は 2 本鎖のままである．では，どのようにして転写因子はシスエレメントの塩基配列の情報を認識するのだろうか．

DNA 二重らせんの立体構造を見ると，水素結合を形成している塩基部分が溝になっているのがわかる．溝は大きい溝と小さい溝がある（図 1・12 参照）．4 種類の塩基は，それぞれ分子の形が異なるので，溝に凸凹が生じる．一方，転写因子の DNA 結合ドメインは，立体構造が安定している α ヘリックスまたは β シート構造をとっており，DNA 結合ドメインとシスエレメントの DNA の溝の凸凹が高い相補性をもつ．実際，結合面ではタンパク質と DNA との間に，10～20 個の水素結合やイオン結合，疎水結合（ファン・デル・ワールス結合）が形成され，結合力は特異的で強い．一般に，転写因子は，小さい溝より凸凹の情報量が多い大きい溝に結合する．

これまでに発見された転写因子の DNA 結合ドメインの構造を比較すると，ほとんどの転写因子は，(1) **ヘリックス-ターン-ヘリックス**（Helix-turn-helix），(2) **Zn フィンガー**（Zinc finger），(3) **塩基性ドメイン**，の 3 つのモチーフのどれかに分類される．これらは，DNA 結合ドメイン全体の

特徴を表しており，同じグループに属する転写因子でも，アミノ酸配列が異なれば，ドメインの立体構造が異なり，認識して結合する塩基配列も異なる．

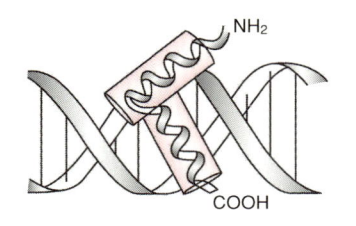

　ヘリックス-ターン-ヘリックス・モチーフは2本の α ヘリックスが約90度の角度で折れ曲がってつながっており，C末端側の α ヘリックスが大きい溝の塩基配列を特異的に認識する（図5・7の上）．例として，ホメオティック遺伝子がある（8・5参照）．**ホメオティック遺伝子**のDNA結合ドメインを特に**ホメオドメイン**とよぶ．

　Znフィンガー・モチーフは，その名のとおり，亜鉛を構成成分とする指型のDNA結合ドメインである（図5・7の下）．1本のポリペプチド鎖内で近接する2個のシステインと，そこから12アミノ酸ほど離れた，近接する2個のヒスチジン（またはシステイン）に亜鉛が配位して，ポリペプチドが指型の構造を形成している．指の腹の部分が α ヘリックス構造をとっており，指がDNAの大きい溝にはまり込んで，結合する．指の数は1本から，数本まで，転写因子によって異なる．例として，グルココルチコイド受容体，エストロゲン受容体がある．

　塩基性ドメインは，塩基性アミノ酸を多く含む．塩基性ドメインは，DNAに結合していないときにはランダムな構造であるが，標的の塩基配列に結合すると，DNAとの相互作用により， α ヘリックス構造をとる．例と

ヘリックス-ターン-ヘリックス

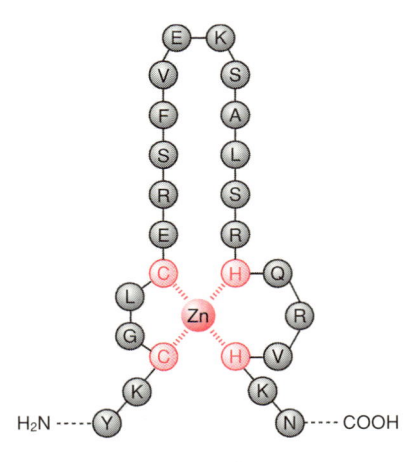

Znフィンガー

図5・7　DNA結合ドメイン

して，細胞増殖にかかわり，がん遺伝子産物としても知られる Jun や Fos などがある．

5・4・2　転写因子の相互作用

単独で DNA に結合する転写因子もあるが，2 つのタンパク質が結合してはじめて DNA に結合できる転写因子も多い．α ヘリックス構造をとるポリペプチドに，ロイシンが 7 アミノ酸ごとに連続して存在すると，ロイシンが α ヘリックス上に一直線に整列することになる（2・4・3 参照）．これを**ロイシンジッパー・モチーフ**という．ロイシンジッパー・モチーフをもつポリペプチドどうしが出会うと，整列しているロイシンとロイシンとの間に疎水結合が形成され，2 本のポリペプチドがジッパーのように結合する．この結合様式を**ロイシンジッパー**という．

ロイシンジッパーの N 末端側のポリペプチドは α ヘリックス構造をとっており，ロイシンジッパーで結合して二量体を形成すると，それぞれの α ヘリックスがロイシンジッパーから Y 字状に突き出した格好になる．この 2 本の α ヘリックスが，挟み込むように DNA 二重らせんの大きい溝にはまり，特異的な塩基配列と結合する（図 5・8 の上）．二量体を形成することで，DNA の塩基配列と安定的に結合できるような立体構造になるのである．

ロイシンジッパー・モチーフをもつ転写因子には，同一タンパク質と二量体（ホモ二量体）を形成するものと，異なるタンパク質と二量体（ヘテロ二量体）を形成するものがある．ヘテロ二量体では，ペアとなるタンパク質を変えることにより，DNA 結合の特異性や強さを変えることができる．したがって，転写調節の幅が広がることになる．ロイシンジッパー構造をとる転写因子は，Jun や Fos などがある．

転写因子の二量体形成にかかわる，もう一つのモチーフは，**ヘリックス-ループ-ヘリックス**である．ループ状のポリペプチドが，短い α ヘリックスと，それより少し長い α ヘリックスを結びつけた構造があり，この部分で，2 つの転写因子を結合させている（図 5・8 の下）．二量体を形成すると Y

5・4 転写因子

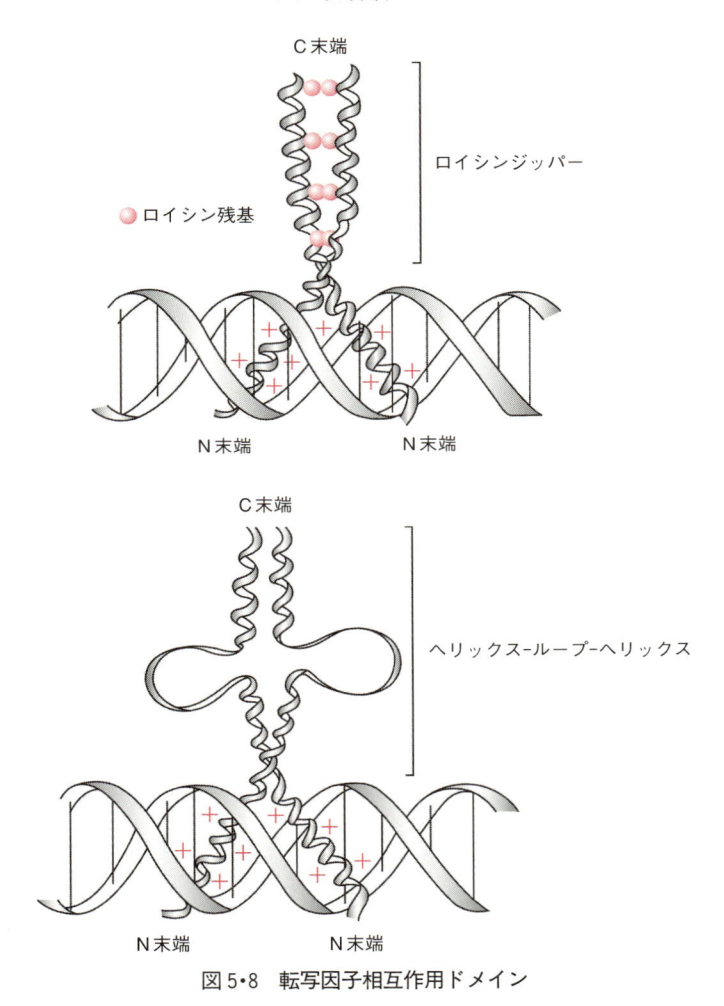

図中ラベル:
- C末端
- ロイシンジッパー
- ロイシン残基
- N末端　N末端
- C末端
- ヘリックス-ループ-ヘリックス
- N末端　N末端

図 5・8　転写因子相互作用ドメイン

字構造になり，開いた 2 本の α ヘリックスで DNA に結合する．筋細胞の分化にかかわる転写因子 MyoD などがある．

5・4・3 転写活性化ドメインと抑制ドメイン

さまざまな転写因子の，転写の活性化を担うドメインを比較すると，(1)

酸性ドメイン（acidic domain），(2) **グルタミン・リッチドメイン**（glutamine-rich domain），(3) **プロリン・リッチドメイン**（proline-rich domain）の3つに分類することができる（図5・9）．しかし，これらの性質があれば転写を活性化する能力があるとは限らない．転写活性化の詳しい機構は解明されていないが，活性化ドメインが，転写開始複合体を構成する TF II D の TAFs や，TF II B，TF II H，RNA ポリメラーゼと相互作用していることが明らかになってきている．

抑制ドメインも詳しく解明されていないが，ショウジョウバエのホメオドメインをもつ転写因子エングレイルド（engrailed）には，抑制ドメインがあり，種を越えて転写活性を抑制することが知られている．

酸性ドメイン

グルタミン・リッチドメイン

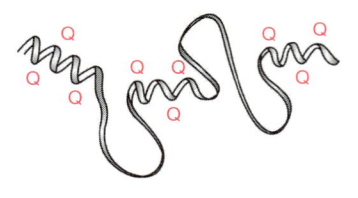

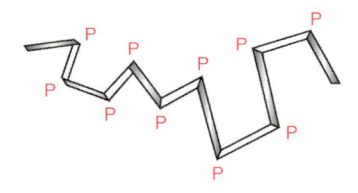

プロリン・リッチドメイン

図5・9 転写活性化ドメイン

RNA ポリメラーゼの合成速度は一定で，変えることはできない．では，転写の活性化あるいは，転写開始複合体の活性化とは何だろうか．転写開始複合体は，多くのサブユニットが集まって構成されている．RNA ポリメラーゼは，転写開始複合体のサブユニットの全部がそろった時にだけスタートすることができるが，サブユニット間の結合は，他の分子の結合と同様に恒久的ではなく，常に結合と解離を繰り返している．したがって，RNA ポリメラーゼをスタートさせることができるチャンスは少ない（図5・10の上）．**転写因子の活性化ドメイン**が転写開始複合体の基本転写因子や，そのサブユニットと結合することにより，サブユニットの立体構造が変わり，連鎖的に転写開始複合体全体の構造が安定化する．その結果，RNA ポリメラーゼを次々とスタートさせることができる（図5・10の中）．

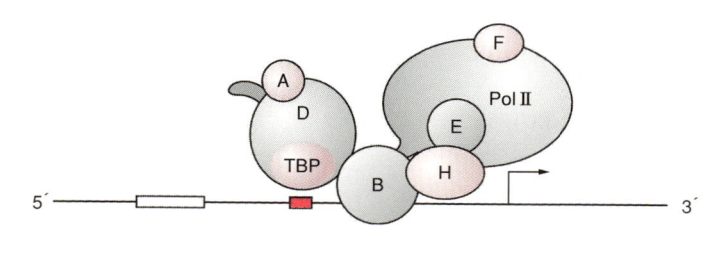

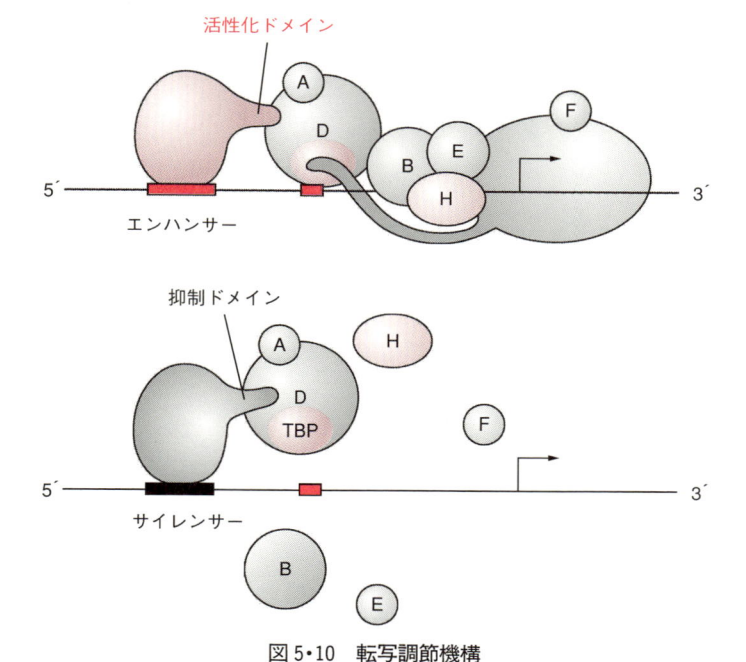

図5・10 転写調節機構

　逆に，**転写抑制ドメイン**が転写開始複合体のサブユニットに結合すると，サブユニットが別の立体構造に変わり，連鎖的に転写開始複合体全体の構造が不安定化する．その結果，RNAポリメラーゼは転写を開始できなくなるのである（図5・10の下）．

5・4・4　調節ドメイン

　ホルモンは，血糖値や，体温，成長など，さまざまな機能の調節をつかさどるばかりでなく，体の形にも影響を与える．たとえば，エストロゲンは主

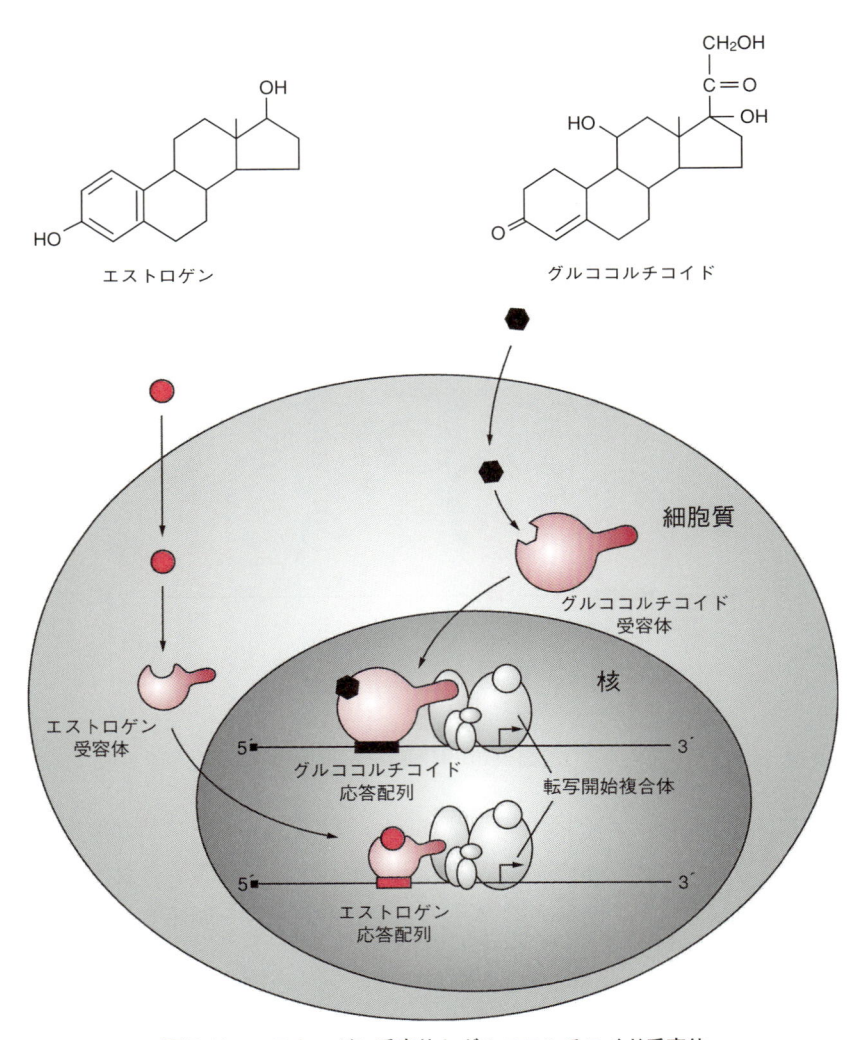

図5・11　エストロゲン受容体とグルココルチコイド受容体

5・4 転写因子

に卵巣から分泌されるホルモンであり，女性らしくなる第二次性徴を引き起こす．女性らしい体つきになるとはどういうことだろうか．想像するだけでも，多くの遺伝子がかかわっていると理解できる．

エストロゲンに反応して遺伝子の発現を調節する細胞は，**エストロゲン受容体**を発現させている．エストロゲン受容体は転写因子である．エストロゲンがない場合，エストロゲン受容体は細胞質に存在するが，エストロゲンが結合すると，はじめて核に移行することができる（図5・11）．このように，何らかの因子が結合することにより，転写因子の機能が変わる場合，その因子が結合する領域を**調節ドメイン**という．エストロゲン受容体は単独では転写因子として機能することができないが，調節ドメインにエストロゲンが結合すると立体構造が変わり，核に移行することができるようになるのである．

核に入ったエストロゲン受容体は，DNA結合ドメインを介して特異的な塩基配列（GGTCACTGTGACC）に結合し，転写活性化ドメインで標的遺伝子の転写を活性化する．この塩基配列を，エストロゲンに反応して発現する遺伝子特異的な塩基配列という意味で，**エストロゲン応答配列**という．エストロゲンで発現が直接誘導される遺伝子の転写調節領域には，シスエレメントとしてエストロゲン応答配列が存在する．エストロゲンにより，エストロゲン受容体に転写調節能力をもたせ，多数の標的遺伝子を協調的に発現させて，体を女性らしくつくりあげるのである．

グルココルチコイドは，血糖値を上げたり，炎症反応を抑制するはたらきがあるホルモンである．グルココルチコイド受容体も転写因子であり，グルココルチコイド特異的に結合する調節ドメインと，グルココルチコイド応答配列（TGGTACAAATGTTCT）特異的に結合するDNA結合ドメインをもつ．実験的に，エストロゲン特異的に結合する調節ドメインと，グルココルチコイド応答配列特異的に結合するDNA結合ドメインをもつキメラ転写因子を発現させた場合，その細胞ではエストロゲンがやってくると，グルココルチコイドに応答すべき遺伝子が発現することになる．転写因子の調節ド

メインは，転写因子ごとに異なり，さまざまな因子と相互作用することにより，複雑な転写調節を可能にしている．

5・4・5　転写調節モジュールと転写因子の相互作用

多くの遺伝子の転写調節は，単純に1種類の転写因子が結合するか，しないかではなく，多数のシスエレメントと，そこに結合するさまざまな転写因子が，発生時期や組織，あるいは環境の変化に応じて，複雑にかかわっている．

図5・12は，一つの遺伝子の発現調節機構を徹底的に解析した結果をまとめている．モデルとしたのは，ウニ胚の内胚葉特異的に発現する *Endo16* とよばれる遺伝子で，発現時期にともなって量的にもダイナミックに変動する．転写調節領域に示した丸印は，結合するさまざまな転写因子を表し，アルファベットの大文字は，異なる機能をもつ転写調節領域（モジュール）を表している．この図では簡略化のために転写因子の数と種類を少なく描いている．各モジュールは，すべてモジュール A を介して基本プロモーターの活性を調節している．この図は，各モジュールに結合した転写因子が，モジュール A に結合した因子に結合し，モジュール A 結合因子の立体構造を変えることにより，転写開始複合体の安定性を調節し，その結果，転写が調節されることを意味している．

図5・12で示したモジュール G は約 2000 塩基もプロモーターから離れている．哺乳類の遺伝子では，5万塩基も離れたエンハンサーが数多く報告されている．遠くにあるエンハンサーに結合した転写因子はどのようにして，転写開始複合体に影響を及ぼすのだろうか．転写因子は別の転写因子と，あるいは転写開始複合体のサブユニットと結合することができる．DNA は曲がるので，遠くのエンハンサーに結合した転写因子も，物理的にプロモーターに接近し，結合することができる．また，積極的に DNA を曲げて，エンハンサーをプロモーターに接近させる因子もある．マウスの T 細胞受容体 *α* 遺伝子のエンハンサーには3種類の転写因子が結合する．そのうちの1

5・4 転写因子

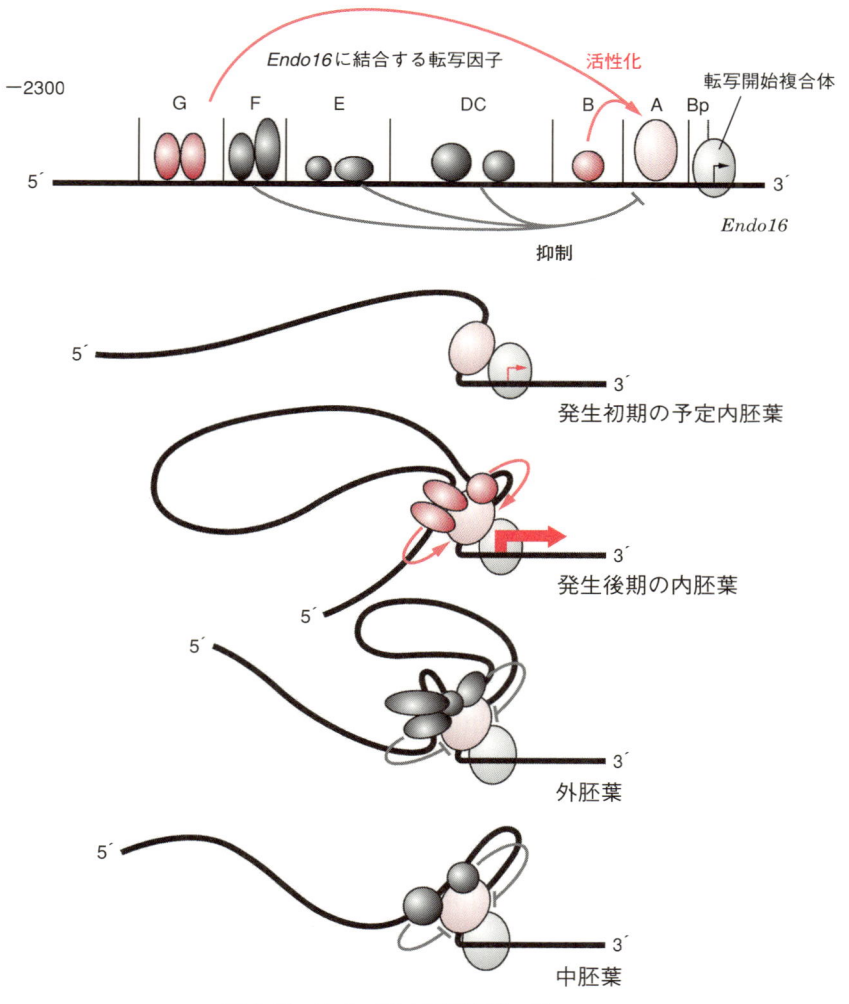

図5・12 *Endo 16* の転写調節モジュール

つ，LEF-1 は単独では転写活性に影響を及ぼさないが，他の2つの転写因子が転写開始複合体に接近できるように，DNA を曲げるはたらきがある．

ウイルスの転写活性化因子 VP 16 など，強力な転写活性化ドメインがあるにもかかわらず，DNA 結合ドメインがない因子もある．転写因子は遊離

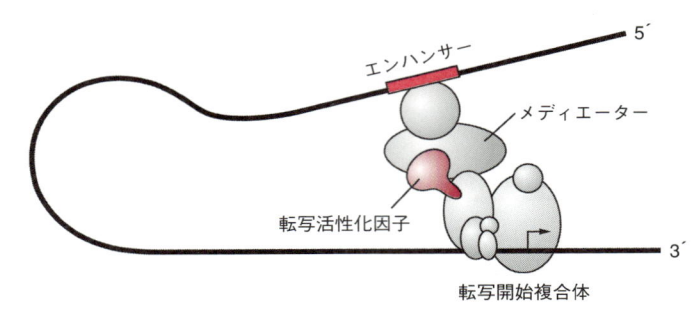

図5・13 エンハンサーとプロモーターの相互作用

の状態では，転写開始複合体に影響を及ぼすことができない．VP16は，他の転写因子と結合することにより，転写調節にかかわっている．また，DNA結合ドメインも転写活性化ドメインもないが，さまざまな転写因子と転写開始複合体のサブユニットの両方に結合して転写因子をプロモーターに近づける因子がある．これを**メディエーター**といい，転写因子とTF II DやRNAポリメラーゼとの相互作用を促進するはたらきがある（図5・13）．

　転写調節にはシスエレメントに結合する転写因子や，結合しない転写活性化因子，メディエーターなど，さまざまな因子の相互作用がかかわっている．また，これらの因子遺伝子の転写も，発生時期や組織によってさまざまに調節を受けている．遺伝子の転写調節のネットワークが，卵から複雑な成体を作り上げ，環境に適応するように遺伝子を発現させるのである（第8章参照）．

5・5 細胞応答と転写調節

　細胞は，細胞間コミュニケーションやホルモン，増殖因子など，外からの情報に対応して遺伝子を発現させる．エストロゲンやグルココルチコイドのように，ステロイド系脂溶性のホルモンは，細胞膜を簡単に通過し，受容体（転写因子）に結合した後，核に移行という，比較的簡単なプロセスで転写調節を行うが，細胞膜を通過しないペプチド性のシグナル伝達因子や，細胞

膜を介した細胞間コミュニケーションはもっと複雑で，多くの因子がかかわる．情報伝達の流れを**カスケード**という．長いカスケードは無駄のように見えるが，シグナル伝達にはいくつもの酵素がかかわるため，情報を増幅することができる．また，多くの情報伝達因子は，別の情報伝達にもかかわっており，複数の情報がカスケード上で交差することにより，情報の統合が行われ，最終的に最も適切な遺伝情報のアウトプットが得られるのである．ここでは，さまざまな細胞外情報に対応して遺伝子発現を調節するしくみについて見ていこう．

5・5・1　EGF の情報伝達

栄養素が含まれた培養液だけでは，培養細胞を増殖させることはできない．必ず，ウシなどの胎児血清を加える必要がある．胎児血清には，細胞増殖を促進するさまざまな**増殖因子**が含まれており，増殖因子が細胞を増殖させるために必要な多数の遺伝子発現のスイッチを入れている．生体内の体細胞も同様であり，増殖シグナルを受け取ると細胞増殖する．

ペプチド性上皮増殖因子 **EGF**（Epidermal Growth Factor）のシグナルを細胞膜の受容体が受け取ると，細胞質内の因子が次々とシグナルを伝達する．このシグナル伝達には **MAP**（Mitogen Activated Protein）キナーゼ経路がかかわっており，MAPK（MAP Kinase）がリン酸化されると核に移行する．MAPK は転写因子ではないので，さらにシグナル伝達カスケードは核の中でも続く（図 5・14）．

血清に応答して発現が誘導される遺伝子のシスエレメントには血清応答配列 **SRE**（Serum Response Element：CCATATTAGG）がある．核に移行したリン酸化 MAPK が，転写因子 Elk-1 をリン酸化すると，Elk-1 が SRE をもつ遺伝子 *c-fos* の転写を活性化する．c-Fos は c-Jun とロイシンジッパーで結合し，ヘテロダイマー c-Fos・c-Jun を形成する（5・4・2 参照）．c-Fos・c-Jun は AP-1 配列（TGACTCA）に結合して転写を活性化する．細胞増殖ではたらく遺伝子群は AP-1 をもつ．したがって，細胞増殖

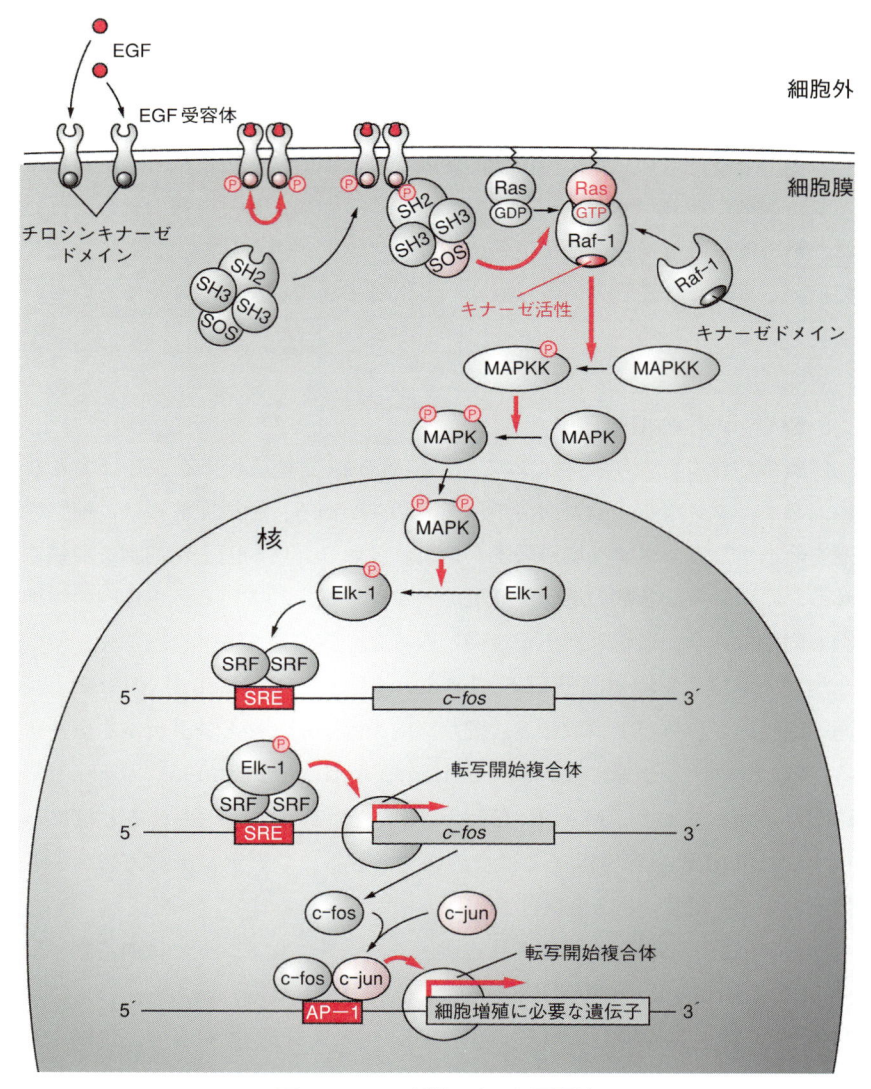

図 5・14　EGF 刺激による転写調節

5・5・2 TGF-β

TGF-β (Transforming Growth Factor-β) は，おもに細胞増殖抑制因子としてはたらく．多細胞動物では，**アクチビン**や**BMP** (Bone Morphogenetic Proteins：骨形成因子) など，TGF-β と構造がよく似た因子が数多くあり，これらをまとめて TGF-β スーパーファミリーとよぶ．TGF-β スーパーファミリーに属す因子は，細胞増殖の促進や抑制，細胞分化，発がんや免疫など，さまざまな役割を果たしている．

TGF-β が結合した受容体は，キナーゼ活性により細胞質にある転写因子

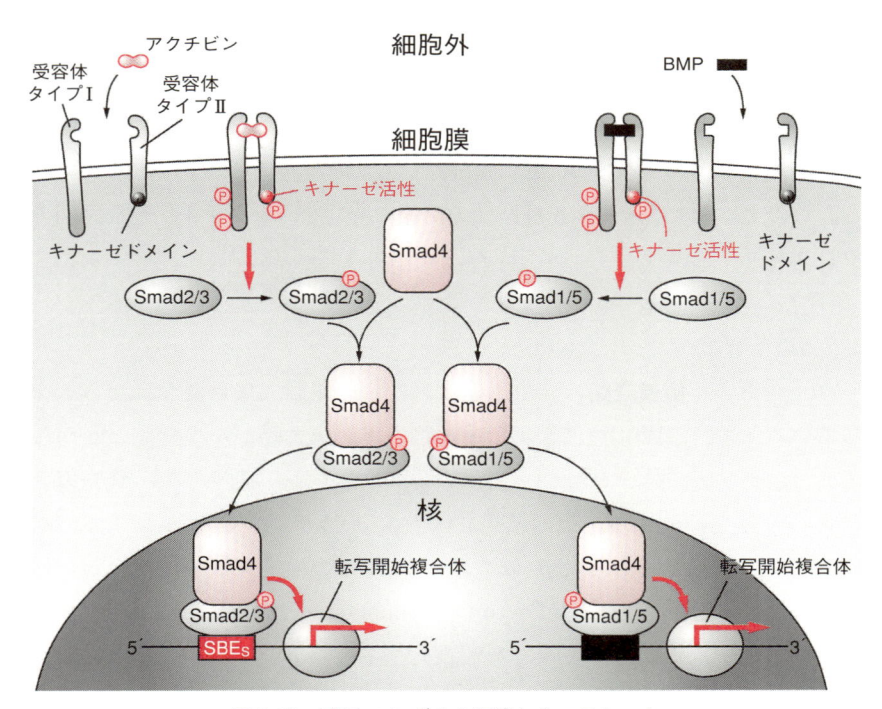

図 5・15　TGF-β シグナル伝達とクロストーク
アクチビンと BMP（骨形成因子）の場合

Smad 2 および Smad 3 をリン酸化する．リン酸化 Smad 2/3 は Smad 4 と結合し，核に移行する（図 5・15 の左側）．

TGF-β で誘導されるさまざまな遺伝子の転写調節領域には GTCT をコア配列とする SBEs（Smad 3, 4 Binding Elements）SBEs がある．Smad 3 と Smad 4 は SBEs に結合するが，結合能力は比較的弱く，FAST 1（Forkhead Activin Signal Transducer 1），AP-1（Jun/Fos 複合体）など，他のさまざまな転写因子と協調的に標的配列に結合する．

BMP のシグナル伝達では受容体にリン酸化されるのは Smad 1 と Smad 5 であり，これらが TGF-β と共通の Smad 4 と結合して核に移行する（図 5・15 の右側）．この複合体の標的配列は SBEs とは異なると考えられている．Smad 2/3 と Smad 1/5 は共通の Smad 4 を奪い合うことになる．したがって，ここで TGF-β と BMP のシグナルが拮抗することになり，情報の統合が起こる．

また，TGF-β スーパーファミリーのシグナル伝達は，MAP キナーゼ経路やエストロゲン受容体の情報伝達経路にも影響を与えることが知られている．このようなシグナル伝達経路間の情報の統合を，シグナル伝達経路間の**クロストーク**という．

5・5・3 Wnt

Wnt シグナル伝達経路は発生過程における形態形成に重要なはたらきをしている．また，Wnt シグナル伝達経路の異常が大腸がんの発症とかかわることが明らかになってきている．Wnt シグナルは，細胞質にある *β-カテニン*の分解を抑制する．その結果，核内の *β*-カテニン濃度が高まる（図 5・16 の下）．核に移行した *β*-カテニンは Wnt の標的遺伝子に結合した転写因子 TCF/LEF（T-Cell Factor /Lymphoid-Enhancer Factor：どちらも同じ因子）に結合し，転写を活性化する．なお，TCF/LEF には転写活性化能がない．

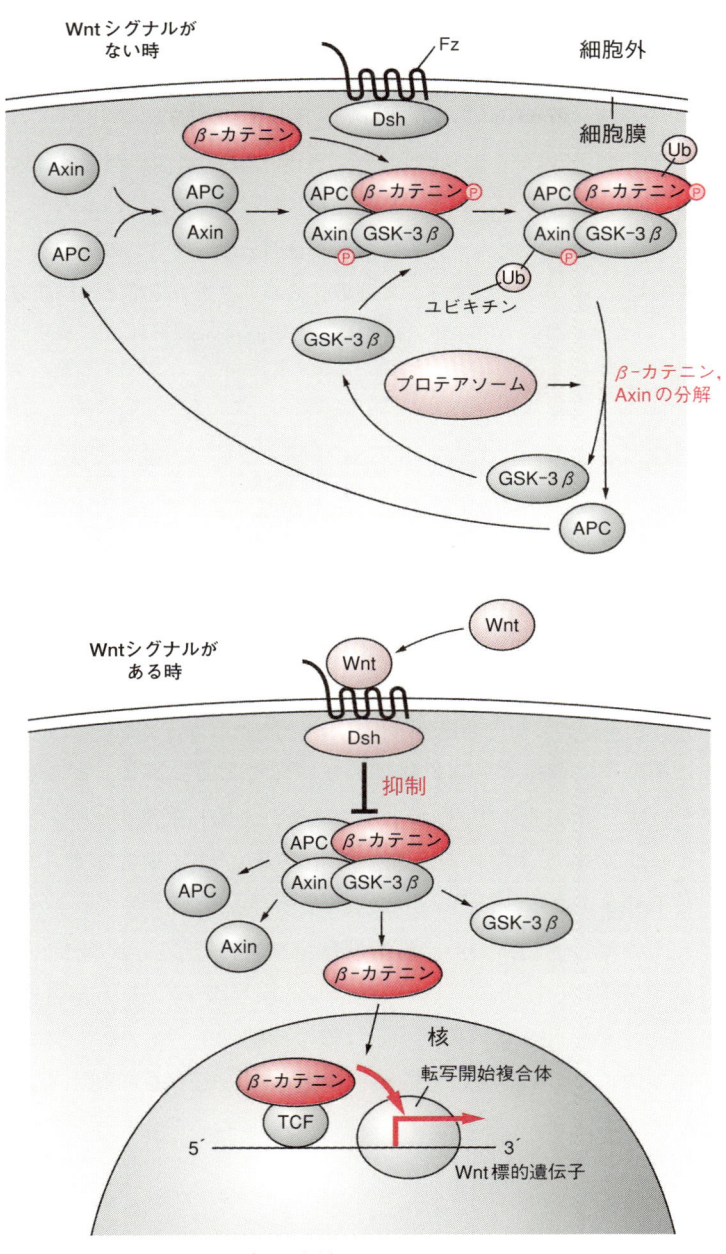

図 5・16 Wnt シグナル伝達
Fz：Frizzled フリッズルド，Dsh：Disheveled ディシェベルド

コラム．APC 遺伝子と β-カテニン

　APC 遺伝子は，遺伝的に大腸にポリープが多数発生し大腸がんに進展する**家族性大腸ポリポーシス**（Familial Adenomatous Polyposis）の原因遺伝子として発見された．APC 遺伝子はがん抑制遺伝子で，APC 遺伝子に変異があると大腸がんが多発する．β-カテニンは，最初，細胞接着と細胞骨格にかかわる因子として発見された．細胞膜では，β-カテニンは細胞接着因子カドヘリンの細胞内ドメインと結合しており，α-カテニンを介して細胞骨格のアクチン繊維と細胞膜分子の橋渡しをしている．その後の研究で，転写調節にも直接かかわることが明らかになった．

5・5・4　Notch を介したシグナル伝達経路

　Notch を介したシグナル伝達経路は，発生過程のさまざまな場面で，ある細胞とその隣の細胞とを区別する役割を担っている．たとえば，神経細胞は外胚葉から分化するが，すべての外胚葉細胞が神経になっては個体が成り立たない．神経細胞は，神経細胞になりうる隣の細胞に，神経にならないようにはたらきかけている．ある細胞が，その細胞と同じ細胞に分化しないようにするはたらきかけのことを**側方抑制**といい，Notch がかかわっている．

　Notch は細胞膜に存在する膜貫通型の受容体である．Notch が受け取る情報を担うのは，隣の細胞の細胞膜に埋め込まれた膜貫通型のタンパク質であり，それらは DSL とよばれる構造を共通にもつ．よく研究が進んでいる因子として **Delta** がある．Delta が Notch 受容体に結合すると，Notch の細胞内ドメインが特異的タンパク質分解酵素によって切断される（図 5・17）．Notch の細胞内ドメインは核に移行し，転写因子 CSL と結合して遺伝子 E（spl）を活性化する．E（spl）は転写抑制因子であり，シスエレメント（5・1 参照）に CACNAG をもつ標的遺伝子の転写を抑制する．その結果，隣の細胞は Delta を発現している細胞とは異なる分化をすることになる．

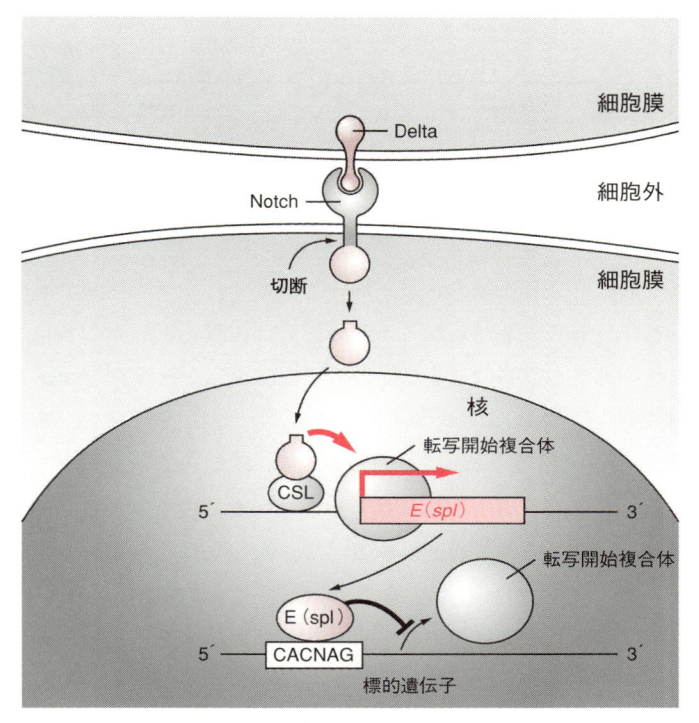

図5・17　Notch-Delta シグナル伝達

5・6　クロマチンレベルでの転写調節

　ヒトの遺伝子は約3万個ある．しかし，分化した細胞では，はたらいている遺伝子は，わずか1000個ほどである．たとえば，神経細胞で肝臓になるための遺伝子がはたらいては都合が悪い．そこで，余分な遺伝子がはたらかないように，積極的に遺伝子を封印している．

5・6・1　ヘテロクロマチンとユークロマチン

　真核生物の細胞分裂の中期を観察すると，棒状の染色体が見える．これは，クロマチンが最も凝縮している状態である．M期が終了すると，クロ

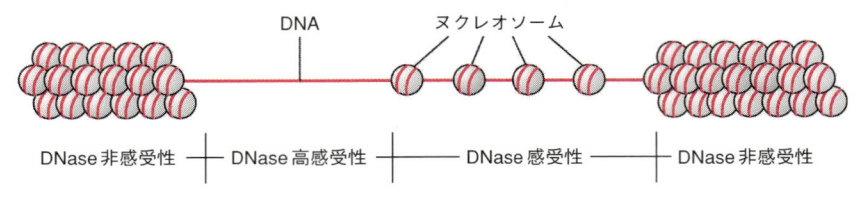

図 5・18 クロマチンの DNase 感受性

マチンは核全体に分散し始めるが，均一ではなく，光学顕微鏡でも明るい部分と暗い部分があることがわかる．暗い部分は核膜に近いところに多くみられる．これを**ヘテロクロマチン**（heterochromatin：異質クロマチン）といい，M 期ほどではないが，クロマチンが凝集した状態にあり，転写因子や RNA ポリメラーゼが DNA に近づけない構造になっている．一方，活発に転写されている遺伝子があるクロマチンを**ユークロマチン**（euchromatin：真正クロマチン）といい，構造がゆるんで，転写にかかわるタンパク質が接近できる状態になっている．だ腺染色体（1・2・6参照）に見られるパフは，ゆるんだクロマチンに相当しており，パフにある遺伝子は活発に転写されている．

　クロマチンの状態は DNA 分解酵素（DNase）に対する感受性でも知ることができる（図5・18）．活発に転写されている遺伝子があるクロマチン領域はゆるんでいるので，核を DNase 処理すると，容易に消化される．一方，ヘテロクロマチンは DNase で消化されにくい．これらのクロマチンの状態をそれぞれ，**DNase 感受性**，**DNase 非感受性**という．また，ヌクレオソーム構造をとっていない DNA は特に DNase に対する感受性が強いので，そのような領域を **DNase 高感受性領域**とよぶ．

5・6・2　クロマチンの活性化機構

　ゲノム DNA は，核の中では，ヒストン八量体に巻きついてヌクレオソーム構造をとっている．転写開始点がヌクレオソーム構造をとっていると，転写開始複合体を構築することができず，遺伝子は不活性な状態にある．クロ

5・6 クロマチンレベルでの転写調節

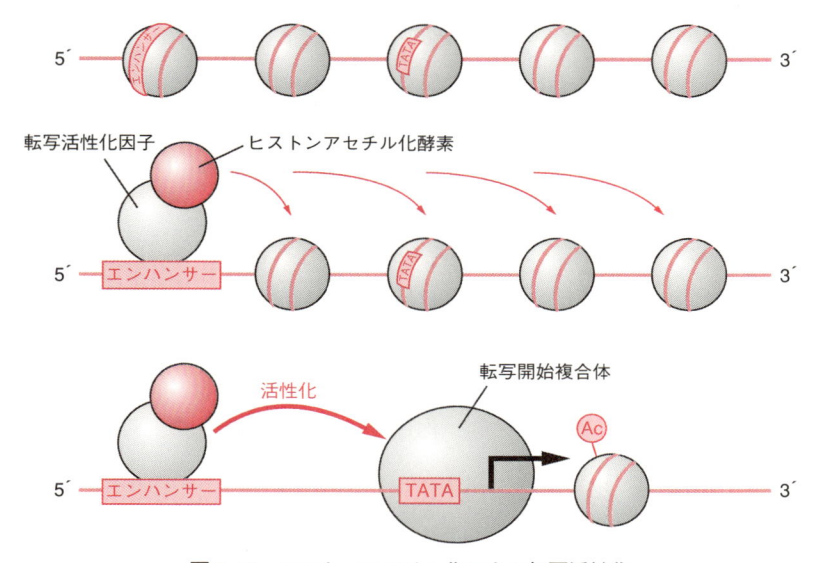

図 5・19 ヒストンアセチル化による転写活性化

マチンの凝縮と脱凝縮にはヒストンの**アセチル化**がかかわっている．ゆるんだクロマチンを構成するヒストンの N 末端領域はアセチル化されており，凝縮して遺伝子が働いていないクロマチンのヒストンはアセチル基が除去されている．ヒストンをアセチル化する酵素を**ヒストンアセチル化酵素**，ヒストンからアセチル基を除去する酵素を**ヒストン脱アセチル化酵素**という．

TATA ボックスがヌクレオソームに巻きついていると転写を開始することができない．一方，転写を活性化する転写因子は，ヌクレオソーム構造をとっていても DNA に結合することができる（図 5・19）．転写活性化因子はヒストンアセチル化酵素と結合する性質があり，エンハンサーやプロモーターのシスエレメントに結合すると，ヒストンアセチル化酵素を転写開始点に近づけることになる．その結果，ヒストンアセチル化酵素が転写開始点付近のヒストンをアセチル化し，転写開始点付近のクロマチンの構造がゆるみ，TATA ボックス上に転写開始複合体が形成される（5・2・2 参照）．

転写開始点下流は，ヌクレオソーム構造をとったままであるが，RNA ポ

リメラーゼがヌクレオソームを通過する際には，ヌクレオソームを取り巻くDNAがゆるみ，ヌクレオソームの周りを回るように転写が進むと考えられている．

5・6・3　クロマチンの不活性化機構

真核生物のDNAはCが**メチル化**されていることがある（図5・20）．下等真核生物ではメチル化の程度は低いが，脊椎動物ではCの約10％，植物では約30％がメチル化されている．メチル化されるCは塩基配列で決まっており，動物の場合はCG，植物ではCNGのCがメチル化される可能性がある．多くの場合，DNAがメチル化されていると遺伝子の発現が抑制され

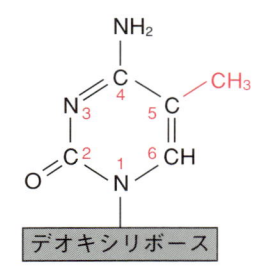

図5・20　メチル化C（5-メチルシトシン）の構造式

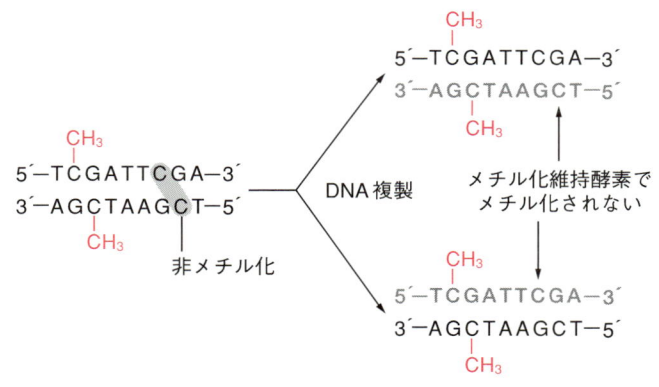

図5・21　メチル化パターンの維持

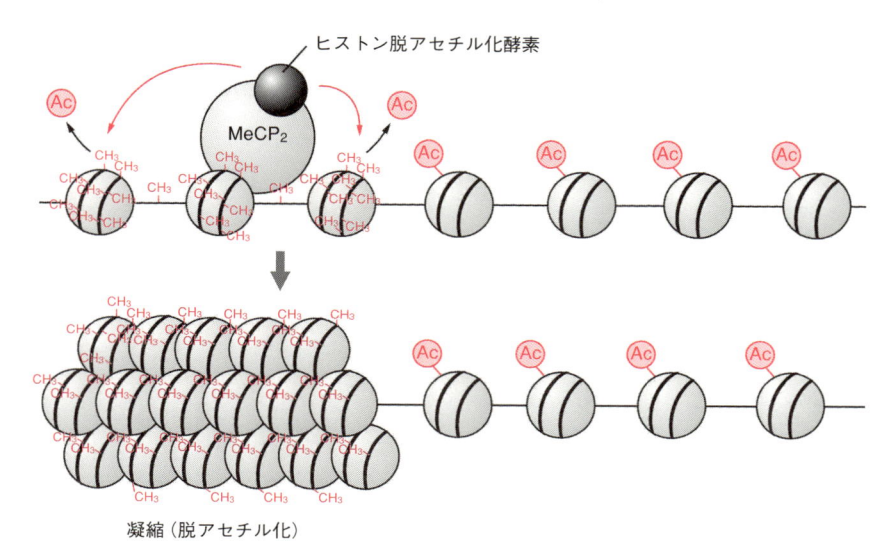

図5・22 メチル化DNAとヒストンの脱アセチル化

る．実際，不活性な遺伝子は高度にメチル化された領域に多い．ゲノムDNAの中で，CGの割合が多い領域を **CpGアイランド**（CpG island）という．ヒトでは60%近くの遺伝子がCpGアイランドの近くに存在することが知られているが，常に発現しているハウスキーピング遺伝子のCpGアイランドはメチル化を受けていない．

　DNAをメチル化する酵素を **DNAメチルトランスフェラーゼ** といい，DNAのメチル化のパターンを維持する **メチル化維持酵素** と，新たにDNAをメチル化する **メチル化新生酵素** がある．分化した細胞が分裂しても，元と同じタイプの2つの細胞になるのは，元と同じ遺伝子がはたらき，元と同じ遺伝子が抑制されているからである（図5・21）．メチル化維持酵素はDNA複製の際に，鋳型にメチル化5′-CG-3′があると相補する3′-GC-5′のCをメチル化する性質があり，メチル化のパターンが維持される．

　DNAが高度にメチル化されていると，メチル化CpG結合タンパク質 **MeCP**（Methyl-CpG-binding protein）が結合する（図5・22）．ヒストン

脱アセチル化酵素は MeCP に結合する性質があるので，高度にメチル化された DNA に結合しているヒストンが脱アセチル化され，凝縮し，遺伝子が不活性になる．

コラム．ライオニゼーション

　常染色体は雌雄にかかわらず2本一対あり，両方の染色体が機能している．染色体の数が1本でも多いと異常をきたす．たとえばヒトの場合，第21染色体が1本多いと，ダウン症を引き起こす．余分な染色体があるということは，その染色体上にある遺伝情報が，余分に発現することになるからである．

　哺乳類の性染色体は，雄では XY，雌では XX である．雌の細胞の X 染色体は雄より1本多い．そこで，雌の細胞では2本ある X 染色体の片方を積極的に不活性化させている（ライオニゼーション）．これを遺伝子の情報量を一定にするという意味で，**遺伝子量補償**という．不活性化される X 染色体は父方，母方にかかわらずランダムである．不活性化の役割を担っているのが X 染色体上にある *Xist* 遺伝子であり，詳細は不明であるが，*Xist* からは非コード RNA が転写され，この RNA が X 染色体を覆うと，特殊なヒストンへの置換，ヒストンの脱アセチル化，DNA の高度メチル化が起こる．その結果，X 染色体全体（*Xist* がある領域以外）がヘテロクロマチン化する．逆に，*Xist* がメチル化されていると，*Xist* が不活性状態になり，X 染色体上の他の遺伝子が発現する．

　クロマチンの不活性化には**ヒストンのメチル化**もかかわる．ヒストン H3 の N 末端領域の Lys がメチル化されていると，タンパク質 HP1 が H3 に結合する．次に，H3-HP1 複合体にヒストンメチル化酵素が結合し，隣のヌクレオソームの H3 をメチル化する．この繰り返しにより，次々と H3 がメチル化される．さらに H3-HP1 複合体に DNA メチル化酵素が結合し，DNA がメチル化され，クロマチンが凝縮する．遺伝子治療などの目的で外来遺伝子を染色体 DNA に組み込むと，導入遺伝子が不活性化されるのはヒストンのメチル化が引き金となっている（13・4 参照）．

6 転写後の遺伝子発現調節

　真核生物では，mRNAやrRNA，tRNAは，まずRNA前駆体として合成され，さまざまな加工（プロセッシング：processing）を受けた後に，機能をもつRNAになる．また，タンパク質の多くも，修飾や切断などのプロセッシングを受けた後に機能する．これらの転写後のプロセッシングの過程でも，遺伝子の発現調節が行われる．

6・1　mRNAのプロセッシング

　真核生物のmRNA合成過程では，転写が開始された直後，1本のRNA分子の合成が完了する前に，5′末端の修飾，RNA分子の切断，断片の除去，残ったRNA断片の再結合が行われる．また，転写終結にともなって3′が修飾を受ける．これらは，翻訳効率，情報の多様化にかかわっている．

6・1・1　キャップの付加

　RNAポリメラーゼIIで転写されるRNAは転写開始にともなって5′末端にグアノシンが付加され，引き続きGの7位がメチル化を受ける（図6・1）．高等真核生物ではさらに，2番目の塩基の2′OHがメチル化される．また，3番目の塩基の2′OHもメチル化されることがある．これらの修飾を**キャップ**といい，キャップ構造はリボソームがmRNAに結合するのを促進し，正しい開始コドンから翻訳させるはたらきがある（4・3・6参照）．

6・1・2　ポリ(A)付加

　真核生物のmRNAのほとんどは，3′末端に約250塩基に及ぶAの連続が

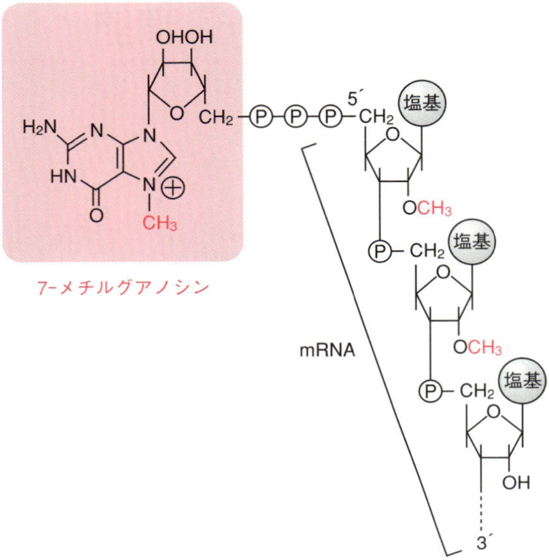

図6・1　キャップ構造

あり，これを**ポリ(A)**という．ポリ(A)は遺伝子の配列で規定されているのではなく，鋳型に依存しない**ポリ(A)ポリメラーゼ**によってRNAに付加される（図6・2）．

ポリ(A)は，転写が完了したRNAの3'末端に付加されるのではない．転写終結点の少し上流に**ポリ(A)付加シグナル**（5'-AATAAA-3'）があり，多くの場合10〜30塩基下流に5'-CA-3'，その10〜20塩基下流に5'-GU-3'に富む領域がある．RNAポリメラーゼIIがポリ(A)付加シグナルとその下流を転写すると，複合体CPSF（Cleavage and polyadenylation Specificity Factor：切断およびポリ(A)付加特異性決定因子）がポリ(A)付加シグナルに結合し，複合体 Cst F（Cleavage Stimulation Factor：切断促進因子）が5'-GU-3'に富む領域に結合する．ここに，ポリ(A)ポリメラーゼとポリ(A)結合タンパク質 PAB I（polyadenylate-binding protein I）が結合し，配列CAの3'末端でRNAが切断され，ポリ(A)が付加さ

図6・2 ポリ(A)付加機構

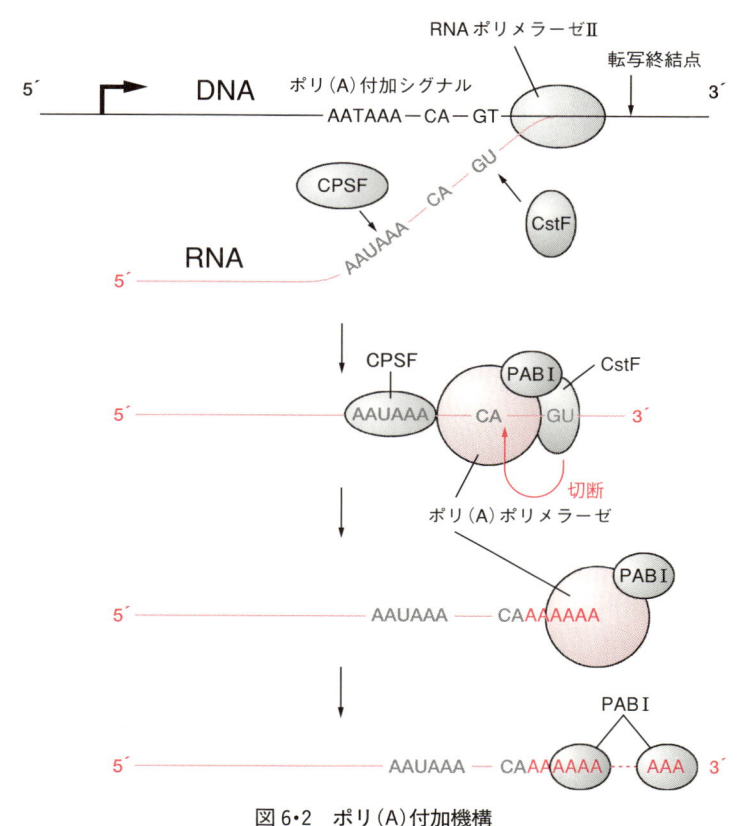

れる.

　PAB Iはポリ(A)ポリメラーゼの活性を促進し,ポリ(A)配列を維持するはたらきがある.ポリ(A)の長さは翻訳開始頻度と相関していることから,翻訳開始にかかわると考えられている(4・3・6参照).

6・1・3　イントロンのスプライシング

　古細菌と,真核生物の mRNA 合成では,転写後に切り捨てられるイントロンがある.大部分のイントロンの5'末端は5'-GU-3',3'末端は5'-AG-3'

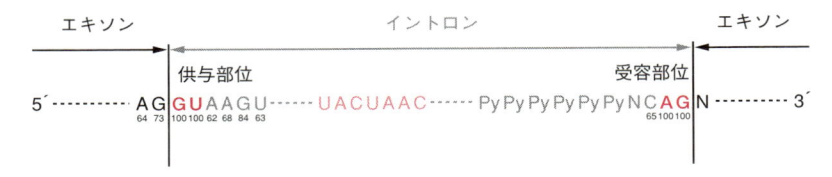

```
    エキソン  │              イントロン              │  エキソン
5´─────── AG│GUAAGU ──── UACUAAC ──── PyPyPyPyPyPyNCAG│N ──── 3´
         64 73 100 100 62 68 84 63                        65 100 100
            供与部位                          受容部位
```

図 6・3　エキソン-イントロンの境界の共通配列とスプライシング
　塩基の下の数は存在する確率 (%) を表す．
　Py：ピリミジン塩基 (U または C)，N：任意の塩基

である．このイントロンのグループを **GU-AG イントロン**といい，すべて同じ機構でスプライシングを受ける．

　イントロンとエキソンの境目には目印となる共通配列があり，イントロンの内部にも共通配列（酵母では 5´-UACUAAC-3´）がある（図 6・3）．これらの共通配列を核内低分子リボ核タンパク質（**snRNP**；small nuclear ribonucleoprotein）が認識し，切断と再結合を行う．snRNP は，U1〜U6 とよばれる 150 塩基ほどの短い **snRNA**（small nuclear RNA）とタンパク質の複合体である．イントロンの 5´ 切断部位を**供与部位**（donor site），3´ 切断部位を**受容部位**（acceptor site）という（図 6・3）．

　5´ 側の切断はイントロンの中にある共通配列がかかわる．共通配列の最も 3´ 側の A と，供与部位のイントロンの末端の G が反応し，5´ 切断部位のホスホジエステル結合が切断されると同時に，A と G は 5´-2´ ホスホジエステル結合で結ばれる．この段階でイントロンは投げ縄構造をとる．5´ 側の切断で生じた上流のエキソンの 3´ 末端の G とイントロンの 3´ 末端の G が反応すると，3´ 末端のホスホジエステル結合が切断され，イントロンが放出される．さらに，上流のエキソンの 3´ 末端と下流のエキソンの 5´ 末端がホスホジエステル結合で連結され，スプライシングが完了する（図 6・4）．

6・1 mRNA のプロセッシング

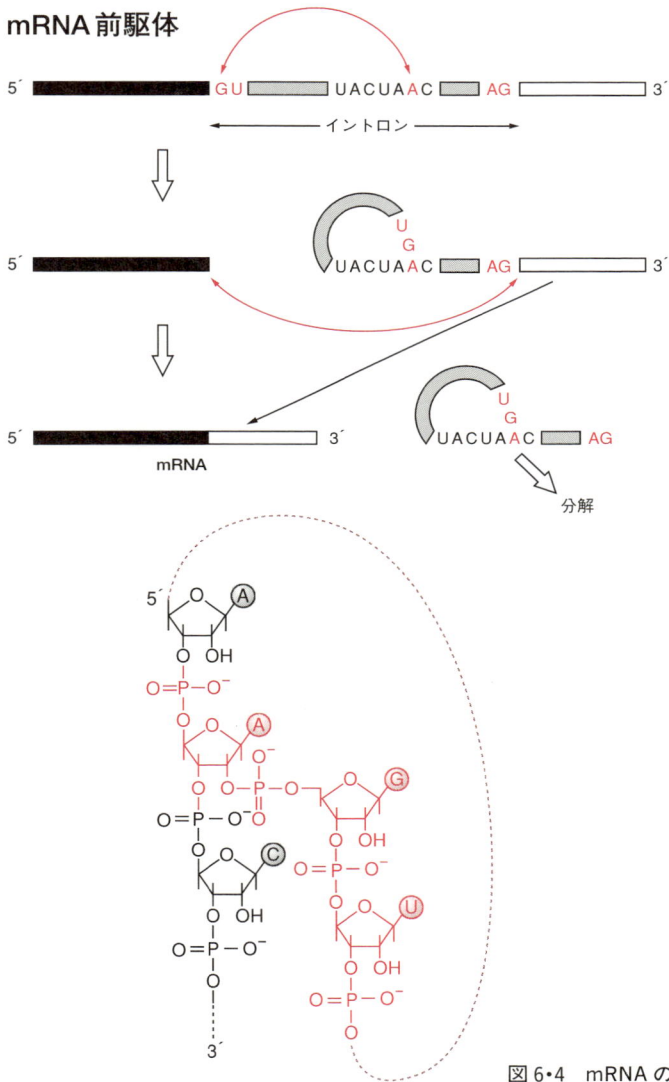

mRNA 前駆体

図 6・4 mRNA のスプライシング

6・1・4 選択的スプライシング

スプライス部位を変えることにより発現を調節する遺伝子が多数知られている（図6・5）．エキソンの組み合わせを変えることにより，1つの遺伝子から複数種類のタンパク質を合成することができる．ヒトの遺伝子は約2万2000個であるが，約10万種類のタンパク質が合成される．**選択的スプライシング**により遺伝情報に多様性をもたせているのである．

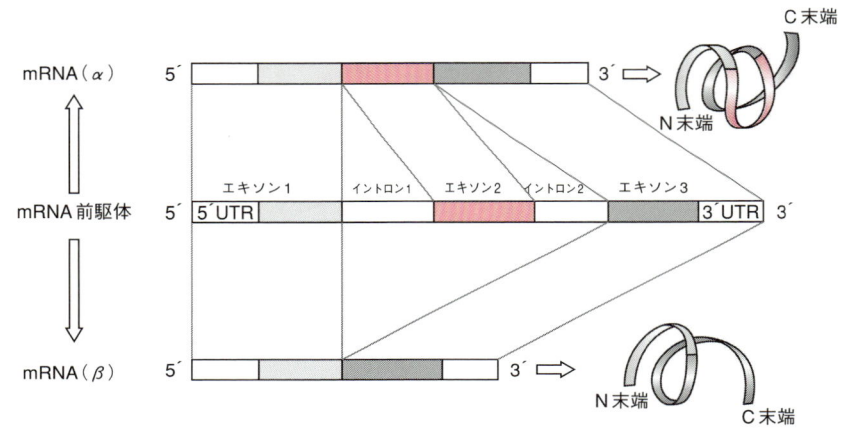

図6・5 選択的スプライシング

コラム．イントロンの位置と系統進化

酵母では約6000個ある遺伝子のうち，イントロンは239個しかないが，哺乳類の遺伝子の多くは，1個の遺伝子あたり1～50個ほどあり，VII型コラーゲン遺伝子では117個もある．同じ遺伝子のイントロンの位置は近縁種間では同じ位置に存在する．また，系統進化的にはるかに離れた棘皮動物のウニと脊椎動物のヒトでも同じ位置にイントロンが存在する例が多くある．これは，種が多様化する以前からイントロンが存在していたことを意味している．

6・2 rRNA のプロセッシング

真核生物の rRNA のうち，5.8 S，18 S，28 S は RNA ポリメラーゼ I により，1本の 45 S rRNA 前駆体（13,000 塩基）として転写される．rRNA 前駆体はリボヌクレアーゼ MRP などにより，配列の特定の箇所で切断され，さらにトリミングを受けて完成した rRNA になる（図6・6）．

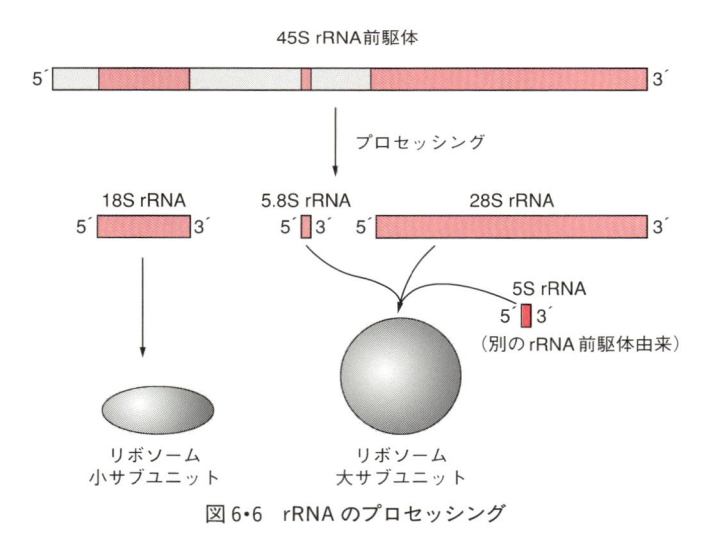

図6・6　rRNA のプロセッシング

6・3 tRNA のプロセッシング

tRNA も前駆体 tRNA として合成され，切断後スプライシングを受けて完成される．しかし，詳しい機構は明らかになっていない．

tRNA には修飾を受けている塩基が 5〜10 個ある．ウリジンの異性化によるプソイドウリジンや，グアノシンの脱アミノ化によるイノシンなどがある．イノシンはコドンのゆらぎにかかわっている（4・3・2参照）．

6・4 タンパク質のプロセッシング

合成されたタンパク質は，多くの場合，そのままでは機能しない．積極的な折りたたみや，切断，化学修飾，複合体の形成があって，はじめて機能することが多い．

6・4・1 タンパク質の折りたたみ

タンパク質は折りたたまれ，一定の立体構造をとることにより機能する．分子内ジスルフィド結合は，タンパク質の立体構造に大きな影響を与える（2・4・4参照）．小さなタンパク質では，還元剤により分子内ジスルフィド結合を切断し，さらに，尿素により立体構造を壊しても，尿素と還元剤を除くと折りたたまれ，再び同じシステインどうしが結合する．これは，タンパク質の立体構造は，基本的にアミノ酸の一次構造によって決まり，その結果，分子内ジスルフィド結合が形成されることを意味している．しかし，ある程度以上の大きさのタンパク質は，自律的に立体構造をとることはむずか

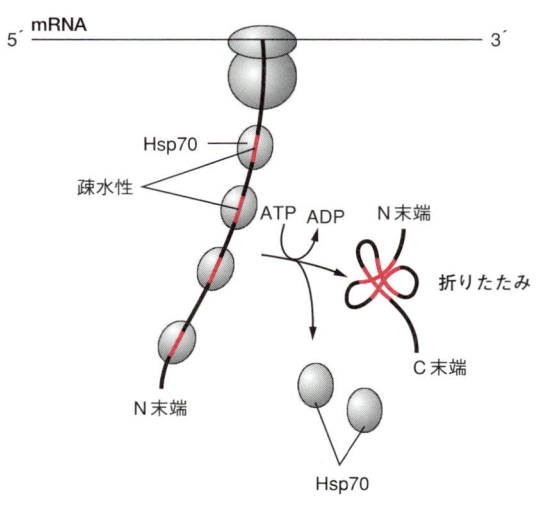

図6・7　タンパク質の折りたたみと分子シャペロン

しい．疎水性部分でタンパク質どうしが結合し，不溶性の凝集塊になるからである．

タンパク質の折りたたみを促進するタンパク質を**分子シャペロン**といい，真核生物ではHsp70（Heat shock protein 70）がある．Hsp70は合成過程のタンパク質の疎水性部分に結合し，タンパク質が凝集するのを妨げる（図6・7）．Hsp70はその名の通り，熱ストレスで凝集したタンパク質を解離させるはたらきもある．Hsp70をタンパク質から解離させるにはATPのエネルギーが用いられる．

6・4・2　タンパク質の切断

タンパク質分解酵素のトリプシンはトリプシノゲンとして合成されるが，この状態ではタンパク質分解活性はない．分泌され機能すべき場所（消化管）に来ると，活性型のトリプシンにより切断され，活性型トリプシンとなる．タンパク質分解酵素は細胞にとってきわめて危険な分子なので，細胞内や輸送経路で活性をもたなくしているものと考えられる（2・4・9参照）．

ペプチドホルモンは前駆体として合成され，切断，架橋を受けて活性型になる．インスリンは2本のペプチドがジスルフィド結合で架橋された構造をもつが，最初は105アミノ酸からなる1本鎖のプレプロインスリンとして合成される．まず，N末端の24アミノ酸からなるシグナルペプチド

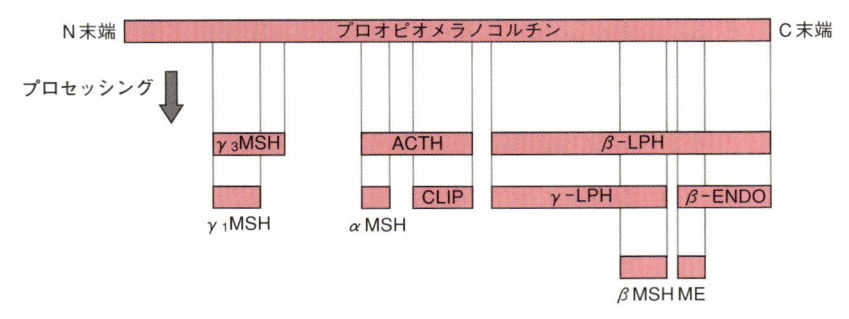

図6・8　プロオピオメラノコルチンのプロセッシング

（6・5・3参照）が切り取られてプロインシュリンになり，さらに分子内にジスルフィド（S-S）結合により架橋ができてクリップのような渦巻状の環状構造になる．最後に輪の部分が切り取られて，インシュリンが完成する（図2・14）．

　脳下垂体で合成されるタンパク質プロオピオメラノコルチンからは，10種類のペプチドホルモンがつくられる．しかし，それぞれのペプチドホルモンの配列が重なっているので，1分子のプロオピオメラノコルチンから10種類のペプチドホルモンがつくられるわけではない．切断パターンを変えることにより，機能が異なるホルモンをつくり出している（図6・8）．

6・4・3　タンパク質の修飾

　多くのタンパク質はさまざまな糖鎖によって修飾を受けており，糖鎖による修飾を**グリコシル化**という（図6・9）．Asn-不特定のアミノ酸-Ser/Thrの順番でアミノ酸が並んでいると，Asn側鎖のアミノ基がN元素を介して

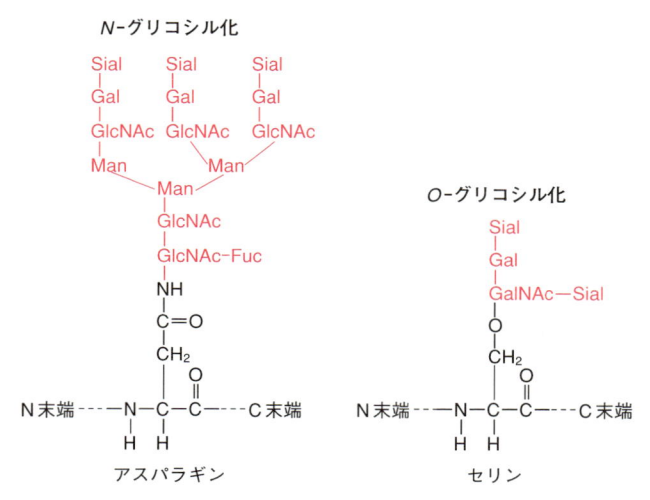

図6・9　グリコシル化
　　Sial：シアル酸，Gal：ガラクトース，GlcNAc：N-アセチルグルコサミン，GalNAc：N-アセチルガラクトサミン，Man：マンノース，Fuc：フコース

オリゴ糖で修飾される．また，Ser や Thr の側鎖も O 原子を介して糖鎖の修飾を受ける．糖鎖の配列は細胞の種類やタンパク質によって決まっているが，遺伝情報としては DNA にコードされているわけではない．グリコシル転移酵素による生化学反応の連鎖の結果，特定の配列をもつ糖鎖が合成される．

　グリコシル化は，おもに小胞体内で行われるが，膜タンパク質や分泌性タンパク質はさらにゴルジ体でも糖鎖の付加や糖鎖の硫酸化が行われる．短い糖鎖が結合したタンパク質を**糖タンパク質**，多糖が結合したタンパク質を**プロテオグリカン**という．細胞膜および細胞外基質の糖鎖や硫酸基は細胞間のコミュニケーションや細胞運動に不可欠で，この合成ができないと形態形成運動が妨げられることが知られている．糖鎖の立体構造や硫酸基は細胞認識の目印となっているのである．

　細胞内情報伝達や転写因子の機能の調節には，各種のタンパク質リン酸化酵素によるリン酸化が重要な役割を担っている．強い負の電荷を帯びたリン酸がペプチドに付加されると，タンパク質の立体構造が大きく変化し，機能が変わるのである（5・5 参照）．

　コラーゲンは 3 本のペプチド鎖からなるタンパク質であるが，1 本鎖のプロコラーゲンペプチドとして合成される．プロリンとリシンが水酸化され，糖鎖がペプチドに付加された後，3 本のペプチドが寄り集まって 3 本鎖プロコラーゲンを形成する．ここまでは小胞体内で行われる．さらにプロコラーゲンは細胞外に分泌され，両端の球状ペプチドが切り捨てられ，完成したコラーゲンとなる．こうして，はじめてコラーゲン繊維の一員として機能する．

　この他，アセチル基（5・6・2 参照），メチル基，ADP リボシル基による修飾，タンパク質のユビキチン（3・3・2 コラム参照）や，脂肪酸側鎖の付加等がある．

6・4・4　タンパク質のプロセッシングとプリオン

　1997年，英国の肉牛に**狂牛病**（牛海綿状脳症，略称 BSE）が発症し，2001年には日本でも狂牛病の牛が発見された．牛の本来のエサは草などの植物であるが，成長を促進させるために，飼料として牛の肉骨粉を混ぜることが行われてきた．狂牛病は，狂牛病の牛の脳や脊髄を食べることにより引き起こされる．狂牛病と同様の疾患は，古くからヒトにおいても知られており，**クロイツフェルト・ヤコブ病**がそれである．

　これらの原因となる病原体は，遺伝子核酸をもたない**プリオン**とよばれるタンパク質である．正常なプリオンタンパク質は大脳で発現しており，細胞の外からのシグナル伝達にかかわると考えられている．狂牛病のプリオンタンパク質は，正常とは異なる立体構造であり（図6・10），重合して巨大な複合体をつくる．この複合体は，タンパク質分解酵素に非常に抵抗性であるため，神経組織に蓄積し，細胞を破壊して病気を発症させる．疾患性のプリオンが正常なプリオンに結合すると，疾患性に変える性質がある．疾患性のプリオンを食べた場合，消化しきれなかった疾患性プリオンが消化管を通じて血液中に取り込まれ，神経系に到達し，そこで正常のプリオンを疾患性に変化させるのである．

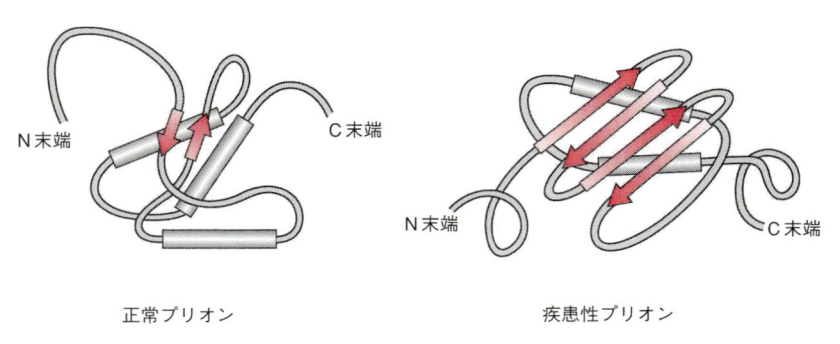

図6・10　プリオンの立体構造

頭部の外科手術で用いていた乾燥硬膜はヒトの頭蓋骨を原料としている．クロイツフェルト・ヤコブ病の人から提供された頭蓋骨が混入していた乾燥硬膜を用いたため，感染した人も多数いる．新たに生じた疾患性のプリオンは，さらに正常なプリオンに作用する．この連鎖反応により，最初はごく微量であった疾患性のプリオンが神経細胞に蓄積する．そのため，ついには病気の発症に至るのである．感染する対象は，疾患性プリオンの材料となる正常プリオンを発現していることが必要である．遺伝子ノックアウトによりプリオン遺伝子を欠いたマウスでは，疾患性プリオンの感染にも抵抗性で，発病しない．プリオンタンパク質をつくる遺伝子は，哺乳類に広く保存されており，ヒトにもある．したがって，ある動物の疾患性プリオンが他の種にも同じ病気を引き起こすことになる．

6・5　タンパク質の行き先

真核生物の細胞の中はさまざまな小器官があり，膜で仕切られている．これらの**細胞小器官**は，それぞれ特有のタンパク質で構成されており，特有の機能をもつ．リボソームで合成されたタンパク質は，単純に拡散するのではなく，その機能に応じて選択的に細胞小器官に輸送される．

6・5・1　選別シグナル

タンパク質は（ミトコンドリアと，葉緑体で合成される一部のタンパク質

表6・1　選別シグナル

選別シグナルの機能	選別シグナルの例
核への輸送	PPKKKRKV–
小胞体への輸送	(N末端) MMSFVSLLLVGILFWATEAENLTKCEVFN–
小胞体にとどまる	–KDEL (C末端)
ミトコンドリアへの輸送	(N末端) MLSLRNSIRFFKPATRTLCSSRYLL–
ペルオキシソームへの輸送	–SKL–

下線は疎水性領域を表す

を除いて）細胞質可溶画分にあるリボソームで合成され，ほとんどのタンパク質は，そのまま細胞質可溶画分にとどまる．細胞小器官の核，小胞体，ミトコンドリア，ペルオキシソーム，葉緑体（植物の場合）や細胞外は，細胞質可溶画分と脂質二重膜で隔てられている．したがって，単純に拡散するだけでは，合成されたタンパク質は目的の細胞内器官に到達することができない．タンパク質には，郵便番号と同じようなはたらきをする行き先の目印（**選別シグナル**）がついている（表6・1）．

選別シグナルは特別なアミノ酸の配列であり，そのシグナルを認識して運搬するタンパク質がある．細胞小器官や細胞外など，それぞれの小器官ごとに特別なタンパク質の輸送系が存在する．

6・5・2 核への輸送

核膜には3000〜4000個の，核と細胞質をつなぐ窓としてはたらく**核膜孔**がある（図6・11）．核膜孔は100種類以上もあるタンパク質からなる複合体からできており，内径は9 nmである．核膜孔を経て，核と細胞質との間をRNAやタンパク質が出入りするが，タンパク質の大部分は核膜孔の内径より大きいので，単純には通過することができない．

核膜孔を介した運搬は選択的である．たとえば，核で合成されたRNAはプロセッシングを受けなければ核の外に出ることはできない．同様に，核への運搬も選択的である．核に運び込まれるタンパク質には塩基性のリシンやアルギニンを複数個とプロリンを配列に含む**核局在シグナル**がある．核局在

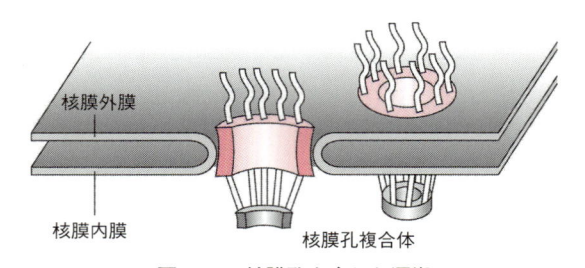

図6・11　核膜孔を介した運搬

シグナルにタンパク質性因子が結合すると，核局在シグナル結合因子の受容体をもつ核膜孔に移行し，Ran およびエクスポーチン (Exportin)，インポーチン (Inportin) とよばれるタンパク質によって，ATP のエネルギーを消費して運搬される．このとき，核膜孔の内径は約 26 nm まで広がる．

細胞増殖がさかんなときは，細胞質で合成されたヒストンタンパク質は 1 分間に 30 万個も核に運び込まれ，核で組み立てられた大小リボソームサブユニットは 1 分間に 6 個の速度で核から細胞質に運び出される．

6·5·3 小胞体への輸送

小胞体に輸送されるタンパク質は，小胞体の膜を通過して小胞体内腔に移行する可溶性タンパク質と，小胞体の膜にとどまる膜貫通型タンパク質がある．

小胞体に輸送される典型的なタンパク質は，N 末端に 5〜10 個の疎水性アミノ酸からなる領域がある．これを**シグナルペプチド**といい，小胞体に輸送される目印となる．リボソームは単独では，水溶液状の細胞質可溶画分に存在し，すべてのタンパク質は細胞質可溶画分のリボソームで合成が開始される．シグナルペプチドを N 末端にもつタンパク質の合成を開始すると，リボソームから最初に疎水性のシグナルペプチドが出てくる．このシグナルペプチドにシグナル識別粒子 **SRP** (Signal Recognition Particle) が結合し，SRP を介してリボソーム大サブユニットに結合する．この段階で，一時的にポリペプチドの合成が停止する．次に，リボソームは SRP を介して小胞体膜の**ドッキングタンパク質** (docking protein) に結合する．同時に小胞体膜にあるリボソーム受容体もリボソームに結合し，リボソームは安定的に小胞体に結合する．小胞体の表面に多数のリボソームが結合している状態の小胞体を**粗面小胞体**といい，細胞膜タンパク質や細胞外に分泌されるタンパク質，リソソームではたらくタンパク質が合成される．

小胞体に結合したリボソームから SRP が解離すると，シグナルペプチドは小胞体膜の**タンパク質輸送体**に結合する．N 末端をタンパク質輸送体に

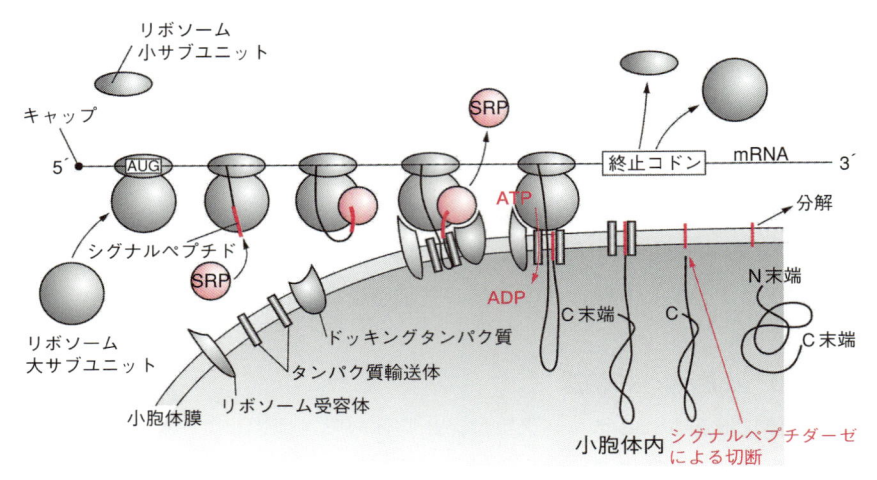

図 6・12 シグナルペプチドと小胞体への輸送

結合させたまま，引き続きポリペプチドの合成が行われ，ポリペプチドがループ状に小胞体の内腔に入り込む．ポリペプチドがタンパク質輸送体を通過するには ATP のエネルギーを必要とする．タンパク質の C 末端がタンパク質輸送体を通過すると，シグナルペプチドがタンパク質輸送体からはずれ，小胞体膜の内側にある**シグナルペプチダーゼ**によってシグナルペプチドの C 末端が切断される．その結果，タンパク質は小胞体内腔に放出される（図 6・12）．小胞体膜に残ったシグナルペプチドは，小胞体の別のタンパク質分解酵素によりアミノ酸まで分解される．

　小胞体内腔に運ばれた水溶性タンパク質のうち，C 末端に特殊なアミノ酸配列をもつタンパク質は小胞体内腔にとどまる（表 6・1 参照）．他の小胞体内腔可溶性タンパク質の多くは，小胞に包まれた状態で細胞外や他の細胞小器官に向けて運ばれる．

6・5・4　膜貫通タンパク質の輸送

　膜にとどまるタンパク質の場合は，N 末端のシグナルペプチドに加えて，

6・5 タンパク質の行き先　　133

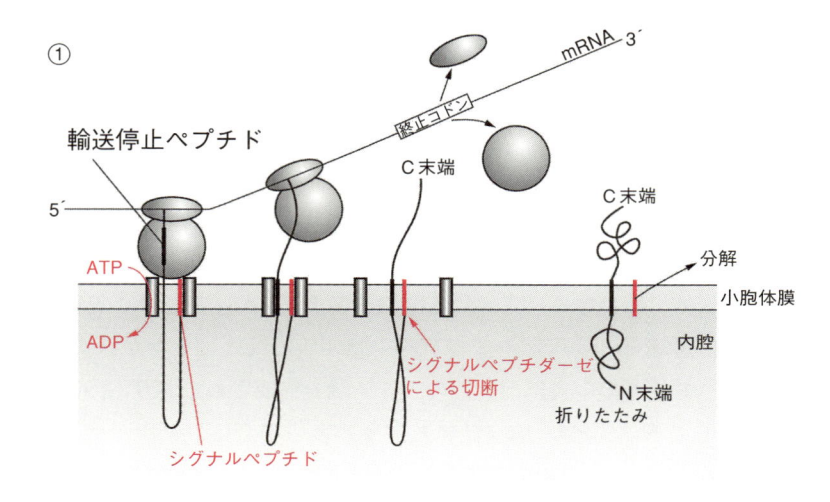

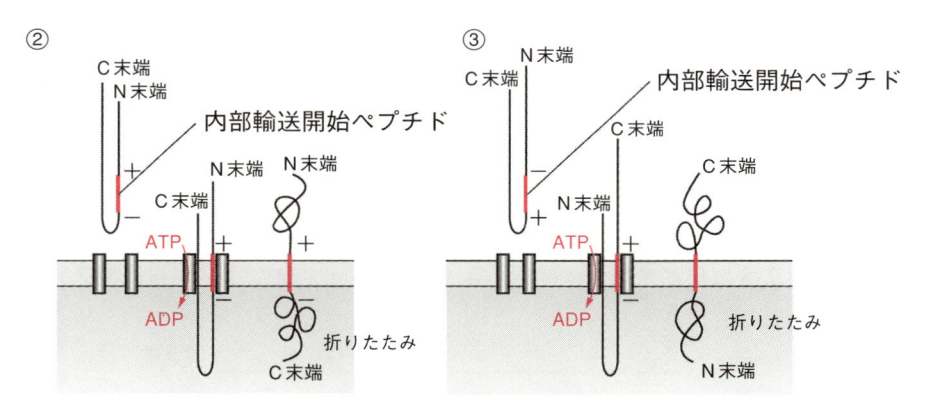

図6・13　1回貫通型膜タンパク質の輸送

ポリペプチド鎖の内部に疎水性の**輸送停止ペプチド**がある（図6・13の①）．小胞体に付着したリボソームがポリペプチド鎖の合成を続け，輸送停止ペプチドまで合成すると，輸送停止ペプチドはタンパク質輸送体に結合し，小胞体内腔へのポリペプチド鎖の輸送が停止する．リボソームがそのままポリペプチドを合成し続け，タンパク質輸送体に結合しているN末端のシグナルペプチドが切断されると，N末端が内腔に，C末端が細胞質可溶画分に配

置された1回貫通型膜タンパク質になる（図6・13の①）．

　N末端ではなく，ポリペプチド鎖の内部に小胞体に輸送される選別シグナル（**内部輸送開始ペプチド**）が存在するタンパク質もある（図6・13の②，③）．このタンパク質の場合，内部輸送開始ペプチドまで合成が進むと，SRPが内部輸送開始ペプチドとリボソームに結合する．その結果，合成途中のリボソームが小胞体に結合し，内部輸送開始ペプチドが小胞体膜にあるタンパク質輸送体に結合する．内部輸送開始ペプチドには方向性があり，この方向により，N末端，C末端のどちらが小胞体の内腔に入るかが決まる．内部輸送開始ペプチドの中央は疎水性のアミノ酸で構成されており，内部輸送開始ペプチドのN末端側に塩基性アミノ酸が多い場合は，タンパク質輸送体の外側に塩基性アミノ酸が配置される．その結果，タンパク質のN末端が小胞体膜の外側，C末端が内腔に配置される（図6・13の②）．内部輸送開始ペプチドの向きが逆であれば，タンパク質の向きも逆になる（図6・13の③）．

　複数回，膜を貫通する膜タンパク質の場合は，1本のポリペプチド鎖に**内部輸送開始ペプチド**と**輸送停止ペプチド**の組み合わせが複数個ある．この場合，ポリペプチド鎖の合成にともなって輸送と停止が繰り返し起こり，糸で布を縫うように膜にタンパク質が配置される（図6・14）．7回膜貫通型タン

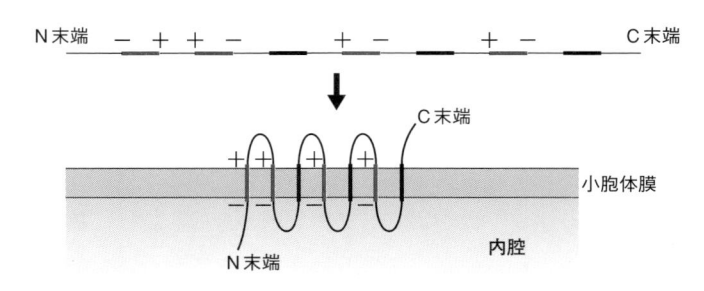

図6・14　7回膜貫通型タンパク質の輸送

パク質として，Wnt シグナルの受容体の Frizzled（5・5・3 参照）や，網膜にある光感受性タンパク質のロドプシンがある．

6・5・5 ミトコンドリアへの輸送

ミトコンドリアは 2 枚の脂質二重層からなる細胞小器官であり，2 枚の膜で囲まれた内部をマトリクス，膜の間を膜間部分，外側の膜を外膜，内側の膜を内膜という．ミトコンドリアに輸送されるタンパク質は，細胞質可溶画分で合成が完了してから輸送される．ミトコンドリアのシグナルペプチドは N 末端にあり，α ヘリックス構造をとる．この立体構造の片側は，すべて塩基性アミノ酸であり，反対側は疎水性という特徴がある（図 6・15）．

ミトコンドリアに輸送されるタンパク質は遊離リボソームによって合成される．合成されたタンパク質にはシャペロン Hsp 70 が結合して，タンパク質が折りたたまれないようにしている（6・4・1 参照）（図 6・16）．タンパク質が立体構造をとると，ミトコンドリア膜を通過できなくなるからである．ほどかれた状態のタンパク質の N 末端が，ミトコンドリア外膜の表面にある**シグナルペプチド受容体**に結合すると，受容体はタンパク質をタンパク質輸送体に運ぶ．タンパク質輸送体は外膜と内膜にあり，外膜と内膜が接した部分で複合体を形成してミトコンドリアの外部とマトリクスをつないでいる．

タンパク質の運搬には ATP のエネルギーが用いられる．また，ミトコンドリアが ATP を合成するために，電子伝達系によって膜間部分に蓄積する H^+ の濃度勾配もエネルギー源として用いられる．Hsp 70 はタンパク質輸

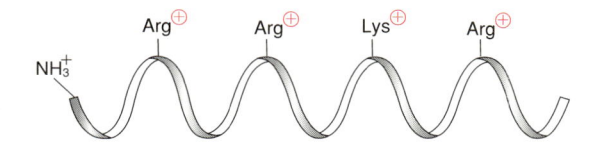

シトクロム酸化酵素の N 末端

図 6・15 ミトコンドリア・シグナルペプチドの立体構造

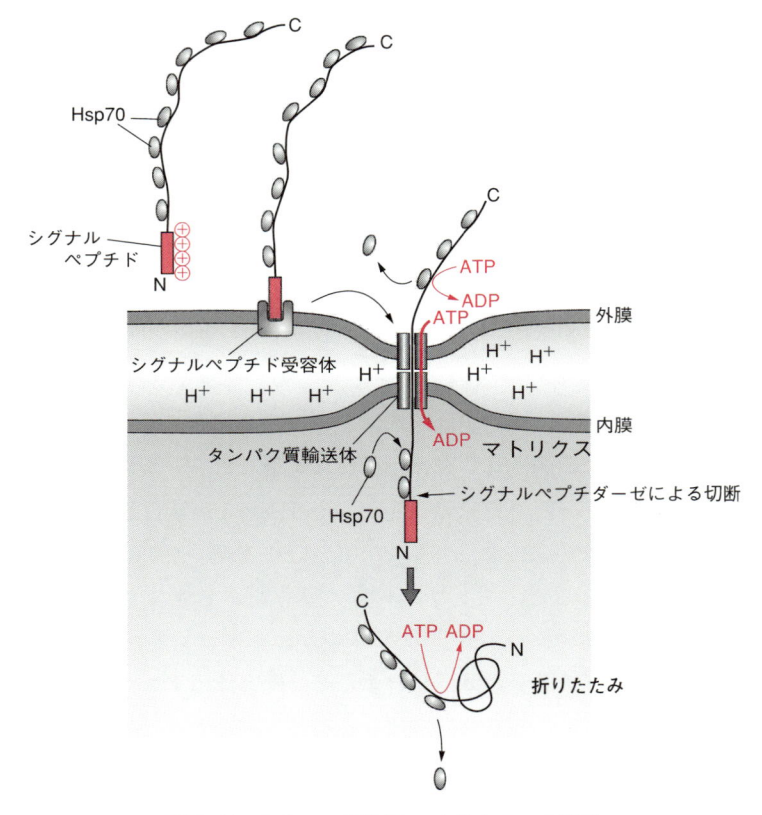

図6・16 ミトコンドリア・マトリクスへの輸送

送体を通過する前に ATP のエネルギーを用いてはずされる．マトリクスに輸送されたタンパク質には再び Hsp 70 が結合し，正しい折りたたみを促進する．マトリクスに移動したタンパク質のシグナルペプチドがシグナルペプチダーゼにより切断され，成熟したミトコンドリアタンパク質となる（図 6・16）．

ミトコンドリア内膜に輸送されるタンパク質は，ミトコンドリアに取り込まれるためのシグナルペプチドに続いて，ミトコンドリア内膜に取り込まれるシグナルペプチドがある．マトリクスで第一のシグナルペプチドが除去さ

6・5 タンパク質の行き先

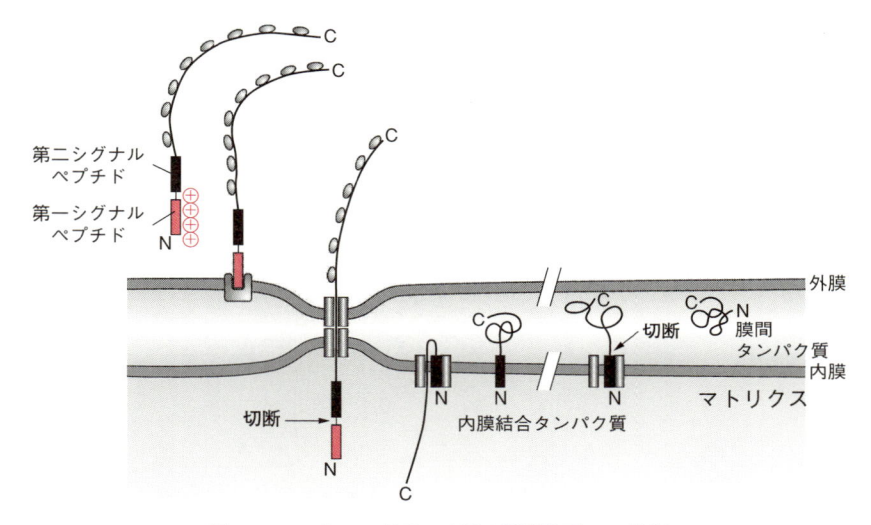

図6・17 ミトコンドリア内膜と膜間部分への輸送

れると，第二のシグナルペプチドがN末端に位置することになる．このシグナルペプチドが目印となって，内膜に結合し，タンパク質輸送体がシグナルペプチドを結合したままC末端領域を膜間部分に輸送する（図6・17左）．

マトリクスを経由しないミトコンドリア内膜への輸送もある．この場合，第一のシグナルペプチドがマトリクスに輸送されると，ただちにシグナルペプチダーゼで除去され，第二のシグナルペプチドが内膜にとどまる．C末端領域が外膜を通過して，そのまま膜間部分にとどまり，内膜結合タンパク質となる．膜間部分に輸送されるタンパク質はシグナルペプチダーゼで切断され，遊離タンパク質となる（図6・17右）．

6・5・6 小胞による輸送

小胞体からゴルジ体，リソソーム，細胞膜，細胞外への輸送は**輸送小胞**が担っている（図6・18）．小胞体からゴルジ体を経て細胞表面へ向かう輸送は，何らかのシグナルがない限り自動的に起こる．タンパク質の行き先は，

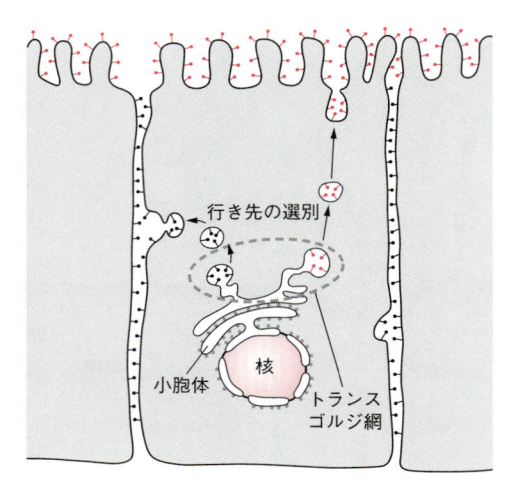

図6・18　輸送小胞による輸送

ポリペプチド鎖にパッチ状に散在する**シグナルパッチ**とよばれるペプチドが目印となって決められる（表6・1参照）．

　リソソーム，細胞の頂端部，側面，あるいは底部など，行き先の選択はゴルジ体の**トランスゴルジ網**とよばれる部分で行われ，行き先に応じて，それぞれ異なる膜タンパク質，脂質，分泌タンパク質を含んだ輸送小胞がつくられる．細胞膜への輸送は輸送小胞が細胞膜と融合することにより行われるので，細胞膜タンパク質の向きは，輸送小胞の膜に存在していた向きと逆転する．また，糖鎖の付加は小胞体またはゴルジ体の内側で行われるので，糖タンパク質の糖鎖は細胞の外側に位置することになる．

7 遺伝情報の損傷と修復

　宇宙はビッグバン以来，常にでたらめの方向に向かっている．遺伝情報も同じであり，常に傷を受けている．放置すれば，ついには意味をなさなくなってしまう．生物は遺伝情報を守るために多様なDNA修復機構をつくり出してきた．

7・1　遺伝子の損傷の原因

　遺伝情報はデジタルであるが，完璧に間違いなく複製できるわけではない．また，生命活動そのものによって必然的に生じる活性酸素や，環境からの紫外線や放射線，変異原物質などにより，DNAは損傷の危険にさらされている．

7・1・1　活性酸素

　最初の生命は無酸素状態で生まれた．光合成により太陽エネルギーを利用する生物ができると，老廃物として酸素が生じた．酸素は反応性が高く，危険な分子である．しかし，うまく利用すると大きなエネルギーを獲得することができる．それに成功したのがミトコンドリアの祖先であり，ミトコンドリアを細胞に取り込み，共生したのが真核生物である．

　それ以来，細胞はエネルギーの高度利用と引き替えに，**活性酸素**による傷害を受けるようになった．ミトコンドリアで行われる酸素呼吸の過程で活性酸素種（・O_2^-，・OH，H_2O_2）が生じるのである．活性酸素種はミトコンドリアから漏れだし，DNAを傷つける．また，感染などにより炎症が起きている場では，侵入した外敵を攻撃するために，マクロファージや白血球が

活性酸素種を積極的につくっている．これらも DNA に酸化的損傷を与える．

コラム．活性酸素と老化の関係

イエバエが飛ぶときには，1 秒間に 300 回も翅を動かし，多くの酸素を消費する．ハエを飼う巣箱で自由に飛ばさせたハエと，小さな容器に入れて飛ばさせなかったハエの寿命を調べると，巣箱のハエは平均約 20 日，飛ばさせなかったハエは約 60 日であった．飛ばさせなかったハエの DNA やタンパク質，脂質を調べると，活性酸素による傷害が低くなっていた．若い間は，修復能力が高いが，年齢を重ねると徐々に低下する．激しい運動は老化を早めるのでかえって危険である．

7・1・2 紫外線

塩基，特にピリミジンは 260 nm 付近の**紫外線**をよく吸収して，そのエネルギーのために分子の構造が変わる．DNA 鎖のなかでピリミジン（T，C）が隣どうしにあると，ピリミジン間で架橋され二量体が形成される（図 7・1）．**ピリミジン二量体**が遺伝子，または遺伝子の発現調節領域の中で形成されると遺伝子の発現が異常になる．DNA 複製の際には，ピリミジン二量体のところで DNA ポリメラーゼが一旦停止し，少し離れたところから DNA 合成を再開する．その結果，塩基の欠失が生じ，変異が生じる．この

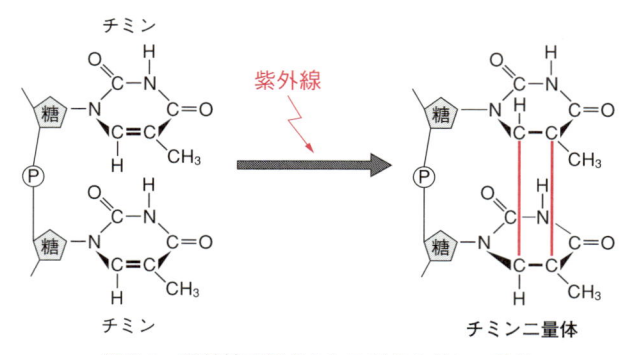

図 7・1　紫外線で形成されるピリミジン二量体

損傷を除去できない場合は，紫外線を受けやすい皮膚の細胞ががん化する．

　進化の過程で生物が地上に進出できたのは，光合成により排出される酸素が紫外線によって**オゾン**になり，オゾンが紫外線を吸収して，地上に降り注ぐ紫外線の量が減ったからである．しかし最近では，人類が排出するフロンガスによってオゾン層が破壊され，**オゾンホール**とよばれるオゾン層がない地域の住民に，皮膚がんが増えている．

7・1・3　電離放射線

　電離放射線は紫外線よりも波長の短い電磁波であり，分子をイオン化する作用がある．電離放射線はDNA鎖のリン酸や糖の部分での切断を起こす．切断がDNA2本鎖の両方で近接して生じると染色体が切断されることになる．自然界の放射線は，宇宙線に由来するものと地中の放射性核種によるものがある．しかし自然放射線の線量は低い．原爆や原子力発電所の事故，放射線治療時の照射など，人為的な放射線以外はDNA損傷や突然変異をほとんど引き起こすことはない．

7・1・4　脱アミノ化剤

　ハム，ソーセージやたらこの発色剤として用いられている亜硝酸は，アデニン，グアニン，シトシンを**脱アミノ化**する（図7・2）．アデニンが脱アミノ化されると，ヒポキサンチンになり，チミンよりもシトシンと結合しやすくなる．シトシンが脱アミノ化されると，ウラシルとなりグアニンではなくアデニンと結合しやすくなる．その結果，複製されると異なる塩基に変化

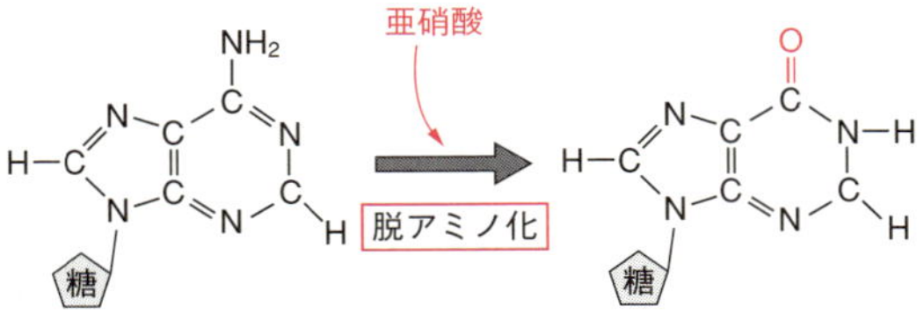

図7・2　脱アミノ化

（点突然変異）することになる．グアニンが脱アミノ化されるとキサンチンになる．この場合，DNA複製がキサンチンで停止し，細胞が死ぬので変異とはならない．

7・1・5　塩基類似体

塩基類似体は塩基と似た構造をもつため，誤ってDNAに取り込まれる．チミンの類似体であるブロモウラシルはアデニンと対をつくるが，ブロモウラシルがケト型からエノール型に変化すると，アデニンよりもグアニンと結合しやすくなる（図7・3）．その結果，複製されるとチミンがシトシンに変わる．

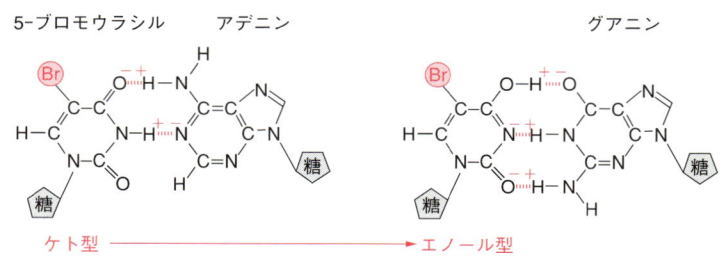

図7・3　ブロモウラシル（アデニンとグアニンとの塩基対）

7・1・6　熱

DNAの糖と塩基を結ぶ $\beta\text{-}N\text{-}$グリコシド結合は，熱によって切断されやすく，塩基が失われる．常温でも1個の細胞あたり，1日に1万か所も切断されるが，後で述べる機構によりただちに修復されるので変異として残らない．

7・1・7　動く遺伝子

ふつう，遺伝子は染色体上の位置を変えないものであるが，**転移性遺伝因子**は染色体から抜け出し，染色体の別の場所に飛び移る性質がある．転移が

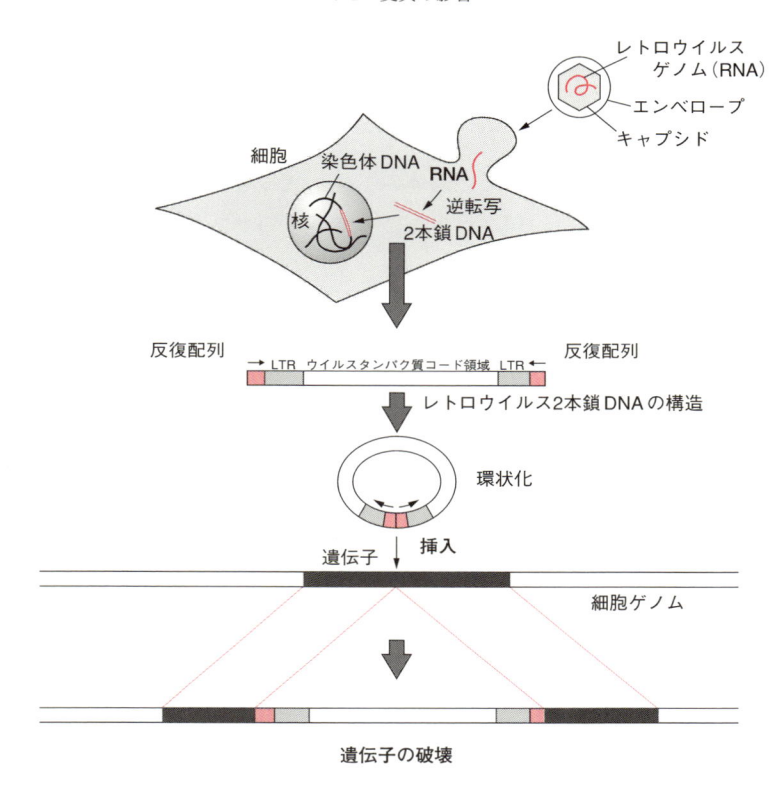

図7・4 レトロウイルス
LTR：Long Terminal Repeat（末端反復配列）

起こると挿入された遺伝子は多くの場合，はたらきや発現のコントロールを失う．代表的な転移性因子として大腸菌，トウモロコシ，ショウジョウバエのトランスポゾン，後天性免疫不全症候群（AIDS）やがんを引き起こすレトロウイルス（図7・4）があげられる（12・1・4参照）．

7・2 変異の影響

同じ遺伝子から合成されるタンパク質のアミノ酸配列を個体や種間で比較

すると，配列に多様性がある部分と，同じ配列の部分がある．種が違っても配列が変わらない部分を，**保存配列**といい，配列が保存されている部分は，タンパク質が機能するために必須であることを意味している．保存配列に変異が入ると，個体が死ぬか，その個体の子孫が残らない．保存配列をそのまま維持し続けた生物だけが現在に生き残っているのである．

7・2・1　サイレント変異

ヒトのゲノムの 97% は非コード領域である．イントロンのスプライシングシグナルや転写調節領域を除いて，非コード領域の変異はほとんど影響がない．したがって，非コード領域の配列は個体ごとに異なり，多様である．また，コード領域でも，変異が影響を及ぼさないことがある．これらをまとめて**サイレント変異**という．

アミノ酸は塩基 3 文字からなるコドンで規定され，メチオニンをコードする AUG 以外のコドンは重複して 1 つのアミノ酸をコードしている．多くのアミノ酸は最初の 2 文字で規定されており，3 文字目は柔軟性に富んでいる．したがって，3 文字目に変異が入っても同義コドンであれば，規定するアミノ酸は変わらない（4・3・1 参照）．これを**同義変異**といい，影響はまったくない．

7・2・2　タンパク質構造に影響を及ぼす変異

1 文字の塩基に変異が入ることを**点変異**という．コドンの 1 文字目，2 文字目に点変異が入ると，ほとんどの場合，規定するアミノ酸が変わる（図 7・5）．1 個のアミノ酸の変異でもタンパク質が機能しなくなる場合がある．また，変異により終止コドンに変わると，そこから C 末端側のポリペプチド鎖がまったくできなくなる（**ナンセンス変異**）．逆に，終止コドンに変異が入り，アミノ酸をコードするようになると，本来の C 末端にさらに機能をもたないポリペプチド鎖が連結される（**読み過ごし変異**）．読み過ごし変異では，多くの場合，すぐに終止コドンが現れるので，長いポリペプチド鎖

7・2 変異の影響

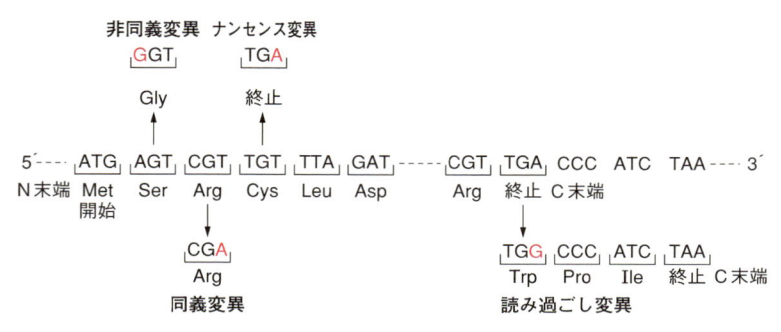

図7・5 点変異の影響

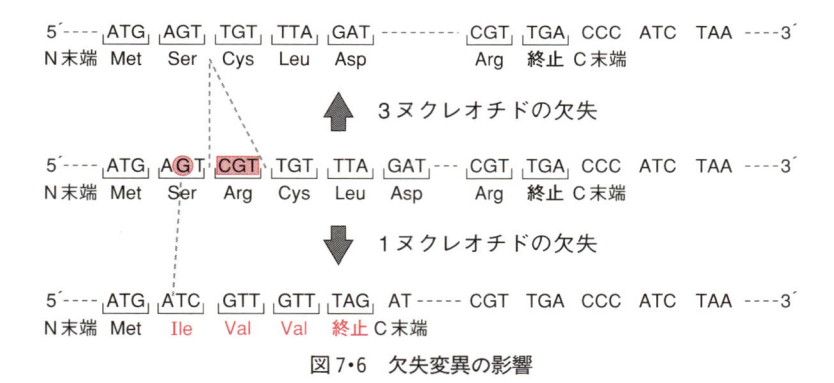

図7・6 欠失変異の影響

が連結されることはまれである（4・3・7コラム参照）．また，機能をもたないポリペプチド鎖はタンパク質の機能に影響を与えない場合が多いが，重大な影響を与えることもまれにある（12・11・2参照）．

3または3の倍数の塩基がコード領域で欠失すると，アミノ酸の欠失または1アミノ酸の変異となる（図7・6）．1または2塩基など，3の倍数とならない数の塩基の欠失では，読み枠がずれることになる．したがって，欠失からC末端側は機能をもたないポリペプチド鎖になる．多くの場合，終止コドンがすぐに現れるので，機能をもたない短いタンパク質が合成される．

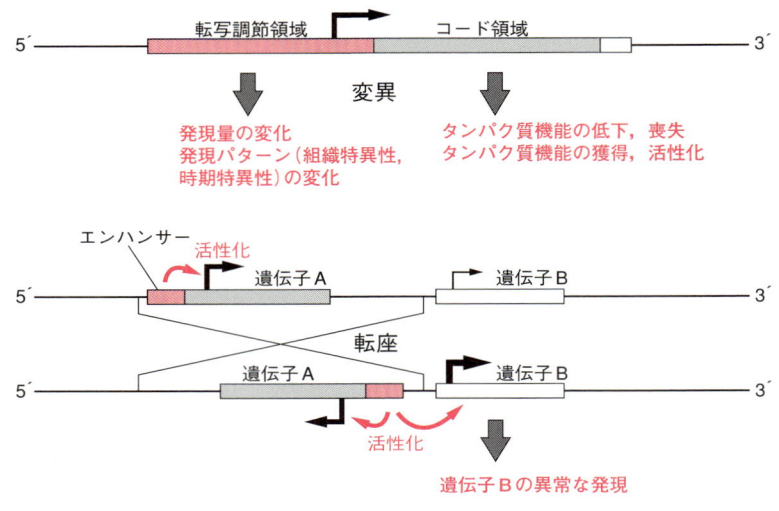

図7・7 機能喪失変異と機能獲得変異

7・2・3 DNAの変異による生命活動への影響

多細胞生物の場合，体細胞に起きたDNAの変異はそれほど問題ではない．わずかの細胞が機能しなくなっても，他の細胞が機能を十分補うことができる．しかし，生殖細胞のDNAの変異は，子孫の個体を構成するすべての細胞のDNAが変異をもつことになるので重大である．

遺伝子の転写調節領域に変異が生じると，遺伝子の発現パターンや発現量が変化する（図7・7の上）．また，コード領域に変異が入るとタンパク質の機能が変化する．遺伝子発現の消失や，タンパク質機能の低下，消失をもたらす変異を**機能喪失（loss-of-function）変異**といい，多くの場合，ヘテロであれば異常は生じない．一方，転写調節領域の変異により，遺伝子の過剰発現や異常な発現パターンを引き起こす場合がある．また，変異によりタンパク質機能が過剰に活性化される場合がある．これらを**機能獲得（gain-of-function）変異**といい，多くの場合，ヘテロでも異常が生じる．機能獲得変異は体細胞でも重大な影響を及ぼす場合がある．シグナル伝達や転写調節にかかわるタンパク質の多くは，修飾を受けることにより活性型または不活性

型になる．この修飾を受ける領域に変異が入り，**構成的活性型**（常に活性型）になると，シグナルを発し続け，特定の遺伝子を過剰に発現させることになる．がん化の多くは，細胞増殖にかかわる遺伝子またはそのタンパク質が，変異により構成的に活性化され，無秩序な細胞分裂が引き起こされることによる（10章参照）．

　電離放射線などにより，一度切断された染色体の断片が，反対向きに連結したり，もととは異なる染色体断片と結合することがある．これを**転座**といい，新たにできた連結部位の近くにある遺伝子の環境は激変する．白血病の原因となるフィラデルフィア染色体は転座しており，連結部位の近くの遺伝子が異常発現している（図7・7の下）．

　細菌などの原核生物は遺伝情報を1コピーしかもたず，ゲノムのほとんどがコード領域と転写調節領域であるため，DNA変異の影響は大きい．変異の多くは死をもたらすが，個体の増殖力の高さで補っている．また，抗生物質などの薬剤に対する抵抗性も，遺伝情報の変異によって獲得している．

7・3　遺伝子の修復機構

　遺伝子の修復はDNAの損傷を認識するところから始まる．さらに，損傷を除去し，残された情報をもとにして損傷箇所を修復する．

7・3・1　複製にともなう変異の修復

　膨大な遺伝情報を複製する間には間違いが生じることもある．しかし，DNAポリメラーゼには**校正機能**がある（図7・8）．誤った塩基を付加させると，DNA二重らせんの構造がゆがむ．そのゆがみをDNAポリメラーゼが感知して後戻りし，誤りを除去した後，再びDNA合成を開始する．DNA複製をつかさどるDNAポリメラーゼδは，DNAポリメラーゼ活性ばかりでなく，$3' \rightarrow 5'$エキソヌクレアーゼ活性をもつ．DNA構造のゆがみがスイッチのはたらきをし，どちらの活性をもつか決まる．誤った塩基対に

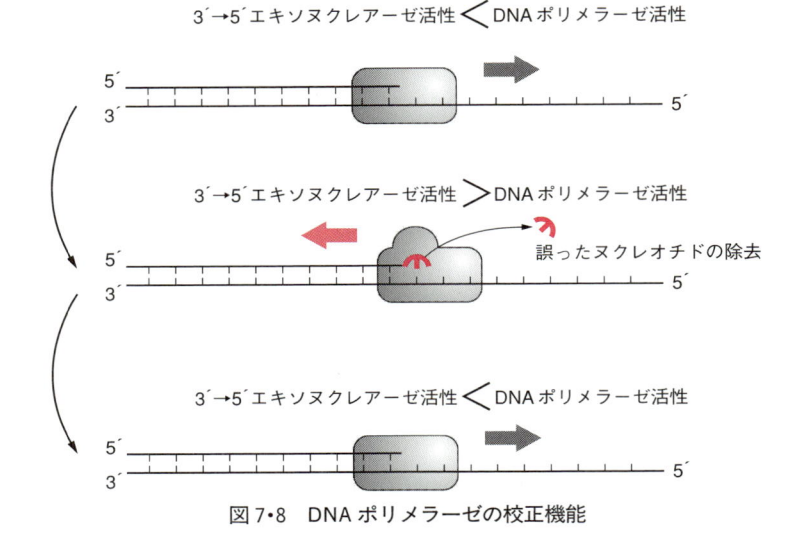

　　　　　　　　3′→5′エキソヌクレアーゼ活性 < DNAポリメラーゼ活性

　　　　　　　　3′→5′エキソヌクレアーゼ活性 > DNAポリメラーゼ活性
　　　　　　　　　　　　　　　　　　　　　　　　　　　誤ったヌクレオチドの除去

　　　　　　　　3′→5′エキソヌクレアーゼ活性 < DNAポリメラーゼ活性

図7・8　DNAポリメラーゼの校正機能

よりゆがみが生じると，そのゆがみによりDNAポリメラーゼδの立体構造が変わり，3′→5′エキソヌクレアーゼ活性が強くなる．その結果，後戻りして誤りを取り除き，ゆがみがなくなると再びDNAポリメラーゼ活性が強くなり，DNA複製を再開する（3・1・2参照）．

7・3・2　直接修復

電離放射線などにより，DNA2本鎖の片方の鎖が切断されることがある．これを**ニック**（切れ目）といい，DNAリガーゼで修復される．アルキル化された塩基は，メチルグアニンDNAメチルトランスフェラーゼなどの転移酵素が，酵素にアルキル基を転移させることにより塩基をもとに戻す．紫外線により受けたDNA損傷を，可視光線のエネルギーを用いて回復させるシステムがある．その役割を担うのは**光回復酵素**で，紫外線により形成されたピリミジン二量体を認識して結合し，二量体を開裂させ単量体に戻す．光回復機構は多くの細菌，脊椎動物も含めた大部分の真核生物にあるが，大腸菌とヒトでは検出されていない．光回復機構がない生物では，ヌクレオチド除

去修復機構でピリミジン二量体を除去する（7・3・4参照）．

7・3・3 塩基除去修復

　脱アミノ化塩基や，水酸化塩基，メチル化塩基など，損傷を受けた塩基があると，**DNAグリコシラーゼ**が認識し，ヌクレオチドの糖と塩基を連結する$\beta\text{-}N\text{-}$グリコシド結合を切断する．塩基が除去された部位をAPエンドヌクレアーゼとホスホジエステラーゼが除去し，生じたギャップを，**DNAポリメラーゼβ**（3・1・1参照）が埋めて修復が完了する（図7・9）．

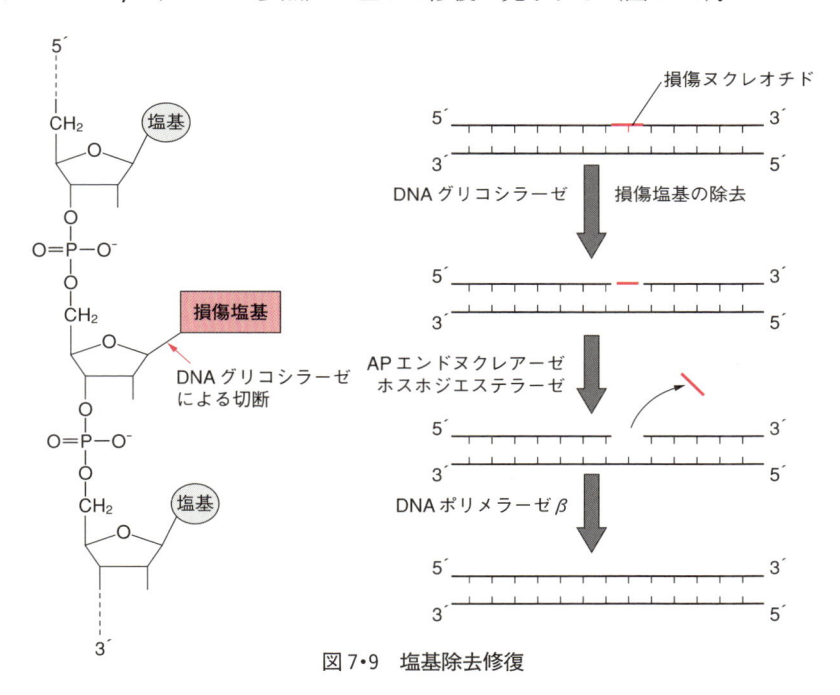

図7・9　塩基除去修復

7・3・4 ヌクレオチド除去修復

　DNA2本鎖間の架橋や，大きな化合物による修飾があった場合，損傷を受けた塩基ばかりでなく，その周辺の塩基も含めて24〜29塩基が切除される．**ヌクレオチド除去修復**には少なくとも16種類のタンパク質がかかわっ

図7·10 ヌクレオチド除去修復

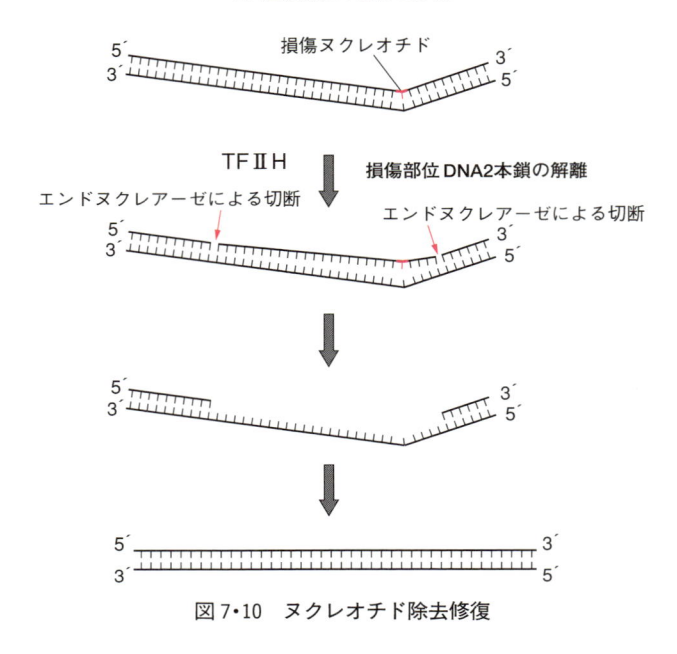

ており，損傷によって生じたDNA2本鎖のゆがみを認識して，エンドヌクレアーゼが損傷箇所の下流5番目のホスホジエステル結合と上流約20番目のホスホジエステル結合を切断する（図7·10）．

ヌクレオチド除去修復には基本転写因子TFIIHがかかわっており，TFIIHのヘリカーゼ活性が損傷部位のDNA2本鎖をゆるめ，エンドヌクレアーゼのアクセスを容易にしている（5·2·2参照）．転写と連動してTFIIHが修復を促進しており，転写されている領域のDNA損傷は，転写されていない領域より速く修復される．これを**転写共役修復**といい，遺伝情報として重要な部分を優先的に保護している．

損傷部位が除去されると，そのギャップをDNAポリメラーゼβが埋めて，最後にDNAリガーゼが鎖をつなげて修復が完了する（3·1·1参照）．

光回復機構をもたない生物は，ヌクレオチド除去修復機構でピリミジン二量体を除去する．

7・3・5 組換え修復

DNA は 2 本鎖なので片側に塩基の変異が起こっても反対鎖の情報をもとに修復することができる．しかし修復が完了しないうちに複製された場合は，両方の鎖とも変異が導入されてしまう．また，ある種の化合物や放射線によって DNA 2 本鎖の両側に変異が入ったり，両方の鎖が欠失してしまうことがある．このような場合，相補鎖の情報を直接用いることはできない．

真核生物はふつう二倍体なので，片方の染色体の DNA に損傷があったとしても，正しい情報はもう一方の染色体に保存されている．そこで，生物は巧妙にその情報を用いて修復を行っている（図 7・11）．まず，損傷を受けた塩基周辺の DNA 2 本鎖と，それと相同部分の損傷を受けていない DNA の 2 本鎖をそれぞれ 1 本鎖に分離する．次に，相手方の鎖と二重らせんを再構成させハイブリッドを形成する．こうすれば 2 本鎖のうち片側鎖は損傷を受けていないことになるので，その情報を用いて修復をすることが可能になる．このような修復機構を**組換え修復**という．細菌は遺伝情報を 1 組しかもっていないが，増殖がさかんなときは細胞分裂をする前に次の DNA 複製が始まっており，細胞あたり複数コピーの染色体が存在することになる．この状態にある細菌は RecA とよばれるタンパク質によって，組換え修復を行うことができる．

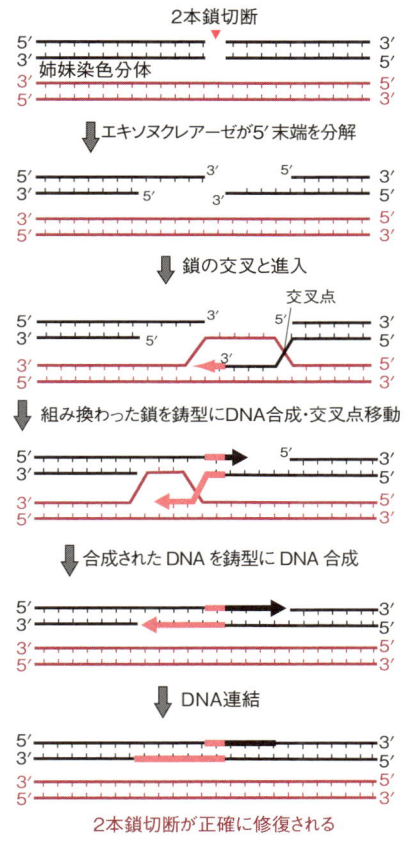

図 7・11 組換え修復

7・4 アポトーシス

損傷を受けた細胞では,損傷レベルが低いときには修復してもとと同じ細胞に戻すのが経済的である.しかし損傷が著しく,修復しても完全にはもとに戻らない場合には,細胞を保持するよりも,排除するほうが組織にとっては望ましい.このように積極的に引き起こす細胞死を**アポトーシス**といい,傷害を受けた細胞は,核のDNAの断片化を引き起こす(図7・12).このようにして死んだ細胞は,生体組織のなかで貪食細胞などによりすみやかに補食され,組織から除外される.排除された細胞は,組織において無傷で残っている細胞の分裂増殖により,すみやかに補充される.

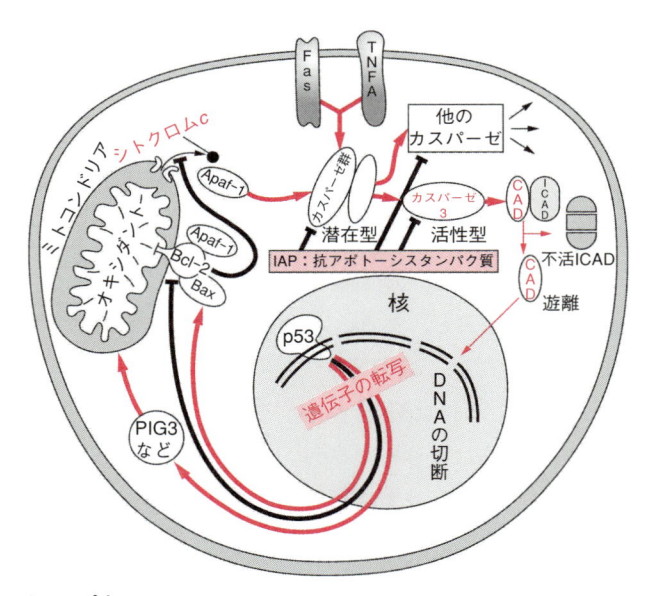

図7・12 アポトーシス
アポトーシスは,さまざまなストレスやサイトカイン(血球細胞の増殖と分化を制御するタンパク質性の生理活性物質)によって誘導される.ストレスやサイトカインは細胞膜の特異的受容体により感知され,シグナルは多くの場合ミトコンドリアに伝えられてシトクロム c の遊離を促す.シトクロム c は,タンパク分解酵素カスパーゼ3を活性化し,これがヌクレアーゼCADを活性化する.活性化CADは核に移行してDNAの断片化を引き起こす.

8 体づくりにかかわる遺伝子

　多細胞生物の一生は受精卵という1個の細胞から始まる．細胞は分裂を繰り返し，その数を増やしながら分化して個体が形成される．体を構成する細胞は，両親から譲り受けた遺伝情報のすべてをもっている．それは，分化した細胞の核の情報から，完全な個体（クローン）が得られることからも理解できる．しかし，遺伝子の大部分は発現しておらず，多くは発生過程の決まった時期に，決まった場所の細胞だけではたらく．それぞれの細胞は，タイミング（時間情報）と体の中で自分が置かれている位置（三次元的情報）を知っていて，与えられた役割に応じて必要な遺伝子だけを発現させている．

　立体的な体をつくりあげるには，X，Y，Z軸の情報が必要である．母親は卵に軸情報を与え，受精卵は軸情報をもとに遺伝子を次々と選択し，発現させていく．体づくりは，彫刻と似ている．初めは大まかに，発生が進むにつれ徐々に細かく複雑な体をつくりあげていく．発生過程では，遺伝子の発現パターンや，細胞の位置関係が刻々と変化する．したがって，形態形成の分子機構を理解するには，空間を規定する三次元に加え，時間軸も考えなくてはならない．

　ハエなどの節足動物とヒトなどの脊椎動物を比べると，形態が大きく異なり，体づくりのしくみが異なるように見える．しかし実際は，形態形成ではたらく遺伝子や，その機能は基本的に同じであり，ハエで明らかにされたしくみの多くは，脊椎動物にもそのまま当てはまる．地球上に棲息する多様な動物の祖先は共通だからである．したがって，形態形成の機構を解明するために，実験動物として扱いやすいキイロショウジョウバエが多く用いられ，情報の蓄積も多い．研究は進行中であり，機構が不明の点も多いが，体づくりのしくみが徐々に明らかになってきている．このため，本章ではショウジ

ョウバエを例にして解説する．なお，遺伝子を表すときには遺伝子名を斜体にする．また，遺伝子産物（タンパク質）は頭文字を大文字にすることが多い．遺伝子名の発音はクローニングした研究者の母国語に準じる場合が多い．本書ではカタカナで国際的に広く使われている発音を記す．

8・1　ショウジョウバエの卵形成と発生

1個の生殖細胞が4回分裂して16細胞になると，16個の細胞は互いに細胞質で連結したまま，その中の1個が**卵母細胞**となり，他の細胞は**保育細胞** (nurse cell) となる．保育細胞からは，発生するための素材やエネルギー源の他に，発生に必要な情報も送り込まれる．保育細胞と卵母細胞は，**濾胞細胞** (follicle cell) に囲まれている．濾胞細胞とのすき間を**囲卵腔** (perivitelline space) といい，囲卵腔を介して濾胞細胞からも情報が卵母細胞に向けて発信される．卵は囲卵腔に囲まれたまま産みおとされるので，受精後も囲卵腔に蓄えられた濾胞細胞の情報をもとに遺伝子の発現が調節される．

ショウジョウバエの卵は，交尾してもすぐには受精しない．卵は，輸卵管に放出される際に，雌が蓄えていた精子によって受精する．受精卵は最初，細胞質分裂をせず，多核となる．9回の核分裂が終わると，核は卵の表面に

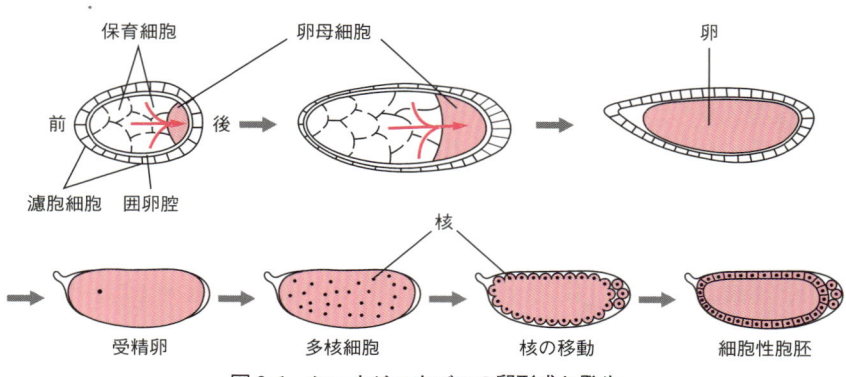

図8・1　ショウジョウバエの卵形成と発生

移動し，さらに核が4回分裂すると，細胞膜が核を包み，約6000個の細胞からなる**細胞性胞胚**になる．受精後約5時間で原腸陥入が起き，約10時間で体節が形成される．蛹（さなぎ）の期間に，それぞれの体節は異なる機能をもつ組織や器官になり，約9日で成体になる（図8・1）．

8・2 背腹軸形成

ショウジョウバエの背腹軸の情報は，転写因子**ドーサル**（Dorsal：Dl）の濃度勾配として母親から与えられる．*dl* の突然変異では，腹が背側化する．ドーサルとは，背の意である．Dl は腹側の形成に必要な遺伝子の転写を活性化させ，背側を形成する遺伝子の転写を抑制する．*dl* の発現量は腹側と背側で違いはないが，核の Dl タンパク質の濃度が腹側で高く，背側に向けて段階的に低くなっている（図8・2）．

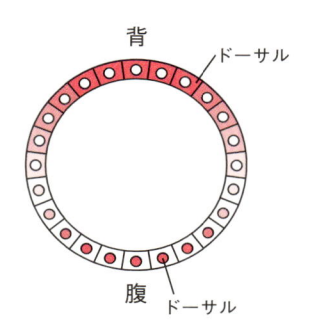

図8・2 核内ドーサルの背腹軸に沿った濃度勾配

核内における Dl の濃度勾配の形成には，囲卵腔に蓄えられた濾胞細胞からの情報と，伝言ゲームのような長い遺伝子発現調節のカスケードがかかわっている（5・5参照）．Dl タンパク質の合成と，核内 Dl の濃度勾配の形成には，受精後の胚の遺伝子発現は必要ではなく，母親の遺伝子（**母性遺伝子**）だけがはたらく．

8・2・1 核内ドーサルの濃度勾配形成機構

卵母細胞の形成過程で，卵母細胞の核は前方の最も背側に移動する．核はグルケン（Gurken）mRNA を合成し，背側前方の細胞質で分泌性のグルケンタンパク質が合成される．グルケンタンパク質は拡散し，背側から腹側にかけて濃度勾配が形成される．このグルケンタンパク質の濃度勾配が，長いシグナル伝達カスケードを介して，最終的に背腹軸に沿った胚の核の Dl

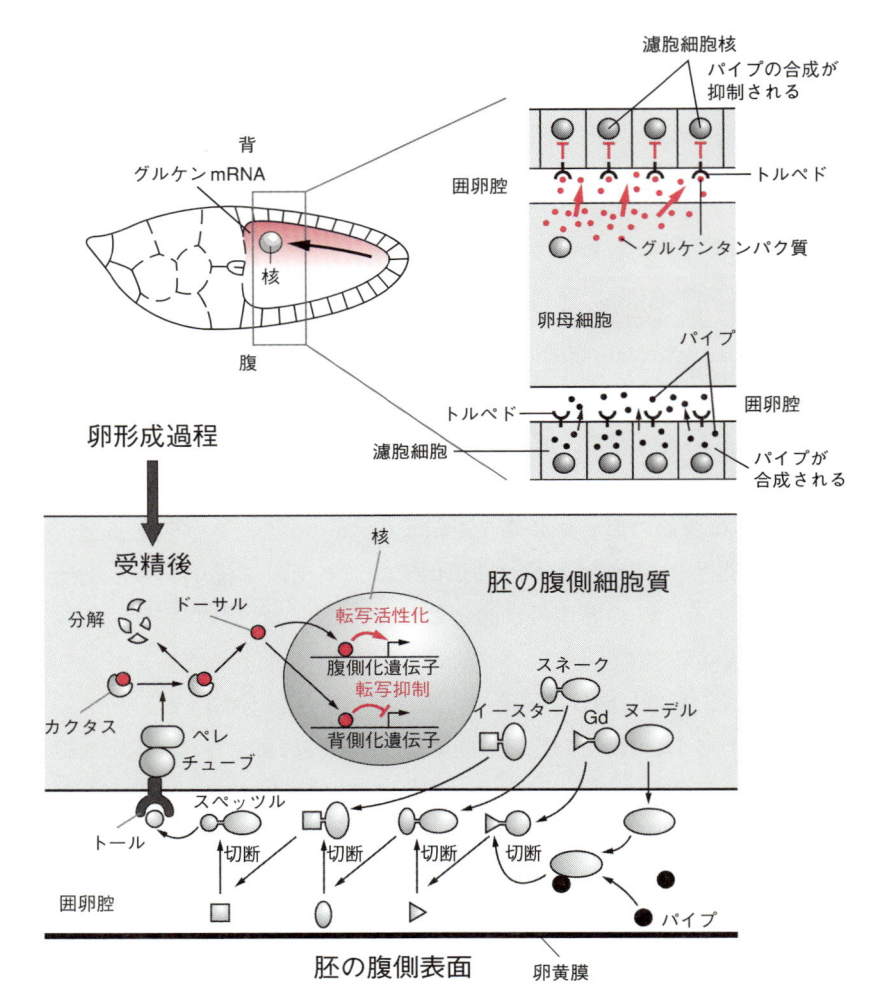

図8・3 核内ドーサルの濃度勾配形成機構
(1) 胚の腹側の細胞膜（胚の核はまだ細胞膜で隔てられていない）から，Ndl が囲卵腔に分泌される．また，胚から Gd，Snk，Ea も囲卵腔に分泌される．Gd，Snk，Ea は不活性型のセリンプロテアーゼとして分泌される．なお，合成されるタンパク質はいずれも母性 mRNA 由来である．
(2) パイプが Ndl と結合すると，Ndl が活性化され，Gd を特異的に切断する．
(3) 切断された Gd は活性型になり，Snk を特異的に切断する．
(4) 切断された Snk は活性型になり，Ea を特異的に切断する．
(5) 切断された Ea は活性型になり，卵形成期に腹側の囲卵腔特異的に分泌されていたスペッツル（Spätzle：Spz）を特異的に切断する．
(6) 切断されたスペッツルは活性型になり，卵の細胞膜にある受容体トール（Toll）に特異的に結合すると，トールは胚細胞内にシグナルを伝達する．

濃度勾配を形成する．

　卵母細胞の背側から囲卵腔に分泌されたグルケンタンパク質は，濾胞細胞の細胞膜受容体トルペド（Torped）に結合し，濾胞細胞のパイプ（Pipe）の合成を抑制する．卵母細胞の腹側からはグルケンタンパク質が分泌されないので，濾胞細胞から囲卵腔にパイプが分泌される．卵は，この状態で保育細胞と濾胞細胞から離れ，囲卵腔に包まれたまま産卵される．この時，あらかじめ雌が雄から受け取っていた精子により受精する．

　パイプは，胚から囲卵腔に分泌されたヌーデル（Nudel：Ndl）と結合すると，ガスツルレイションディフェクティブ（Gd）を切断して活性化する（2・4・9参照）．活性化 Gd はセリンプロテアーゼシグナル伝達系（スネーク（Snk），イースター（Ea））を介してスペッツル（Spz）を切断し，Spz の断片が胚の細胞膜にある受容体トール（Toll）に結合する．シグナルを受け取った Toll は細胞内のチューブ（Tube：Tbu）とペレ（Pll）を介してカクタス（Cact）をリン酸化する．Cact は Dl に結合して細胞質にとどめておくはたらきがある．Cact がリン酸化されると，リン酸が目印となって Cact が分解され，解放された Dl が核に入る．核に入った Dl は腹側化遺伝子の転写を活性化させ，背側化遺伝子の転写を抑制する（図 8・3）．

コラム．情報のクロストーク

　長い遺伝子カスケードは無駄にも思える．実際，背腹軸形成のカスケードを担う遺伝子が1つでも損なわれると，背腹のパターンが異常になる（表8・1参照）．もっと，簡略化してもよいかもしれない．しかし，次のように考えると，複雑そうに見えるカスケードの意味がわかる．背腹軸に沿った遺伝子発現だけを考えれば，一次元的機構で十分かもしれない．しかし，胚の前後軸に沿って見ると，同じ背や腹でも異なる形や機能をもつ組織や器官が形成されるのがわかる．また，発生の時間にともなって，それらの細胞ではたらく遺伝子が刻々と変わり，形も機能も変わってゆく．遺伝子の発現調節は四次元的に調節されているのである．

　長いカスケードを担うさまざまなタンパク質のそれぞれが，別のカスケードと

表 8・1　背腹軸形成にかかわる母性遺伝子

遺伝子（略称）	機能する場所	性質
突然変異を起こすと背側化する遺伝子		
dorsal（*dl*）	卵（胚）細胞内	転写因子
tube（*tub*）	卵（胚）細胞内	
pelle（*pll*）	卵（胚）細胞内	キナーゼ
Toll（*Tl*）	細胞膜	細胞膜受容体
pipe（*pip*）	囲卵腔	
nudel（*ndl*）	囲卵腔	分泌型セリンプロテアーゼ
snake（*snk*）	囲卵腔	分泌型セリンプロテアーゼ
easter（*ea*）	囲卵腔	分泌型セリンプロテアーゼ
gastrulation defective（*gd*）	囲卵腔	分泌型セリンプロテアーゼ
spätzle（*spz*）	囲卵腔	
突然変異を起こすと腹側化する遺伝子		
gurken	卵（胚）細胞内	EGF ホモログ
torpedo	濾胞細胞膜	EGF 受容体ホモログ
cactus（*cact*）	卵（胚）細胞内	
Toll^D（*Tl^D*）	細胞膜	ドミナント型 Toll

交差していて，情報のクロストークが行われている．その結果，複雑な形の個体をつくりあげることができるのである．

8・2・2　背腹軸に沿った遺伝子発現調節

核内 Dl の濃度によって発現する遺伝子が異なる．したがって，背腹軸に沿って細胞が分化することになり，腹側から中胚葉，グリア細胞，神経細胞，側部外胚葉，背側外胚葉，羊漿膜が形成される．

スネイル（*snail*：*sna*），ツイスト（*twist*：*twi*），ロンボイド（*rhomboid*：*rho*）は Dl により転写が活性化される．これらの遺伝子の転写調節領域と Dl の親和性は弱く，転写活性化には高濃度の Dl を必要とする．したがって，これらの遺伝子は Dl 濃度が高い腹側だけで発現し，背側では発現しない．また，活性化に必要な Dl 濃度が，これらの遺伝子間で異なるため，発現の領域が異なる．

Twi は中胚葉を形成する遺伝子を活性化し，Rho は神経外胚葉を形成す

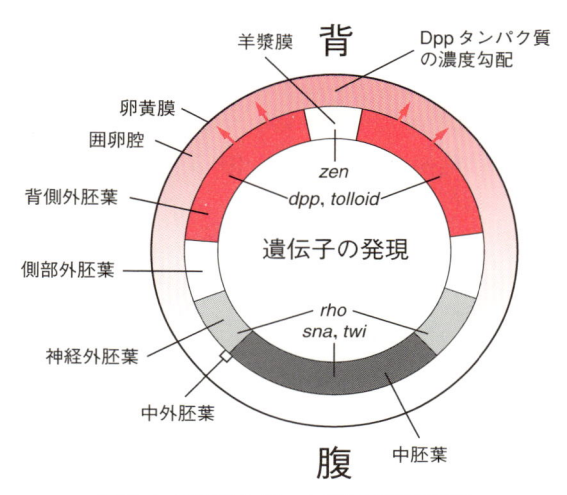

図8・4 背腹軸に沿った遺伝子発現調節

る遺伝子を活性化する．一方，Sna は非中胚葉で発現する遺伝子と，*rho* 遺伝子の発現を抑制する．これらの遺伝子の相互作用により，Sna と Twi が発現している最も腹側の領域が中胚葉になり，Rho だけが発現する領域が神経外胚葉になる．また，これらの領域の境界は中外胚葉となり，グリア細胞が形成される．

　Dl は背側を形成する遺伝子ツェアクヌルト（*zerknullt*：*zen*），デカペンタプレジック（*decapentaplegic*：*dpp*），トロイド（*tolloid*）を抑制する．背側では Dl が核内にないので，これらの遺伝子がはたらき，背側が形成される．Dpp は TGF-β（5・5・2参照）に属する分泌性のシグナル伝達分子であり，動物極から植物極に向けて囲卵腔内で濃度勾配を形成する．この Dpp 濃度の違いにより調節を受ける遺伝子が異なり，さらに背側の分化が進む．なお，*zen* 遺伝子のエンハンサーには，Dl 結合サイトの隣に別の因子が結合し，この因子と Dl が相互作用すると転写抑制因子グラウチョ（Groucho）が Dl に結合して，*zen* 遺伝子の転写を抑制することがわかっている（図8・4）．

8・3　前後軸形成

胚は，母親から与えられた前後軸に沿った位置情報をもとに，先節，頭部，胸部，腹部，尾節を分化させていく（図8・5）．

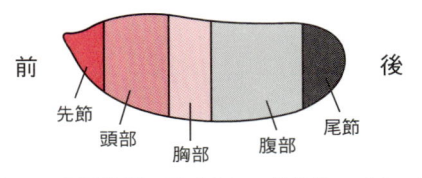

図8・5　母系情報で形成される前後軸のパターン

前後軸情報は転写因子**ビコイド**（Bicoid：Bcd）の濃度勾配として与えられ，後部の前後軸情報は翻訳調節因子**ナノス**（Nanos：Nos）の濃度勾配として与えられる．前部の前後軸形成にかかわる遺伝子群を**アンテリア（Anterior）グループ**といい，後部の前後軸形成にかかわる遺伝子群を**ポステリア（Posterior）グループ**という．

8・3・1　ビコイドの濃度勾配形成機構

bcd-mRNA は，卵形性の過程で，保育細胞から卵に輸送される．卵母細胞の細胞質にはエクスペランシア（Exuperantia：Exu）とスワロー（Swallow：Swa）が均質に存在する．これらのタンパク質は *bcd*-mRNA の 3′ 非翻訳領域の配列を認識して，*bcd*-mRNA を細胞骨格に結合させるはたらきがある．したがって，輸送された *bcd*-mRNA は卵の先端部にとど

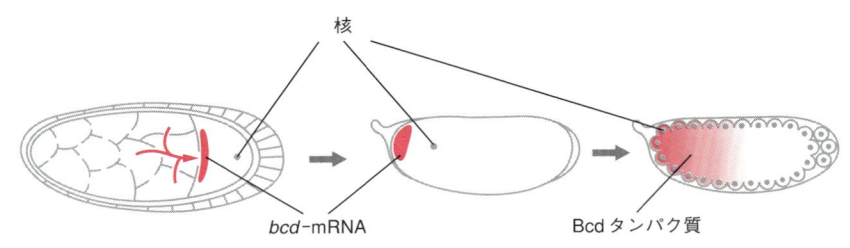

図8・6　ビコイドの濃度勾配形成機構
　Exu または Swa が機能しないと *bcd*-mRNA が卵全体に拡散する

まる．bcd-mRNA は受精するまで翻訳されない．受精とともに合成が開始された Bcd タンパク質は胚の先端から拡散し，後方に向けて濃度勾配が生じる（図 8・6）．Bcd の濃度によって，活性化される胚の遺伝子が異なるので，前後軸に沿った分化が起きることになる．これらの遺伝子の機能が 1 つでも欠失した母親から生まれた胚は，胚の前部が形成されない．

8・3・2　ナノスの濃度勾配形成機構

nos-mRNA も卵形性の過程で，保育細胞から卵に輸送され，後端に蓄積される．nos-mRNA の後端への輸送にはオスカー（Osker：Osk），バロア（Valois：Val），バサ（Vasa：Vas），チューダー（Tudor：Tud），スタウフェン（Staufen：Stau）が必要で，これらのタンパク質は nos-mRNA の 3′ 非翻訳領域の配列を認識して胚の後端に局在化させる．未受精卵ではナノス mRNA の 3′ 末端にはスマウグ（Smaug）タンパク質が結合しており，Nos タンパク質は合成されない．受精とともに合成が開始された Nos タンパク質は，胚の後端から拡散し，前方に向けて濃度勾配が生じる（図 8・7）．Nos の濃度に応じて，遺伝子の発現が調節され，前後軸に沿った分化が起きることになる．これらの遺伝子の機能が 1 つでも欠失した母親から生まれた胚は，胚の腹部が形成されない．

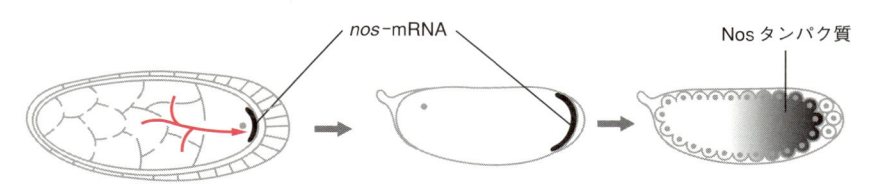

図 8・7　ナノスの濃度勾配形成機構

8・3・3　前後軸に沿った胚の遺伝子発現調節

ハンチバック（Hunchback：Hb）は頭・胸部の形成にかかわる遺伝子の発現を活性化する転写因子であるとともに，腹部形成にかかわる遺伝子の発

卵母細胞

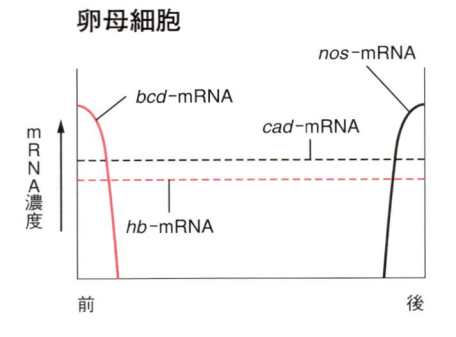

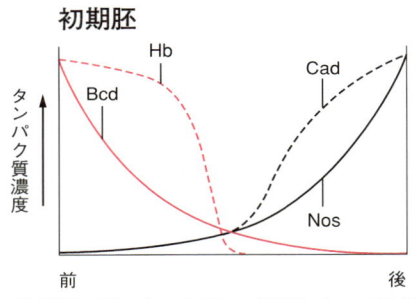

図中ラベル: *bcd*-mRNA, *nos*-mRNA, *cad*-mRNA, *hb*-mRNA, mRNA濃度, 前, 後

初期胚

図中ラベル: Hb, Bcd, Cad, Nos, タンパク質濃度, 前, 後

図8・8　前後軸に沿ったmRNAの蓄積とタンパク質の濃度勾配

現を抑制する転写因子でもある．*hb*-mRNAは卵形成過程で卵に均一に蓄えられているが，受精後はBcdが*hb*遺伝子の転写を活性化する．したがって，*hb*の発現量は，Bcdタンパク質の濃度に応じて胚の前部で高く，後部に向けて低くなる．

コーダル（*caudal*：*cad*）は腹部形成にかかわり，mRNAは卵に均一に蓄えられている．Bcdは転写因子として機能するばかりでなく，*cad*-mRNAの3′非翻訳領域に結合し，Cadタンパク質合成を抑制するはたらきもある．したがって，胚の前部には腹部が形成されない（図8・8）．

hb-mRNAは胚の中央部にもあるが，Nosが胚の中央部のHbタンパク質合成を抑制し，腹部形成にかかわる遺伝子を発現させている．*hb*-mRNAの3′非翻訳領域のNos応答配列には**パミリオ**（Pumilio：Pum）が

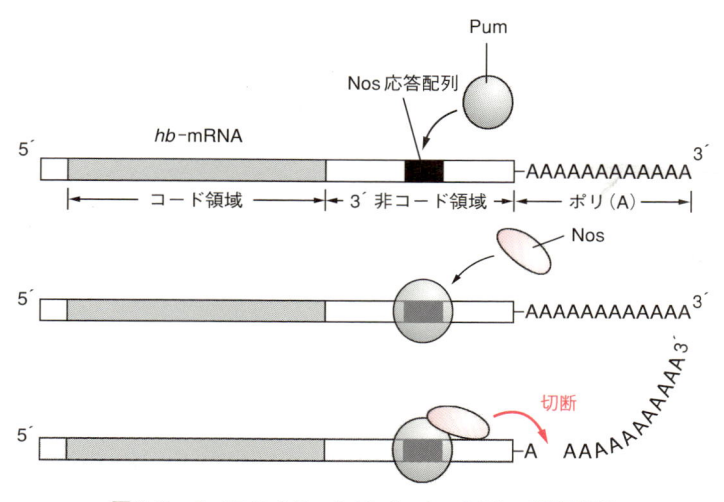

図8・9　ナノスによるハンチバックmRNAの翻訳抑制

結合しており，NosはPum結合活性がある．胚の後端から拡散してきたNosタンパク質がPumに結合すると，hb-mRNAのポリ(A)が分解され，Hbタンパク質の合成が抑制される（4・3・6参照）．その結果，胚の中央部でHbが消失し，Cadのはたらきにより腹部が形成される（図8・9）．

ボタンヘッド（buttonhead：btd），イーエムエス（empty spiracles：ems），オルソデンティクル（orthodenticle：otd）は，頭部の形成に必要な遺伝子であり，Bcdで転写が活性化される．これらの遺伝子の転写調節領域にあるBcd結合配列とBcdの結合力は弱く，遺伝子を活性化させるには高濃度のBcdを必要とする．したがって，胚の先端部だけで発現することになる．その結果，胚の先端に頭部が形成される．なお，これらの遺伝子の発現にはHbも必要である．

8・3・4　胚の両端部の遺伝子発現調節

胚の両端部の形成には**ターミナル（Terminal）グループ**とよばれる遺伝子群がかかわっている．卵母細胞の前端では濾胞細胞が中央に入り込んでお

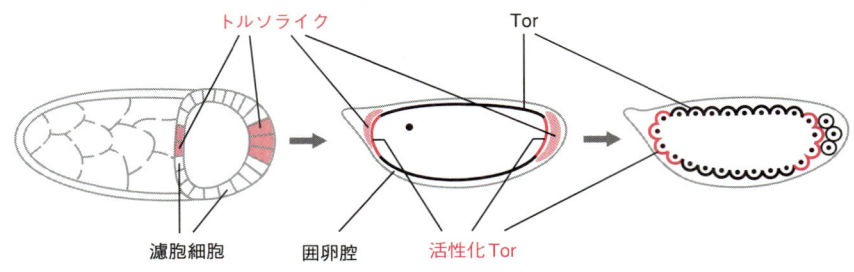

図8・10 両端部の遺伝子発現調節カスケード

表8・2 前後軸形成にかかわる母性遺伝子

遺伝子（略称）	表現型	機能と構造
アンテリア・グループ		
bicoid (bcd)	頭胸部の欠損 （尾節になる）	コーダルの抑制 hb, btd, ems, otd の活性化
exuperantia (exu)	頭部欠失	bcd-mRNA の固定
swallow (sw)	頭部欠失	bcd-mRNA の固定
ポステリア・グループ		
nanos (nos)	腹部欠失	hb の抑制
tudor (tud)	腹部と極細胞の欠失	ナノスの局在化
oskar (osk)	腹部と極細胞の欠失	ナノスの局在化
vasa (vas)	腹部と極細胞の欠失 卵形成不全	ナノスの局在化
valois (val)	腹部と極細胞の欠失 細胞化不全	ナノスの局在化
pumilio (pum)	腹部欠失	hb-mRNA へのナノス結合補助
caudal (cad)	腹部欠失	
ターミナル・グループ		
torso (tor)	両端部欠失	細胞膜貫通受容体
trunk (trk)	両端部欠失	トルソライクシグナルの伝達
fs (1) Nasrat [fs (1) N]	両端部欠失	トルソライクシグナルの伝達
fs (1) polehole [fs (1) ph]	両端部欠失	トルソライクシグナルの伝達

り，前端と後端の濾胞細胞からは囲卵腔にトルソライクタンパク質が分泌される．一方，卵形成過程で**トルソ**（Torso：Tor）mRNA が卵全体に蓄えられる．受精後，Tor タンパク質が合成され，細胞膜全体に分布する．Tor

は細胞膜貫通型受容体であり，トルソライクが Tor に結合すると，MAP キナーゼカスケード（5・5・1 参照）を経て，胚の核に向けてシグナル伝達される．その結果，両端部の形成にかかわるギャップ遺伝子（8・4 参照）テイルレス（*tailless*：*tll*）とハックベイン（*huckebein*：*hkb*）が活性化される．Tll と Hkb，Bcd が存在すると，先節を形成する遺伝子がはたらき，Bcd が存在しないと尾節を形成する遺伝子がはたらく（図 8・10，表 8・2）．

コラム．Bcd タンパク質と頭胸部形成

ビコイド欠損の母親が産んだ卵から形成される胚は，頭部，胸部がなく，中央部に腹部，両端に尾節がある胚になるが，卵の先端に *bcd*-mRNA を注入すると，正常な胚になる．また，中央に注入すると，中央に頭部，その両脇に胸部が形成される．正常な卵の後端に *bcd*-mRNA を注入すると，後端からも先節，頭部，胸部の順に形成され，前後対称の胚になる．このような実験からも，Bcd が頭胸部の形成に重要なはたらきをもつことが示される（図 8・11）．

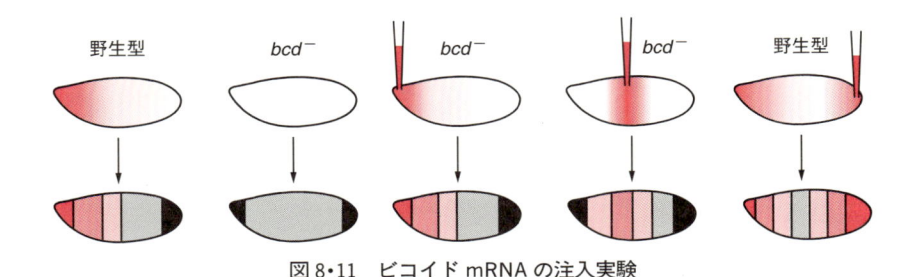

図 8・11 ビコイド mRNA の注入実験

8・4 前後軸に沿った分節化と分化

母性遺伝子のはたらきで前後軸が形成されると，次に，体の分節化が始まる．分節化にかかわる遺伝子群を**セグメンテイション**（segmentation）**遺伝子**といい，3 つに分類される．最初に**ギャップ**（gap）**遺伝子**がはたらき，胚は先節，頭部，胸部，腹部，尾節の 5 つに分化する．ギャップ遺伝子は母

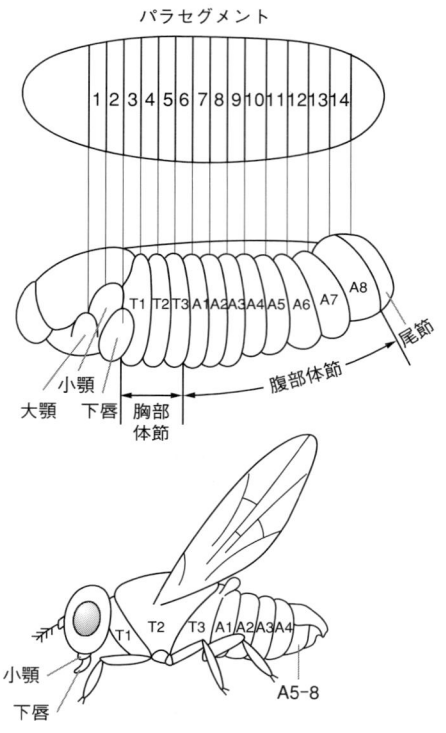

図8・12　セグメントとパラセグメント
前後軸に沿った分節は，セグメント（体節）を単位としているように見えるが，発生上の単位はパラセグメントであり，母性遺伝子から出発した遺伝子発現カスケードはパラセグメント単位で胚を分節化する．

性遺伝子タンパク質の濃度勾配によって発現調節を受けるので，ギャップ遺伝子タンパク質も濃度勾配を形成する．ギャップ遺伝子タンパク質の濃度に応じて，さまざまな**ペアルール**（pair-rule）**遺伝子**が，前後軸に直行するように7本のストライプとして発現する．奇数番目の**パラセグメント**（parasegment）で発現するペアルール遺伝子と，偶数番目のパラセグメントと，その境界で発現するペアルール遺伝子があり，胚は14本のストライプに区画化される．このときまでに，胚の細胞化は完了しており，以降，細胞間シ

グナル伝達を介した細胞分化が起きる（図8・12）．

ペアルール遺伝子タンパク質は**セグメントポラリティー**（segment polarity）**遺伝子**の発現を調節し，14個のパラセグメントをさらに細分化する．さらに，ギャップ遺伝子とペアルール遺伝子が協調的に**ホメオティック**（homeotic）**遺伝子**の発現を調節し，各体節に特徴をもたせていく．

8・4・1　ギャップ遺伝子

ギャップ遺伝子は最初に発現する胚の遺伝子であり，転写因子をコードしている．これらの遺伝子に欠損があると，その遺伝子が発現すべき領域のすべてが欠けた（ギャップがある）胚になることから命名された．高レベルのHbはジャイアント（*giant*：*gt*）遺伝子を活性化し，クナープス（*knirps*：*kni*）などの後部形成にかかわるギャップ遺伝子を抑制する．中レベルのハンチバックではクルッペル（*Krüppel*：*Kr*）が発現する．

母性遺伝子産物のコーダル（Cad）は後端で最も濃度が高い（8・3・3参照）．Cadは腹部形成にかかわる*kni*と*gt*遺伝子を活性化する．したがって，HbとCadで活性化される*gt*は胚の前部と後部の2か所で発現し，中央部で*Kr*，後部で*kni*が発現することになる．

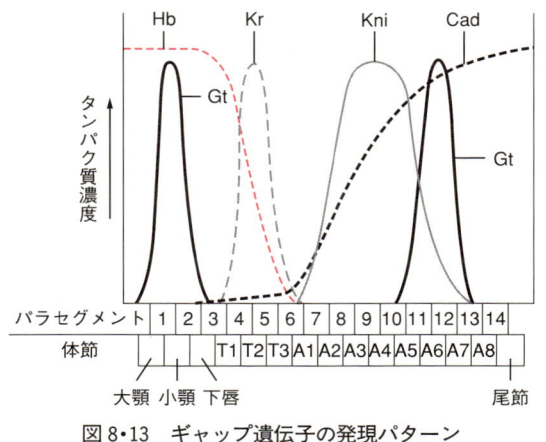

図8・13　ギャップ遺伝子の発現パターン

Kr 遺伝子の発現は高濃度の Hb, Gt, Kni, テイルレス (Tailless：Tll) で抑制される．一方，Kr は *gt* と *hb* 遺伝子の発現を抑制する．このように，ギャップ遺伝子は互いに影響しあい，それぞれのギャップ遺伝子の発現領域の境界を明確に規定している（図8・13）．

8・4・2　ペアルール遺伝子

ペアルール遺伝子も転写因子をコードしており，それぞれパラセグメントの奇数番目か偶数番目のいずれかで発現する．したがって，発現パターンは7本のストライプ状になる．イーブンスキップト (*even-skipped*：*eve*)，ヘアリー (*hairy*：*h*)，ラント (*runt*：*run*) は，ギャップ遺伝子産物により直接転写調節を受ける．これらは**一次ペアルール遺伝子**とよばれる．最も研究が進んでいる *eve* の転写調節領域について見てみよう．

eve は奇数番目のパラセグメントで発現する．*eve* は複数のエンハンサー

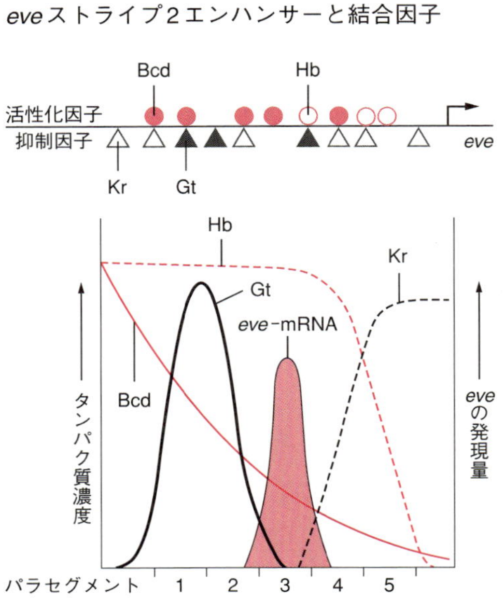

図8・14　ギャップ遺伝子の発現パターンとイーブンスキップト ストライプ2の発現

をもち，それぞれのエンハンサーは異なるストライプの発現を受けもつ．ストライプ2のエンハンサーは，Bcdの結合配列が5か所，Hbが3か所，Gtが3か所，Krが6か所ある．BcdとHbは転写活性化因子としてはたらき，GtとKrは抑制因子としてはたらく．したがって，BcdとHbが発現し，GtとKrが発現しないパラセグメント3で eve が発現する（図8・14）．

フシタラズ（*fusitarazu*：*ftz*）は，一次ペアルール遺伝子により発現調節を受ける**二次ペアルール遺伝子**である．*ftz*は最初，分節化した胚の領域のすべてで発現するが，一次ペアルール遺伝子産物が *ftz* のエンハンサーに結合すると，*ftz*の発現を抑制する．一方，Ftzタンパク質は *ftz* プロモーターに結合して転写を活性化する．その結果，*ftz* は偶数番目のパラセグメントで7本のストライプとして発現することになり，胚は14のパラセグメントに分節化される．なお，*ftz* は，欠損すると7本のストライプ（節）しか形成されないことから命名された（図8・15）．二次ペアルール遺伝子として他にペアード（*paired*：*prd*），スロッピーペアード（*sloppy-paired*：*slp*）などがある．

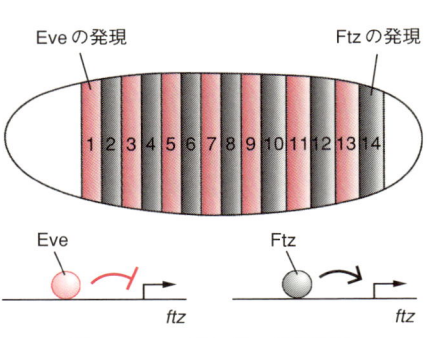

図8・15 *ftz*遺伝子の発現調節

8・4・3 セグメントポラリティー遺伝子

パラセグメントはセグメントポラリティー遺伝子により，さらに細分化される．セグメントポラリティー遺伝子のエングレイルド（*engrailed*：*en*）は転写因子をコードする遺伝子である．*en* はペアルール遺伝子のPrdの濃度が高く，EveまたはFtz濃度が高い細胞で発現する．その結果，Enは前後軸に直交するように14本のストライプとして発現することになる．Enの発現領域は各パラセグメントの前端となり，セグメントでは後端になる．

セグメントポラリティー遺伝子の**ウイングレス**（*wingless*：*wg*）と**ヘッジホッグ**（*hedgehog*：*hh*）はシグナル伝達経路にかかわるタンパク質をコードしており，細胞間相互作用を介してパラセグメント内の細胞のパターンを形成する．*wg* は Eve と Ftz の両方が発現しない領域で発現する．その結果，Wg は En が発現する領域のすぐ前の細胞で発現することになる（図8・16）．

ペアルール遺伝子のはたらきで *wg* と *en* 遺伝子の発現パターンが決まると，*wg* と *en* 遺伝子が相互に活性化することにより，これらの遺伝子の発現領域が維持される．その結果，ペアルール遺伝子による制御は，もはや必要ではなくなる．*wg* 発現細胞から Wg タンパク質が分泌され，隣の En 発現細胞の細胞膜にある Wg 受容体のフリッズルド（Frizzled）に結合すると，Wnt シグナル伝達系（5・5・3参照）が起動し，*en* 遺伝子の発現を活性化する．En は *en* 遺伝子を活性化するとともに，ヘッジホッグ Hh を発現させる．分泌された Hh は隣の Wg 発現細胞の Hh 受容体パッチト（Patched）に結合し，シグナル伝達経路を経て Wg の発現を活性化させる．

この遺伝子活性化回路が回り続けることで，Wg 発現細胞と En 発現細胞の位置が固定され，14本のパラセグメントの位置が確立する．Wg と Hh は相互に機能を抑制するので，隣り合った Hh（En）発現細胞と Wg 発現細胞は，反対向きにそれぞれの活性型タンパク質の濃度勾配を形成させるこ

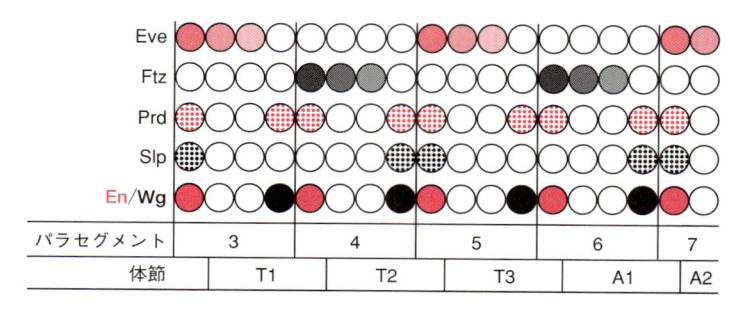

図8・16　ペアルール遺伝子による *wg*, *en* の発現調節

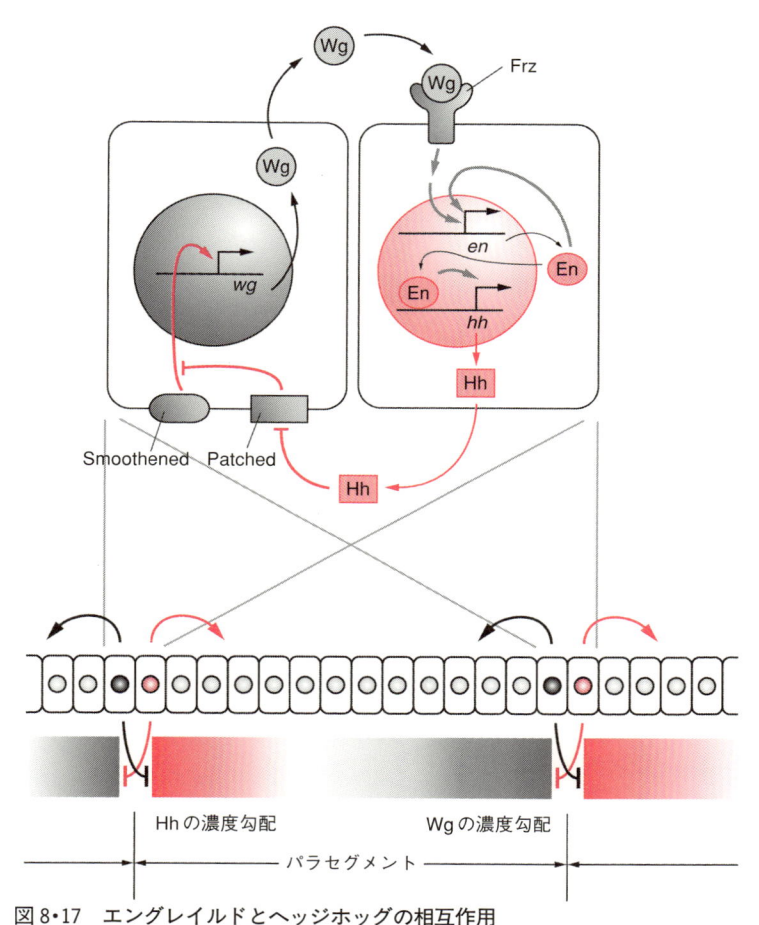

8・4 前後軸に沿った分節化と分化　　*171*

図 8・17　エングレイルドとヘッジホッグの相互作用
　Hh 発現細胞では，Wg により Hh の発現が活性化される．Hh は，Wg 発現細胞の Patched からの抑制シグナルを抑制する．その結果，Smoothened からのシグナルが *wg* に届き，*wg* が活性化する．

とになる．この時期までにパラセグメント内の細胞数は増加しており，Wgと Hh の濃度勾配が，パラセグメント内の細胞に位置情報を与え，細胞が分化する（図 8・17）．

8・5 ホメオティック遺伝子

ホメオティック遺伝子の産物は転写因子であり，体節に特徴を与えるはたらきがある．突然変異が起きると，体の一部が別の部分に変わること（**ホメオーシス**）から，ホメオティック遺伝子と名づけられた．ホメオティック遺伝子は第3染色体の2か所に連なっており，**アンテナペディア・コンプレックス**（antennapedia complex）と，**バイソラックス・コンプレックス**（bithorax complex）よばれる遺伝子群がある．2つの遺伝子群を含む領域を，**ホメオティック・コンプレックス**（homeotic complex：Hom-C）とよぶ（図8・18）．

8・5・1 ホメオティック・コンプレックスの構造と機能

アンテナペディア・コンプレックスは3′末端から，レイビアル（*labial*：*lab*），プロボシピディア（*proboscipedia*：*pb*），デフォームド（*deformed*：*Dfd*），エスシーアール（*sex combs reduced*：*Scr*），アンテナペディア（*Antennapedia*：*Antp*）の順に並んでいる．LabとDfdは頭部の体節を分

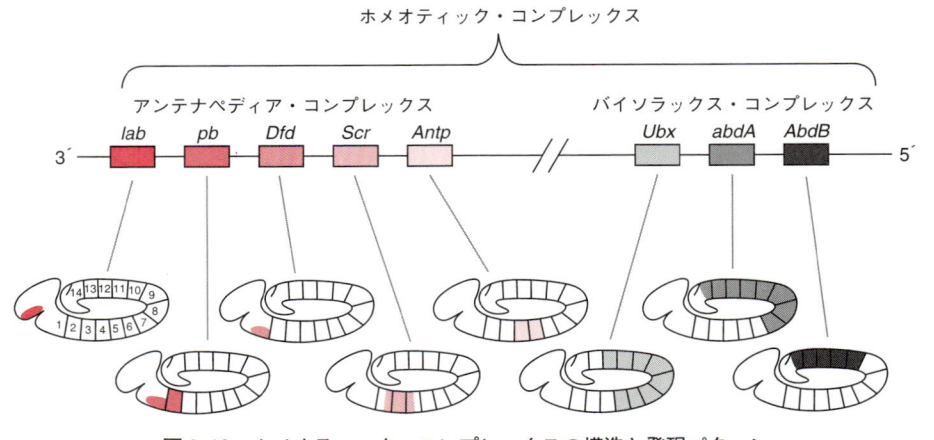

図8・18 ホメオティック・コンプレックスの構造と発現パターン

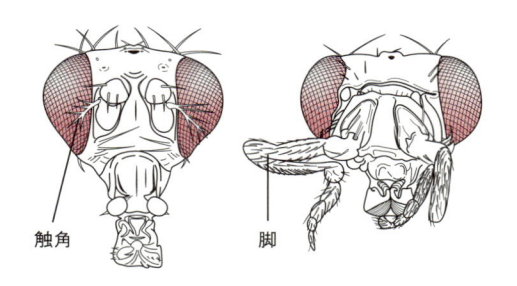

8・5 ホメオティック遺伝子

触角　　　　　脚

野生型　　　　Antp突然変異体

図 8・19　アンテナペディアと突然変異体

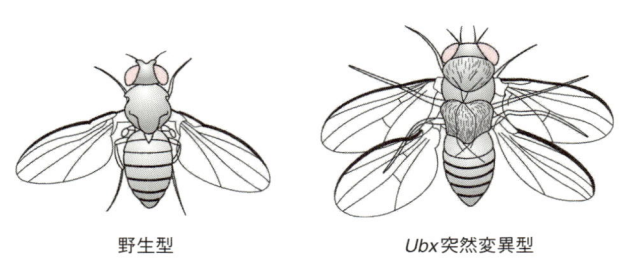

野生型　　　　Ubx突然変異型

図 8・20　ウルトラバイソラックスの突然変異体

化させ，ScrとAntpは胸部の体節を分化させる．正常なハエでは，Antpは第2胸節の形成にかかわるが，頭部でAntpを発現する突然変異体では，触角（アンテナ）となるべきところに脚ができる（図8・19）．逆に，Antpが欠損すると，第2胸節の脚の代わりに触角が形成される．pbは成体になってはじめて機能する遺伝子であり前端の口の形成にかかわる．

バイソラックス・コンプレックスは3′末端から，ウルトラバイソラックス（ultrabithorax：Ubx），アブドミナルA（abdominal A：abdA），アブドミナルB（Abdominal B：AbdB）の順に並んでいる．Ubxは，3番目の胸部体節の分化にかかわり，欠損すると，平均棍をもつ第3胸節の代わりに，翅をもつ第2胸節と同じ構造が形成される（図8・20）．abdAとAbdBは，腹部体節の分化にかかわる．

興味深いことに，ホメオティック・コンプレックスの各遺伝子の前後軸に

沿った発現領域の並び順と，遺伝子の並び順が一致している．

8・5・2　ホメオティック遺伝子の発現調節

　ホメオティック遺伝子の発現はギャップ遺伝子によって調節される．さらに，ホメオティック遺伝子とペアルール遺伝子によっても調節を受ける．たとえば，*abdA* と *AbdB* 遺伝子は，ギャップ遺伝子の Hb と Kr で抑制される（図 8・21）．その結果，頭胸部では腹部形成にかかわる遺伝子の発現が抑制される．

　Ubx 遺伝子は中程度の Hb で活性化されるので，胸部で発現することになる．一方，*Antp* 遺伝子は Kr で活性化され，バイソラックス・コンプレックスの遺伝子によって抑制される．*Ubx* の欠損で，胸部が 2 個形成されるのは，*Antp* が Ubx による抑制から解放され，*Ubx* が発現すべき領域まで発現するからである．ペアルール遺伝子の Ftz と Eve のはたらきにより，ホメオティック遺伝子の発現の境界が明確になり，発現はパラセグメント単位になる．

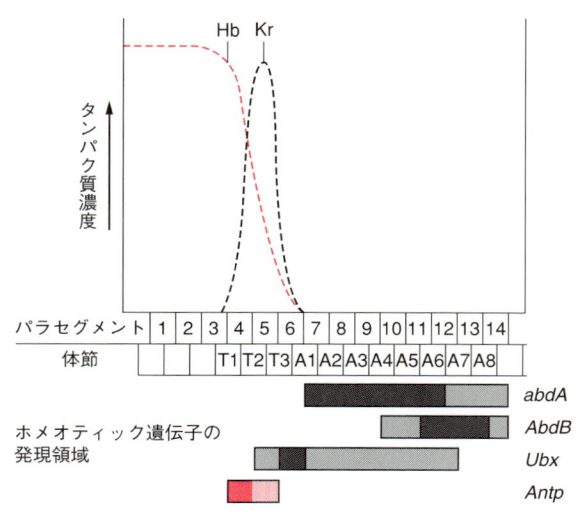

図 8・21　アブドミナル A とアブドミナル B 遺伝子の発現調節

ホメオティック遺伝子の発現パターンは，それぞれの遺伝子の産物が，その遺伝子の転写調節領域に結合して活性化する自己調節回路により維持される．また，**ポリコーム**（*Polycomb*：*Pc*）**ファミリー**と**トリソラックス**（*Trithorax*：*trx*）**遺伝子群**によって，さらに発現パターンが安定化する．Pcタンパク質は大きな複合体を形成してクロマチンを覆い，不活性化する．一方，Trxタンパク質はクロマチンに結合して構造をゆるめ，転写可能にするはたらきがある．

8・5・3 ホメオティック遺伝子の標的遺伝子

ホメオティック遺伝子の標的遺伝子はほとんど不明であったが，最近，徐々に明らかになってきた．

触角の形成にかかわるホモソラックス（*homothorax*）遺伝子の転写調節領域に，Antpが結合し，発現を抑制する．Ubxは*wg*遺伝子の転写調節領域に結合し，発現を抑制する．また，脚の形成にかかわるディスタルレス（*distal-less*）遺伝子のエンハンサーにはUbxとAbdAが結合し，転写を抑制する．

転写因子エキストラデンティクル（*extradenticle*：*exd*）はホメオティック遺伝子産物とヘテロダイマーを形成し，標的遺伝子の特異性を高めると考えられている．また，Exdはホメオティック遺伝子産物を転写抑制から転写活性化へ機能を転換させるはたらきもあることがわかってきた．

8・5・4 脊椎動物のホメオティック・コンプレックス

脊椎動物もホメオティック・コンプレックスをもっており，各遺伝子をまとめて**ホックス**（*Hox*）**クラスター**とよぶ．脊椎動物では遺伝子重複して*Hox-A*，*Hox-B*，*Hox-C*，*Hox-D*の4つのコンプレックスになっており，ショウジョウバエのホメオティック・コンプレックスと同様に，前後軸や四肢の基部先端軸に沿って領域特異的に発現する（図8・22）．

なお，ホックスの各遺伝子の前後軸に沿った発現領域の並び順と，遺伝子

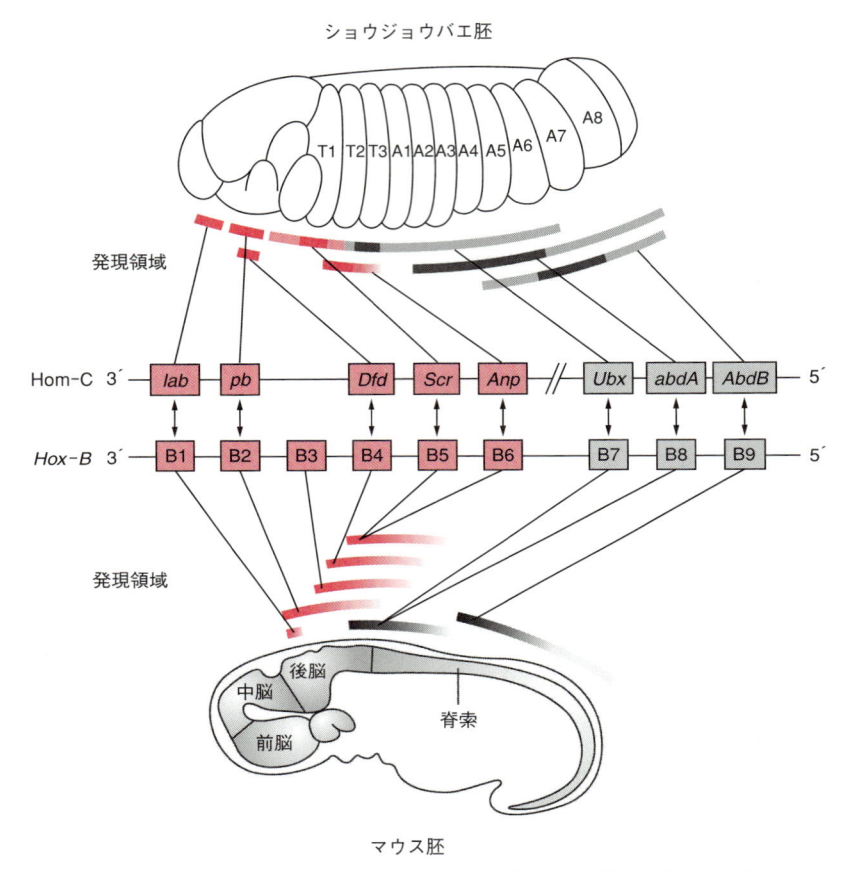

図 8·22　ホメオティック・コンプレックスと *Hox-B* の発現パターンの比較

の並び順も，ショウジョウバエのホメオティック・コンプレックスと同様に一致している．脊椎動物の *Hox* 遺伝子群も体軸に沿ったパターン形成にかかわることが明らかになっている．

DNA 再編成

　両親から譲り受けた遺伝子情報のほとんどは発生過程で変化することはない．しかし，一部ではあるが不可逆的変化を受ける遺伝子もある．
　脊椎動物では細菌やウイルス，カビなど，ある個体の構成要素とは異なる構造をもつ分子が侵入すると，個体はその分子を認識し，排除する．しかも，一度感染すると同じ外敵には感染しなくなる．これを**免疫**といい，免疫システムに認識される分子を**抗原**という．外敵の侵入に対して，脊椎動物は**抗体応答**と**細胞性免疫**で防御している．抗原となりうる構造は 10^8 個以上と推定されており，脊椎動物の個体は少なくとも 10^8 種類の抗原を認識する抗体と細胞性免疫システムをもっている．ヒトの遺伝子の数は約 2 万個しかないのであるから，すべての抗原に対応する抗体遺伝子をもっているはずはない．抗体産生細胞は抗原認識分子の遺伝子をランダムに再編成させ，多様な抗原に対処している．

9・1　抗体による免疫システム

　抗体応答ではたらく抗体は**免疫グロブリン**とよばれるタンパク質からできている．抗体は **B 細胞**とよばれる**リンパ球**でつくられる．抗体は血液や体液に乗って体中を循環しており，非自己分子（抗原）と特異的に結合する．抗体は，ウイルスや細菌などに結合して，細胞への侵入を妨げる．また，抗体が結合すると，それが目印になり，**貪食細胞**が認識して食作用によって外敵を破壊する．また，抗体の結合を目印として血液中の**補体**が貪食細胞の食作用を活性化するとともに，外敵微生物の細胞膜に穴をあけ死滅させる．

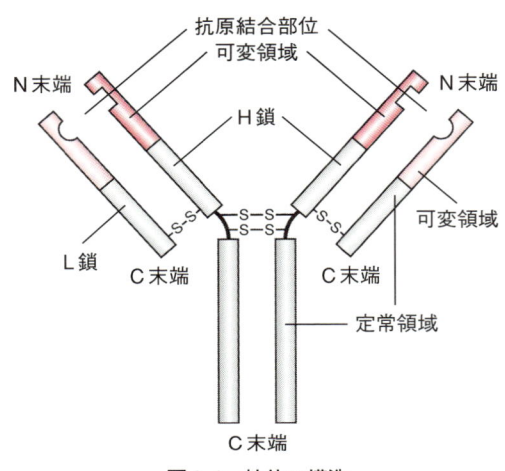

図9・1 抗体の構造

9・2 抗体の構造

抗体分子は約440個のアミノ酸からなる**H鎖**2本と約220個のアミノ酸からなる**L鎖**2本からなるY字型の分子であり，L鎖とH鎖はS-S結合している（図9・1）．L鎖とH鎖のいずれも，N末端側にある**可変領域**（アミノ酸配列が非常に変化に富む）と，C末端側にある**定常領域**（配列が一定）から構成されている．抗原結合部位はL鎖とH鎖の可変領域が会合してつくられる．H鎖の可変領域の種類は 10^4 あり，L鎖も 10^3 種類あるので，両者で形成される抗原結合部位は 10^7 種類となる．この組み合わせによる多様性が，無限といえるほどある抗原に対する特異抗体の分子的基礎になっている．

9・3 グロブリン遺伝子の構造とDNA再編成

H鎖の可変領域のエキソンはL，V，D，Jの4個の分節からなる．Lはリーダーペプチドでポリペプチドが完成する際に切り捨てられるので多様性

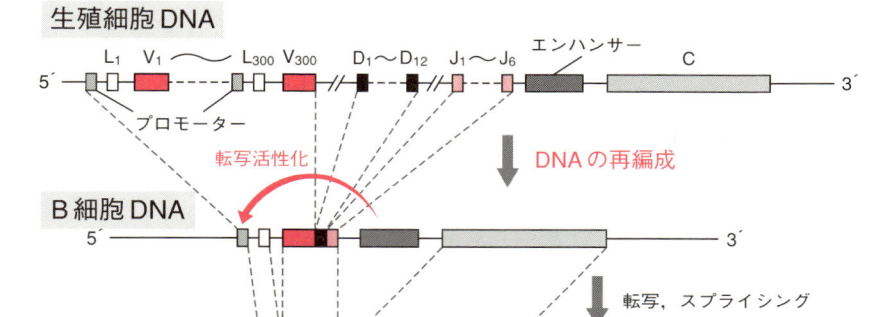

図9・2 グロブリン遺伝子の構造と DNA 再編成

には関係ない．マウスの場合，97アミノ酸をコードするVが約300種類，3〜14アミノ酸をコードするDが10〜12種類，15アミノ酸をコードするJが4〜6種類，それぞれクラスターを形成して直列につながっている．

造血幹細胞（すべての血液細胞をつくりだす多分化能細胞）からB細胞に分化するまでに，各B細胞ではV，D，Jのそれぞれからランダムに1個ずつエキソンが選び出され，連結される．その際，他の配列は捨てられる．この過程はRNAスプライシングではなく，ゲノムDNAの再編成である（図9・2）．この再編成により，少なくとも $300 \times 10 \times 4 = 12{,}000$ 通りのH鎖ができることになる．L鎖でも同様の再編成があり，約1000通りのL鎖ができる．H鎖とL鎖は独立した遺伝子の産物であり，これらが組み合わさって抗体を形成するので抗体の種類はそれらの積 1.2×10^7 になる．この他，V-D-J連結部の位置の変化や，可変部のエキソンに突然変異が集中して起きることなどにより，さらに多様性が増す．個々のB細胞では，抗体

遺伝子の組換えがランダムに起き，全部の B 細胞を合わせると 10^8 種類以上の抗体が産生される．したがって，個体にとって未経験の抗原（病原体）であっても，その抗原に反応できる抗体を産生する B 細胞が必ず存在することになる．

免疫グロブリン遺伝子は再編成によって多様性を獲得するばかりでなく，転写調節も行っている．H 鎖のプロモーターは L 分節の前にあり，エンハンサーは定常領域の C 分節のクラスターの前にある．それらは約 2000 kb も離れているため相互作用できずに転写を活性化することができない．B 細胞に分化すると遺伝子が再編成され，エンハンサーがプロモーターに近づいて相互作用できるようになり転写が可能になるのである．

コラム．モノクローナル抗体

1 種類の B 細胞は 1 種類の抗体しか産生しない性質を利用したのが**モノクローナル抗体**である．B 細胞は試験管の中で増殖させることができないが，同じ系統の細胞で，よく増殖するマウス骨髄腫（ミエローマ）細胞と融合させると，抗体を産生する形質と永続的な培養が可能な形質を合わせもつ雑種細胞を得ることができる．このクローン細胞は 1 種類の抗体だけを産生する．モノクローナル抗体は通常のポリクローナル抗体に比べて高い特異性を示す．

9・4　免疫記憶

各々の B 細胞は，細胞ごとに異なる特異抗体を細胞表面にもっているが，抗原（病原体または病原体が分解されてできたペプチド）が細胞表面の抗体と結合すると，その結合が刺激となって細胞増殖を始める（図 9・3）．このとき B 細胞は 2 種類に分かれる．1 つは特異抗体を分泌する**活性化細胞**であり，活性化細胞が爆発的に増えて，特異抗体が大量生産される．ヒトの場合，感染してから特異抗体を産生する B 細胞が増えるまでに約 1 週間かかる．

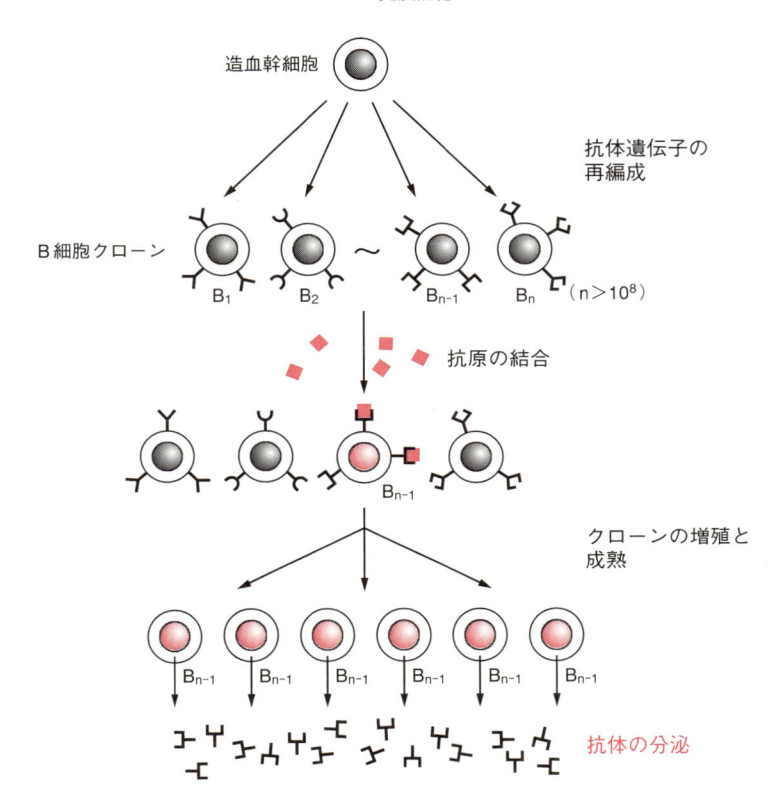

図9・3 特異抗体の産生

　もう一つは**記憶細胞**である．記憶細胞は，すぐには抗体を産生しないが，長期間存在し続け，同じ抗原に出会うと活性化細胞になる性質がある．一度感染した病原体にかかりにくいのは，同じ病原体に再度感染すると，あらかじめ準備していた記憶細胞が活発に増殖して活性化細胞になり，急速に特異抗体を産生するからである（図9・4）．ワクチンは記憶細胞のはたらきを応用した予防接種である．一方，活性化細胞は病原体が排除されると急速に消失する．プログラムされた細胞死によって無駄な抗体を産生するのを防いでいる．

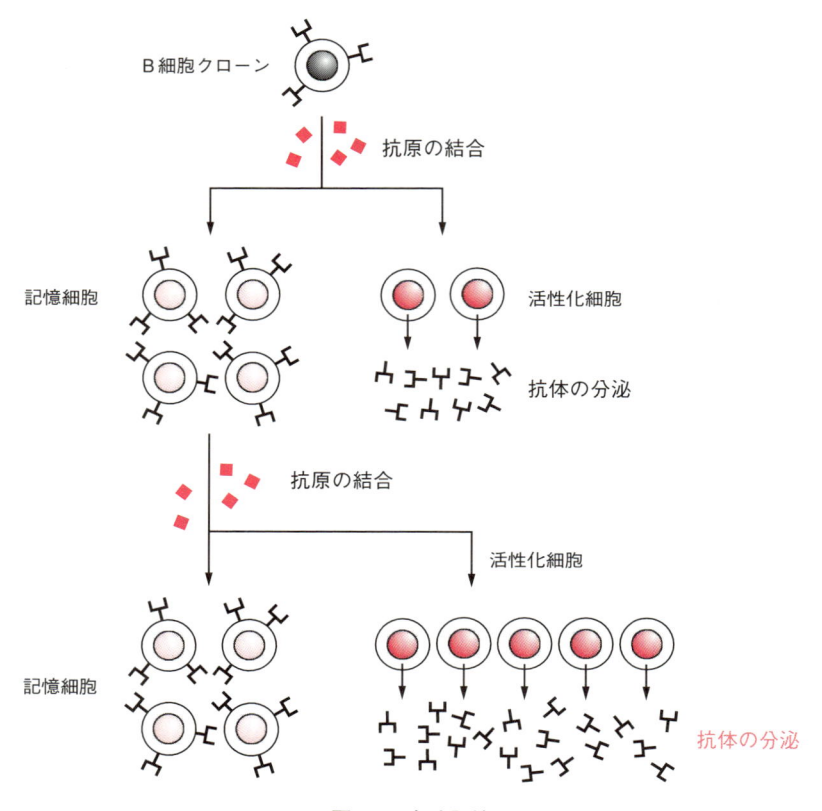

図 9・4　免疫記憶

コラム．HIV ウイルス

　感染したことのある同じ種類のウイルスにも再び感染することがしばしばある．また，ワクチンを接種しても有効でない場合が多い．それは，ウイルスはウイルスの表面を覆っているタンパク質の抗原性を DNA 再編によって頻繁に変え，あらかじめ準備された抗体の攻撃をかわしているからである．特に，エイズの原因ウイルス HIV はインフルエンザウイルスの 5 倍の変異率で表面抗原の形を変える．これは，通常の遺伝子の変異率の約 100 万倍になる．撲滅がむずかしい原因の 1 つは，この変異率の高さにもある．

10 がんと遺伝子

　発生過程では，細胞は分裂を繰り返し，その数を増やしながら細胞を分化させていくが，成体になると，増殖速度が遅くなり，細胞増殖と細胞死の割合が等しくなる．その結果，組織や器官は一定の大きさや形に保たれる．細胞は，細胞間コミュニケーションによって細胞増殖をコントロールしているのである．

　遺伝子の突然変異により，無秩序に細胞が増殖する場合がある．そのような細胞の集団を**腫瘍**といい，生命にさし障りがないものもあれば，全身に広がって死に至らしめるものもある．悪性の腫瘍を**がん**といい，正常に機能し

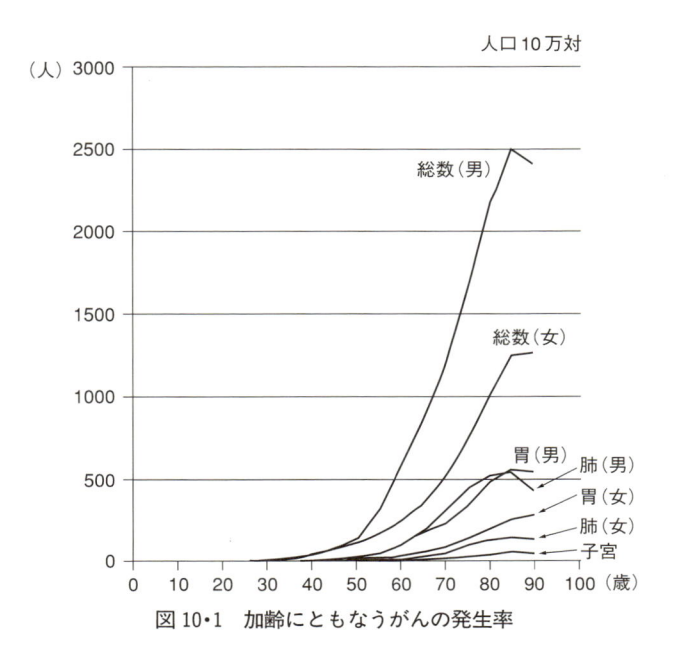

図10・1　加齢にともなうがんの発生率

ない細胞が組織や器官に浸潤して，生命活動を脅かす．生殖細胞の遺伝子の突然変異は遺伝病を引き起こすが，がんの多くは体細胞の遺伝子の変異による．加齢とともにがんの発生率が増加するのは，がんは複数種類の遺伝子変異が積み重なって生じるからである（図10・1）．

10・1　がん原遺伝子

がん遺伝子の大部分は，細胞増殖の調節にかかわる正常な遺伝子に由来する．正常な遺伝子に変異が入り，その結果，増殖シグナルを過剰に発するようになると，がんが引き起こされる．正常細胞では細胞増殖の調節にかかわり，**機能獲得型突然変異**によりがん遺伝子に転換する遺伝子を**がん原遺伝子**という．がん原遺伝子のがん遺伝子への転換は，以下の3つの機構によって起こる．(1) がん原遺伝子のコード領域の突然変異により，構成的（常に）活性型タンパク質が合成される．(2) がん原遺伝子の**遺伝子増幅**により，細胞増殖を促進するタンパク質が過剰生産される．(3) **染色体転座**により，がん原遺伝子が別の遺伝子のエンハンサーの支配下に入り，活発に転写されるようになったため，細胞増殖を促進するタンパク質が過剰生産される（図10・2）．

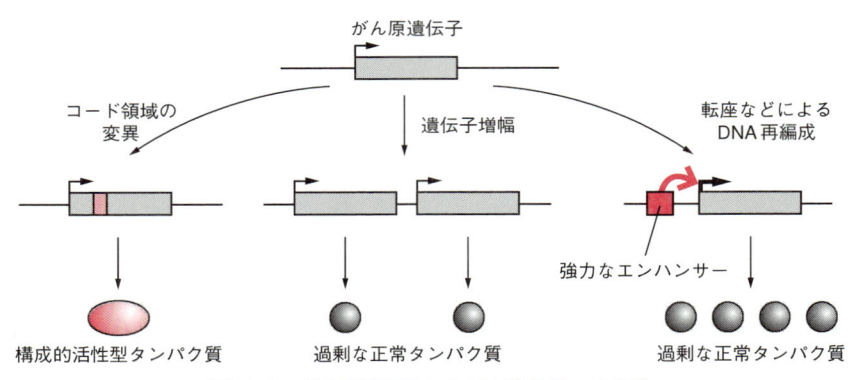

図10・2　がん原遺伝子からがん遺伝子への転換

10·1 がん原遺伝子

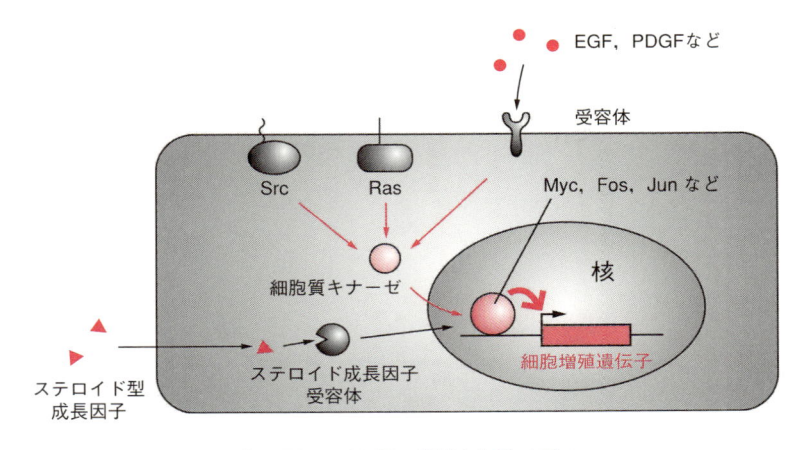

図10·3 がん原タンパク質の機能と細胞内局在
　図の説明：括弧内はがん原遺伝子名
　増殖因子 PDGF（*sis*）
　増殖因子受容体：EGF 受容体（*erbB*）
　GTP 結合タンパク質：Ras（*ras*）
　細胞膜・細胞骨格結合キナーゼ：Src タンパク質キナーゼ（*src*）
　細胞質キナーゼ：Raf（*raf*）
　ステロイドホルモン受容体：甲状腺ホルモン受容体（*erbA*）
　転写因子：Myc（*myc*），Fos（*fos*），Jun（*jun*）

　Src は細胞膜の脂質および細胞膜タンパク質と結合して，細胞膜の内側に存在する．Src はチロシンキナーゼ活性をもち，細胞膜受容体が受け取ったシグナルを伝達するはたらきがある．*src* に変異が入り，構成的キナーゼ活性をもつ Src が発現すると，過剰な細胞増殖が引き起こされ肉腫を生じる（図 10·3）．

　Ras は細胞膜の脂質に結合し，細胞膜の内側に存在する（5·5·1参照）．Ras は増殖因子のシグナルを伝達するはたらきがあり，GTP が結合すると活性化し，GDP が結合していると不活性化する．*ras* に変異が入り，GTP の加水分解活性が抑制された Ras^D になると，増殖シグナルを核に送り続けることになり，がん化する可能性が高くなる．

　myc は，G_0 から S 期に移行させる遺伝子群を活性化する転写因子 Myc をコードしており（3·3·1参照），*myc* が過剰発現すると細胞が無秩序に

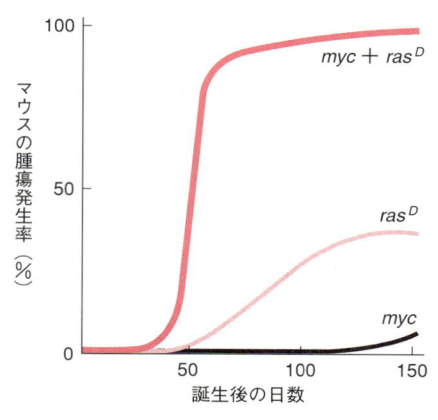

図 10・4　がん原遺伝子の相乗作用

増殖する．

　サイクリン D は**細胞周期チェックポイント**の通過に必要である（3・3・3 参照）．染色体転座などにより，サイクリン D 遺伝子が強力なエンハンサーの支配下におかれると過剰発現し，DNA に損傷があっても細胞が増殖する．その結果，異常な遺伝子をもつ細胞が生じ，がん化する原因になる．

　これらの遺伝子を単独で強制発現させても，がん化するのはまれである．がん化するには複数のがん遺伝子の過剰発現を必要とする（図 10・4）．

10・2　ウイルスによるがん化

　レトロウイルスのゲノムは RNA であるが，自身がコードする逆転写酵素により，ウイルスゲノムを DNA に変え，宿主染色体 DNA に入り込む．宿主 DNA からウイルスが飛び出すときに，ウイルスは宿主 DNA 情報の一部をウイルスゲノムに取り込むことがある．取り込まれた宿主 DNA 情報に，細胞増殖を活性化する遺伝子があり，しかも調節機能を担う部分が欠失していると，そのウイルスが次に感染した細胞は制御不能の細胞増殖遺伝子をもつことになる．

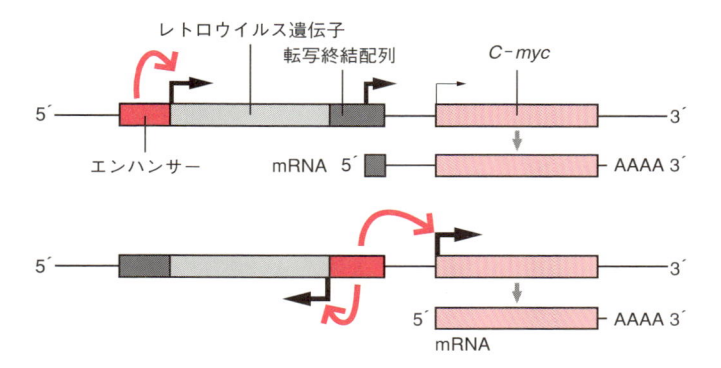

図10・5　レトロウイルス挿入によるがん原遺伝子の活性化

　また，細胞増殖を活性化する遺伝子の近くにレトロウイルスゲノムが組み込まれると，本来は転写終結にはたらく配列が，強力なプロモーターとしてはたらくことがあり，その場合は過剰に細胞増殖因子が発現される．細胞増殖因子の遺伝子とは逆向きにウイルスゲノムが挿入されたとしても，ウイルスエンハンサーの影響を受け，細胞増殖因子が過剰に発現され，がんが発生することもある（図10・5）．

　SV40やパピローマウイルスなどのDNAウイルスが細胞に感染すると，爆発的に増殖し，細胞は死滅する．しかし，まれに増殖せずに宿主DNAに取り込まれることがあり，そのような細胞は生き残る．ウイルスゲノムDNAはDNA複製を活性化する遺伝子（がん遺伝子）をコードしているので，細胞は形質転換し，腫瘍を形成する．

10・3　がん抑制遺伝子

　がん遺伝子が活発化しても，**がん抑制遺伝子**がはたらけば，がんの発生を阻止することができる．しかし，がん抑制遺伝子の機能が喪失すると，がんが生じる確率が非常に高くなる．がん抑制遺伝子は4つに分類される．(1) 細胞増殖を抑制するシグナル受容体．(2) DNAや染色体の損傷があると，

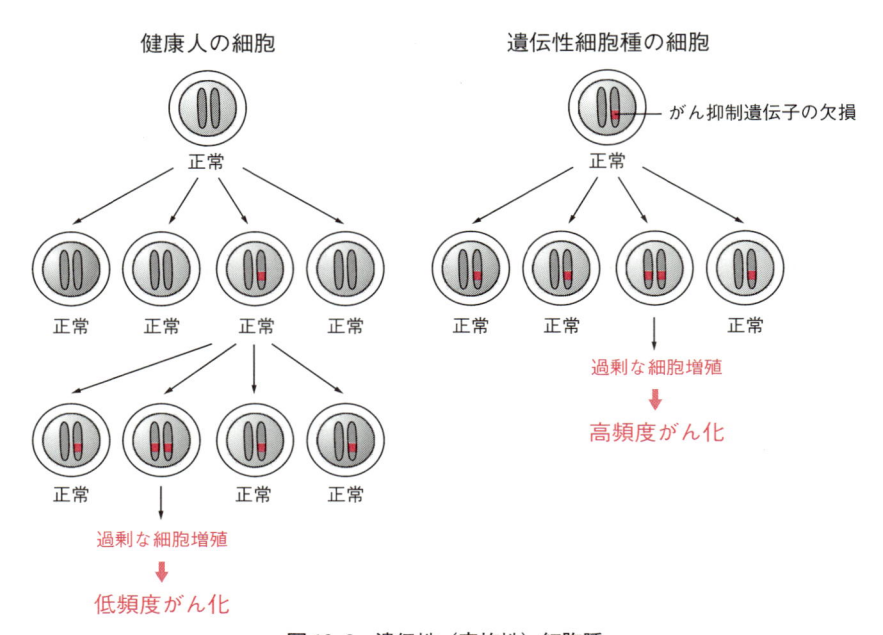

図 10・6　遺伝性（家族性）細胞腫

細胞周期を停止させる因子．(3) アポトーシス促進因子．(4) DNA 修復因子．

　正常な遺伝子を受け継いだ体細胞では，がん抑制遺伝子に変異が入ってもヘテロなのでがんにならない．欠損型がん抑制遺伝子を遺伝的に受け継ぐと，たとえヘテロであっても，60 兆個もある体細胞のどれかで，対立遺伝子として残っている正常ながん抑制遺伝子に変異が入る確率が非常に高い．変異がホモになると，その個体は高頻度でがんを発生することになる（図 10・6）．

　APC（Adenomatous Polyposis Coli）が欠失すると大腸がんを引き起こす．APC はがん原遺伝子 *myc* の発現を活性化する Wnt シグナル伝達を遮断するはたらきがある（5・5・3 参照）．したがって，APC 機能が消失すると無秩序な DNA 複製が始まる．

TGF-βはさまざまな機能をもつ分泌性タンパク質であり（5・5・2参照），上皮細胞と免疫系細胞の細胞増殖抑制能もある．TGF-βはSmadを介して，$p15$の転写を活性化する．$p15$はG_1サイクリン依存性キナーゼを抑制し，細胞をG_1期で停止させるはたらきをもつ．TGF-β，またはSmadに変異が入り，不活性型になるとさまざまながんが生じる．

Rbは網膜芽細胞腫（Retinoblastoma）の原因遺伝子である．Rbは体のすべての細胞で発現しており，細胞周期の進行を妨げるはたらきがある．RbはG_0期の細胞では，細胞増殖を促進する遺伝子（*myc*など）の転写活性化因子EF 2に結合し，EF 2を転写抑制因子に変えている．増殖シグナルを細胞が受け取るとRbはリン酸化され，EF 2への結合能力を失う．その結果，細胞はS期に移行する．Rbのリン酸化を受けるアミノ酸に変異が入ると，細胞増殖を続けることになる．

p 16はサイクリンDと結合し，サイクリンD依存性キナーゼ活性を抑制する．*p16*の欠損はサイクリンDの過剰発現と似た状態になり，Rbを過剰にリン酸化させ，EF 2を活性化させることになる．

p 53はDNA損傷があると，細胞増殖を促進する遺伝子の発現を抑制し，細胞をG_1期で停止させる．また，アポトーシスにかかわる遺伝子を活性化させ，細胞を自殺させるはたらきがある．なお，アポトーシスを抑制するBcl-2を強制発現させると，がん化が促進される．

*RAD*遺伝子群は，紫外線や放射線により損傷したDNAを除去修復する．*RAD*が損傷すると色素性乾皮症になり，日光にあたるだけで悪性黒色腫や扁平上皮がんなどになる．

11 ゲノムの進化

最初の真核生物が生まれてから14億年，生物は遺伝情報を増大させ，複雑化させて，多様な動植物を生み出した．

11・1 遺伝情報の重複と再編成

最も単純な真核生物の酵母のゲノムサイズは$1.2×10^7$であるが，ヒトは酵母の200倍以上の$3×10^9$である．進化の過程で遺伝情報を増加させたことは事実であるが，そのしくみは明らかではない．しかし，最近の遺伝子科学の知識から機構を予測することができる．

遺伝情報に変異が入ると，多くの場合，生命活動に支障が生じ，子孫を残せないことが多い．したがって，選択圧によって遺伝情報が保存されることになる．しかし，遺伝子が**重複**すると，新しく得た遺伝子に変異が導入されても，もとの遺伝子が正常ならば個体は生存し，子孫も残すことができる．遺伝情報のバックアップがあれば，選択圧がかからないために，新たに得た遺伝子に変異が蓄積されるのである．たまたま有用な遺伝子ができると，その個体の子孫が繁栄し，新たに得た遺伝子が優先的に受け継がれることになる．

11・1・1 ゲノム全体の重複

現存する動植物のゲノムを調べると，染色体が倍数になっている**同質倍数体**がみられる．減数分裂の過程で誤りが生じ，配偶子が一倍体ではなく二倍体になると同質倍数体が生じる（図11・1）．同質倍数体の遺伝情報は，単に増えただけで，もとの生物と質的には同じであるが，もとの生物とは交配

DNA複製

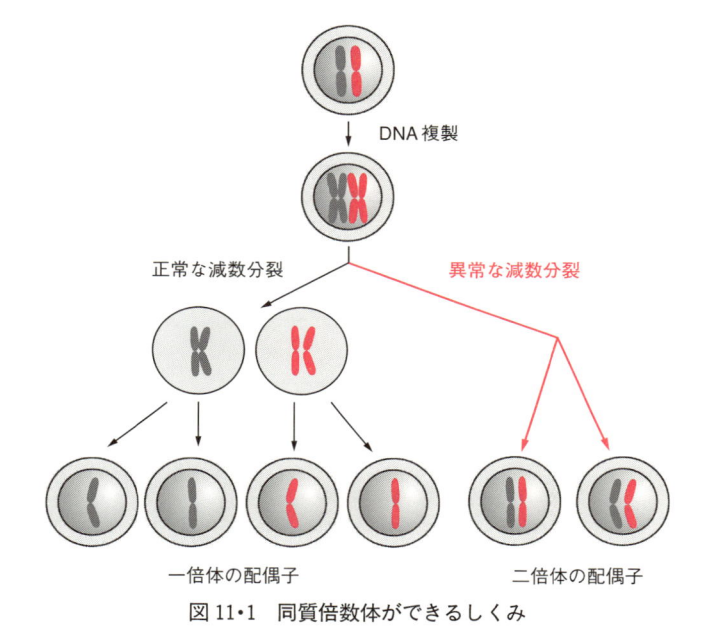

正常な減数分裂　　　異常な減数分裂

一倍体の配偶子　　　二倍体の配偶子
図11・1　同質倍数体ができるしくみ

することができない．したがって，種分化が起きることになる．

11・1・2　遺伝子の重複

　高等な生物ほど，1つのゲノム内によく似た遺伝子が複数個存在する．これは進化の過程で，遺伝子単位で重複が起きていることを意味している．起源が1つで，よく似た遺伝子をまとめて**遺伝子ファミリー**という．

　同じ配列があると遺伝子の組換えが起きやすい．高等真核生物のゲノムには同じ配列が繰り返す**反復配列**がゲノム全体に散在しており，反復配列のあるところでは組換えが高頻度で起きる．減数分裂の過程で，相同染色体上の異なる遺伝子の周辺に同じ反復配列があると，一対の相同染色体間で不等交叉が起き，一方の染色体に遺伝子重複が起きることがある．また，同一の染色体が複製してできた染色分体間で不等交叉と同様の遺伝子交換が起きる場合もある（図11・2）．

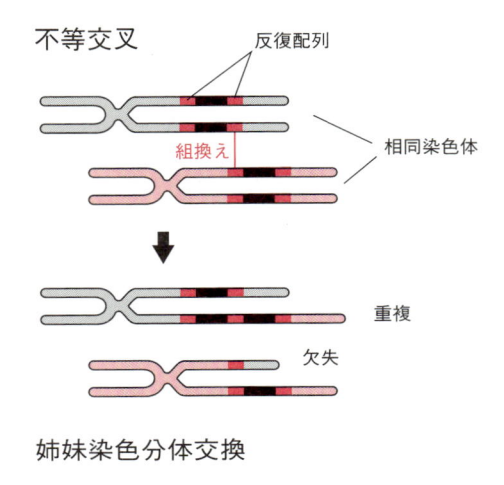

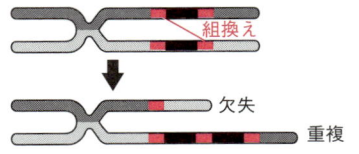

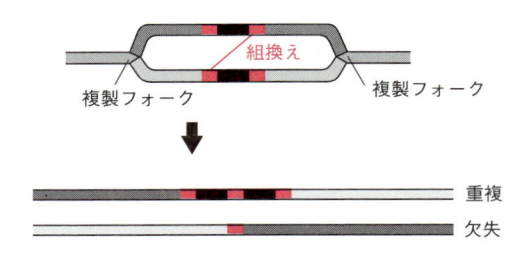

図11·2　遺伝子重複

11·1·3　遺伝子の再編成

タンパク質の機能は**ドメイン**の組み合わせによって決まる（2·4·5参照）．高等真核生物の遺伝子はイントロンを多くもっており，多くのイント

11・1 遺伝情報の重複と再編成

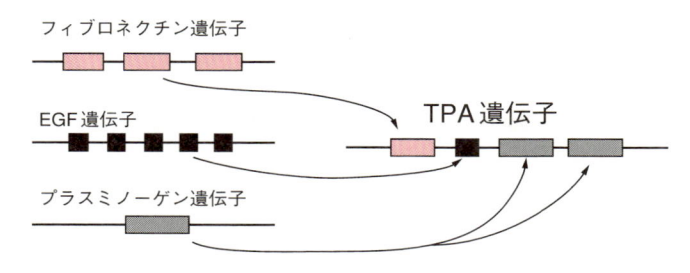

図11・3 ドメイン混合によるTPA遺伝子の進化

ロンには反復配列が含まれている（5・1参照）．不等交叉などにより，ドメインをコードする配列の重複や，混合が起きて新しいタンパク質をコードする遺伝子がつくられる．

コラーゲンは-（グリシン-プロリン-ヒドロキシプロリン）-の3アミノ酸が繰り返しており，α2Ⅰ型コラーゲンでは繰り返しが338個ある．コラーゲンはドメインの重複によって進化したと考えられる．

組織プラスミノーゲン活性化タンパク質TPA（Tissue Plasminogen activator）は血液凝固反応と細胞増殖を活性化する機能をもつ．TPAは4つのエキソンからなり，第1エキソンはフィブリン結合タンパク質のフィブロネクチンに由来する．第2エキソンは増殖因子EGF（5・5・1参照），第3・第4エキソンはプラスミノーゲン遺伝子のフィブリン結合ドメインをコードしている．これらのドメインが混合されたことにより，TPAが進化したと考えられる（図11・3）．

11・1・4　トランスポゾンを介したDNA再編成

転移性の遺伝因子**トランスポゾン**は，遺伝子に挿入されると遺伝情報を分断する．したがって，個体にとっては非常に危険であるが，長い進化の過程では進化を促進する．染色体の交叉は，同じかよく似た配列のところで起きる．トランスポゾンが複数の染色体，または同一染色体の複数箇所に挿入されると，挿入されたトランスポゾンのところで組換えが起きることがある

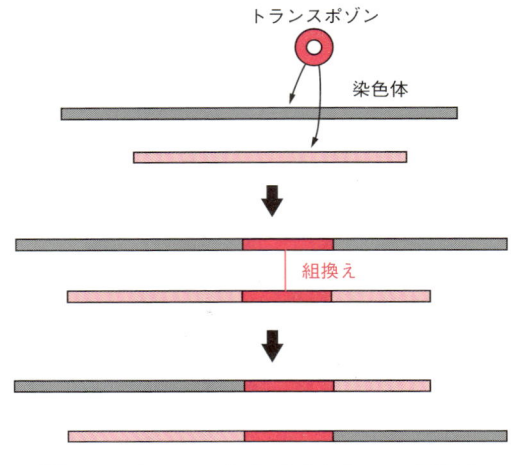

図11・4　トランスポゾンを介した DNA 再編成

（図 11・4）．多くの場合は，この組換えは有害であるが，まれに有利なことがあると子孫に優先的に受け継がれ，遺伝子が進化することになる．

11・2　分子系統樹

　ある特定のタンパク質のアミノ酸配列や，その情報を担う DNA の塩基配列を，さまざまな生物の間で比較してみると，近縁度の高い種間ほど配列の共通性が高いことがわかる（図 11・5）．このことは，これらの配列が共通の配列から順次変化して，種ごとの特有の配列ができてきたこと，また，タンパク質や DNA の塩基配列の置換は時間あたり一定の確率で起きることを意味している．塩基配列やアミノ酸配列は，形態や機能の比較に比べ，不確定要素が少ないため数理的解析や統計的な解析が可能であり，詳細に進化を論じることができる．したがって，どのような枝分かれの順序（進化の分岐パターン）で生物がつくり出されたのか，またその分岐が起きたのはいつか（絶対年代）を推定することが可能になった．

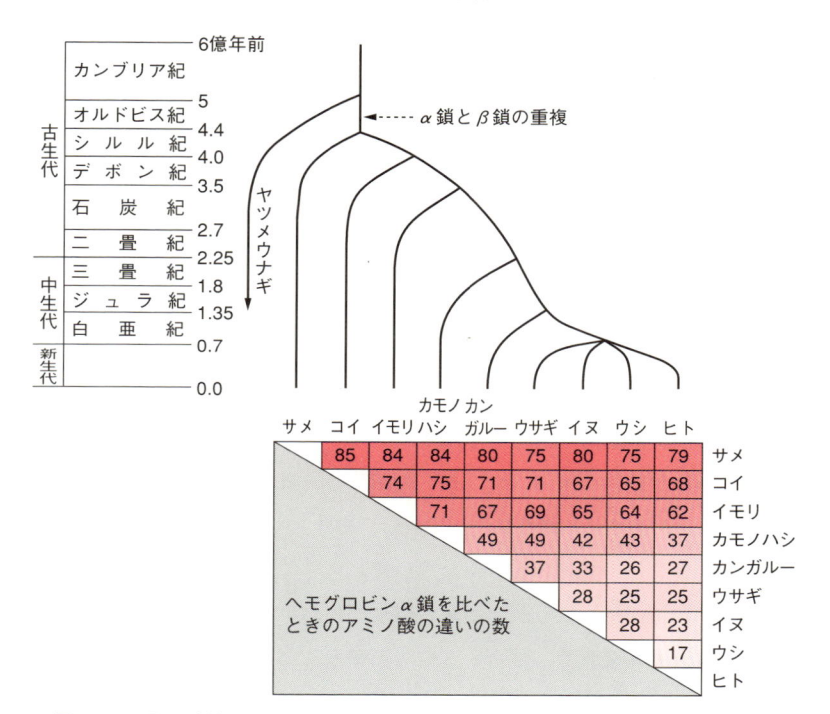

11・5 分子系統樹

ヘモグロビン α 鎖の比較による脊椎動物の系統樹を示す．分岐してからの時間の長さを反映してアミノ酸が変わっている（木村資生編「分子進化学入門」培風館より改変）

	サメ	コイ	イモリ	カモノハシ	カンガルー	ウサギ	イヌ	ウシ	ヒト
サメ		85	84	84	80	75	80	75	79
コイ			74	75	71	71	67	65	68
イモリ				71	67	69	65	64	62
カモノハシ					49	49	42	43	37
カンガルー						37	33	26	27
ウサギ							28	25	25
イヌ								28	23
ウシ									17

ヒトのルーツなど，種内のゲノムを比較するには，高度に変化している遺伝子を調べる必要がある．細胞がもつDNA修復機構の大部分がミトコンドリアにはない．したがって，ミトコンドリアゲノムは遺伝子の変異を蓄積しやすく，**分子時計**として用いられる．また，ミイラや化石など，微量しか残されていない組織から遺伝子をクローニングする場合も，細胞には多数のミトコンドリアがあるので，細胞あたりの遺伝子のコピー数が多い．これも，ミトコンドリアゲノムを用いる利点である．

コラム．カンブリア紀以降の進化

　ヒトとチンパンジーは約 500 万年前に分かれた．ヒトとチンパンジーのゲノム配列の違いは 1.23% しかなく，タンパク質のアミノ酸配列はほとんど同じである．ヒトの染色体数は 23 対，一方，チンパンジーを含む類人猿は 24 対であるが，ヒトの 2 番染色体は，類人猿の染色体が 2 本融合して 1 本になったことがわかっている．

　現存する多様な動物のすべての門は，5 億 4 千万年前の**カンブリア紀の大爆発**で生まれた．その当時の動物は，頭も体節もない 100 μm ほどの小さな動物であったが，われわれヒトの体づくりにかかわる基本的な遺伝子のすべてをすでにもっていた．それは，脊椎動物の祖先型であるホヤやウニ，さらにもっと古くに分かれた昆虫などの節足動物のゲノムに，ヒトの形態形成遺伝子があることからも示される．では，どのように多様な動物が出現し，進化したのであろうか．

　形態や機能は遺伝子配列のわずかな違いで，大きく変わる．たとえ，タンパク質が同じでも，遺伝子の転写調節領域の塩基配列が少しでも違うと，転写因子と塩基配列の結合力が変化し，結合する転写因子も変わる．その結果，遺伝子が発現するタイミングや量，場所が変わる．また，タンパク質の相互作用ドメインが変わることにより，そのタンパク質がかかわる複合体（チーム）に大きな影響を与えると予想される．少しの違いのインプットでも，遺伝子発現調節カスケードを経ると，アウトプットが大きく変わるのである．カンブリア紀以降の進化は，転写調節領域とタンパク質の相互作用ドメインが担ってきたといえるかもしれない．

12 遺伝子操作

　遺伝子の構造と機能を研究するには，膨大な遺伝情報の中から目的の遺伝子だけを取り出して，塩基配列が完全に同じで，化学的に扱えるだけの量の分子を用意する必要がある．DNA1分子では，検出できないからである．これを遺伝子の**クローニング**という．同じ塩基配列をもつDNA分子が得られれば，試験管の中で自在に遺伝子に操作を加えることが可能になる．さらに，DNAを生体に戻すことにより，遺伝子の機能を調べることができる．これらを可能にしたのが**遺伝子操作（遺伝子組換え）**技術である．遺伝子操作技術は基礎研究ばかりでなく，新しいタンパク質や薬品の製造，遺伝病診断，遺伝子治療，遺伝子組換え作物など幅広い分野で用いられている．

12・1　遺伝子操作の基本的道具と技術

　生物は，さまざまな酵素を用いて自らの遺伝子を複製し，増殖している．遺伝子操作では，これらの酵素の特性を利用することにより，遺伝子を自在に操る．また，これらの酵素の遺伝子をクローニングすることにより，遺伝子操作技術を用いて遺伝子操作に適した酵素をつくり出せるようになっている．しかし，試験管の中で行う遺伝子組換え効率は高くない．そこで，うまく組み換えられた遺伝子だけが増幅されるように，さまざまな工夫がされている．

12・1・1　制限酵素

　特異的な塩基配列を認識して切断する酵素を**制限酵素**といい，遺伝子を切り張りするハサミとして利用される．大部分の制限酵素はパリンドローム

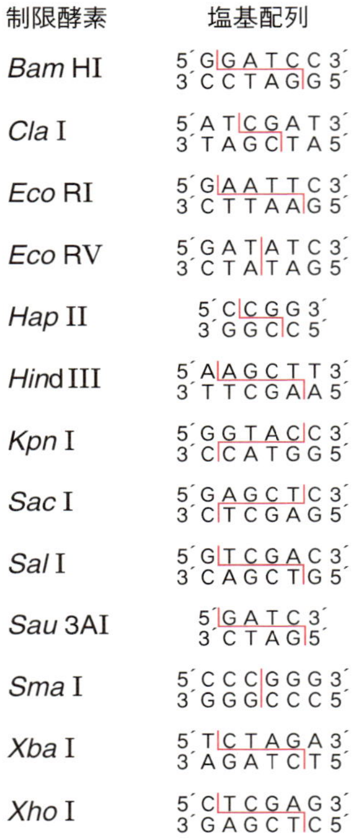

制限酵素	塩基配列
Bam HI	5´ G|G A T C C 3´ 3´ C C T A G|G 5´
Cla I	5´ A T|C G A T 3´ 3´ T A G C|T A 5´
Eco RI	5´ G|A A T T C 3´ 3´ C T T A A|G 5´
Eco RV	5´ G A T|A T C 3´ 3´ C T A|T A G 5´
Hap II	5´ C|C G G 3´ 3´ G G C|C 5´
*Hin*d III	5´ A|A G C T T 3´ 3´ T T C G A|A 5´
Kpn I	5´ G G T A C|C 3´ 3´ C|C A T G G 5´
Sac I	5´ G A G C T|C 3´ 3´ C|T C G A G 5´
Sal I	5´ G|T C G A C 3´ 3´ C A G C T|G 5´
Sau 3AI	5´ |G A T C| 3´ 3´ |C T A G| 5´
Sma I	5´ C C C|G G G 3´ 3´ G G G|C C C 5´
Xba I	5´ T|C T A G A 3´ 3´ A G A T C|T 5´
Xho I	5´ C|T C G A G 3´ 3´ G A G C T|C 5´

図 12・1　制限酵素と切断面

（回文）構造を認識し，切断する．切断端の構造は酵素によって異なり，2本鎖 DNA がまとめて 1 か所で切断される**平滑末端**，5´側が飛び出た **5´突出末端**，3´側が飛び出た **3´突出末端**を生じる（図 12・1）．

コラム．制限酵素の本来の役割

　制限酵素の本来の役割は，細菌の生体防御である．ウイルスなどの外来 DNA が侵入すると，制限酵素が侵入した DNA を切断し，感染を防いでいる．制限酵素（restriction enzyme）の制限は，感染を制限することから命名された．細菌のゲノムは，その細菌がもつ制限酵素の認識配列の塩基をメチル化することにより，塩基の相補性を変えないまま配列の立体構造を変え，自身の制限酵素でゲノムが

切断されないようになっている．たとえば，大腸菌は $EcoRI$ と $EcoRI$ メチラーゼの両方をもち，$EcoRI$ 配列をメチル化するので $EcoRI$ では切断されない（図12・2）．

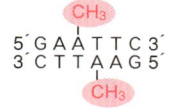

```
     CH₃
5´GAATTC3´
3´CTTAAG5´
     CH₃
```

図12・2　$EcoRI$ メチラーゼによるメチル化

12・1・2　DNA リガーゼ

DNA リガーゼは，互いに相補する末端をもつ DNA 断片，および互いに平滑末端をもつ DNA 断片を連結する（図12・3）．制限酵素と DNA リガーゼは DNA の組換えを可能にし，分子生物学を飛躍的に進歩させた．

```
              OH
5´...pA－pC－pA┘ pG－pA－pT－pC－pT－pG－pT....3´
3´.....Tp－Gp－Tp－Cp－Tp－Ap－Gp┌Ap－Cp－Ap...5´
                              OH
```

Mg^{2+} ↓ ATP

```
5´...pA－pC－pA－pG－pA－pT－pC－pT－pG－pT....3´
3´.....Tp－Gp－Tp－Cp－Tp－Ap－Gp－Ap－Cp－Ap...5´
```

図12・3　DNA リガーゼの反応

12・1・3　ベクターと宿主

ある DNA 断片を検出できる量まで増やそうとするとき，その DNA 断片を複製可能な DNA に組み込み，これを生物（宿主）に導入する．生物の DNA 複製システムを拝借して，目的の DNA を増やすのである．宿主として，増殖性がよく，しかも病原性がない大腸菌がおもに用いられる．

目的の DNA 断片を組み込む DNA を**ベクター**（vector：運び屋）といい，大腸菌に感染して増殖するウイルスの**バクテリオファージ**(becteriophage：バクテリアを食べるの意)や，感染性はほとんどないが，大腸菌の中で増える環状 DNA の**プラスミド**（plasmid）がある（図12・4）．遺伝子が宿主に導入されると，多くの場合，宿主の形質が変わることから，宿主へ

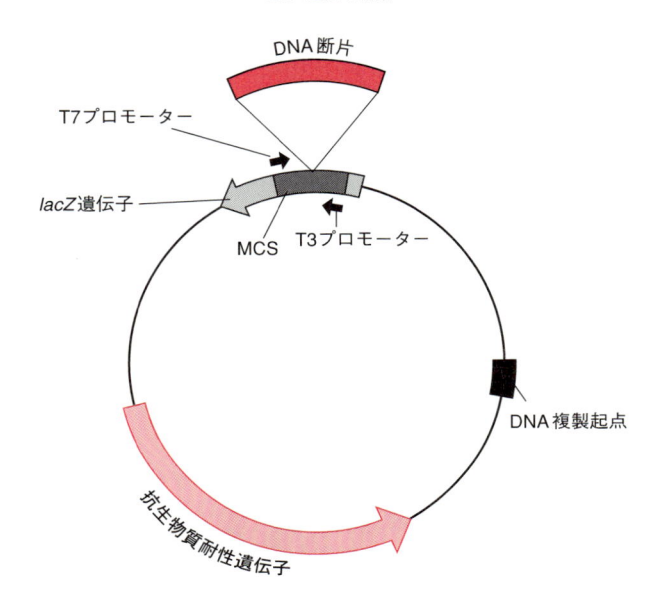

MCS：Multi Cloning Site（複数の制限酵素サイト）
図 12・4　プラスミドベクター

の遺伝子導入を**形質転換**（transformation）という．

12・1・4　逆転写酵素と cDNA の合成

普通は，遺伝情報の流れは DNA → RNA →タンパク質であるが，レトロウイルスのゲノムは RNA で，細胞に感染すると情報は DNA に写し取られてプロウイルスとなる．この反応を触媒するのが**逆転写酵素**である．逆転写酵素の発見により，試験管の中で mRNA から DNA を作り出すことができるようになった．逆転写酵素は転写と命名されているが，合成するのは DNA であり，DNA ポリメラーゼの性質をもつ（図 12・5）．したがって，合成の開始にはプライマーを必要とする（3・1・4 参照）．

大部分の mRNA の 3′ 末端にはポリ(A)があるので，ポリ(A)に相補するオリゴ(dT)をプライマーとして用いる．mRNA を鋳型に合成された

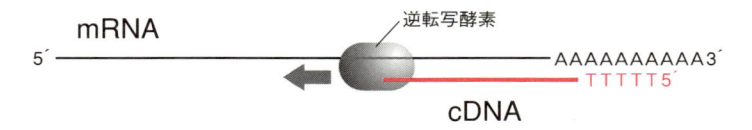

```
    mRNA                    逆転写酵素
  5´――――――――――――――◖◗――――――――AAAAAAAAAA3´
                     ←                TTTTT5´
                         cDNA
```

図 12・5　逆転写酵素の反応

DNA を，mRNA に相補するという意味で **cDNA**（complementary DNA）とよぶ．

12・1・5　ハイブリダイゼイション

DNA-DNA，DNA-RNA の 2 本の鎖は，塩基を介した水素結合により相補的に結合している（2・2 参照）．もともと 2 本鎖であった DNA 鎖が，1 本鎖に解離しているとする．これを 2 本鎖に戻す操作を**アニーリング**（annealing：融けて 1 本鎖になった DNA を固まらせるの意）という．

また，由来が異なるが，相補する配列をもつ DNA または RNA 鎖が 2 本鎖になることを**ハイブリダイゼイション**（hybridization：雑種にする）という（図 12・6）．ハイブリダイゼイションは，相補する鎖が特異的に結合する性質を利用して，特定の塩基配列を探し出す目的で使われる．

標識した特異的配列をもつ DNA または RNA を「混沌とした中から小さなものを見つけだす探り針」という意味で**プローブ**（probe）とよぶ．

2 本鎖の形成は温度も影響する．結合力を，結合を壊す熱エネルギーで表すことは前に学んだ（2・1 参照）．温度がある程度以上に高くなると，熱エネルギーにより 2 本鎖は 1 本鎖に解離する．G−C は 3 個の水素結合で結ばれており，A−T は 2 個の水素結合で結ばれている．したがって，G−C の結合力は A−T より強い．2 本鎖間の塩基による結合力を簡便に A−T を

```
              5´       プローブ      3´
                 GCCATTACCGTAACCA
                      ↓↓↓↓↓
          3´AGCCATGACGGTAATGGCATTGGTAGTTAG5´
```

図 12・6　ハイブリダイゼイション

2℃, G–C を 4℃ として推定することができる．たとえば，ポリ (A) の A が 10 塩基と，オリゴ (dT) の T が 10 塩基ずつ相補的に結合しているとすると，20℃ 以上で解離する．2 本の相補する鎖が解離する温度を**融解点 Tm** (melting temperature) という．

12・1・6　mRNA の精製

　mRNA は全 RNA の約 5% を占めるに過ぎず，効率的に目的の遺伝子をクローニングするためには mRNA を濃縮する必要がある．大部分の mRNA の 3′ 末端にはポリ (A) が付加されている．そこで，ポリ (A) がオリゴ (dT) に相補的に結合する性質を利用して，オリゴ (dT) を担体に結合させた**アフィニティークロマトグラフィー**により分離する（図 12・7）．

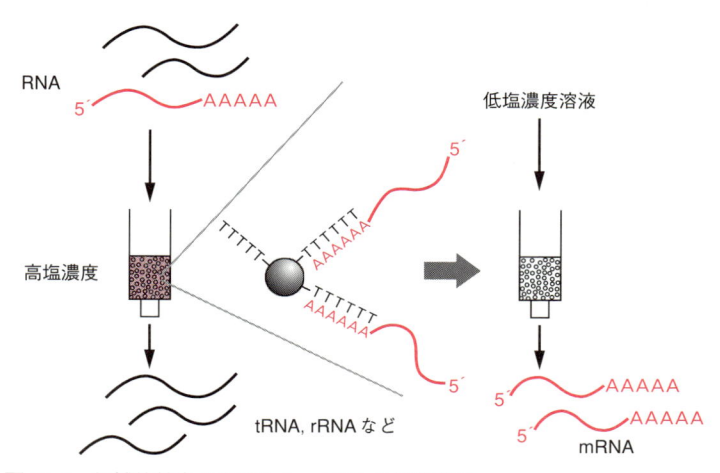

図 12・7　相補的結合を利用した mRNA の精製方法
　DNA 2 本鎖の鎖間では，塩基による水素結合の結合力とリン酸の負の電荷による反発力が拮抗している．mRNA をオリゴ (dT) に結合させるには，条件を高塩濃度 (0.5 M NaCl) にして，リン酸の負の電荷を中和する．rRNA や tRNA はポリ (A) をもたないので，カラムに結合せずに通過する．低塩濃度 (0 M NaCl) の緩衝液をカラムに通すと，リン酸の負の電荷が強まり，ポリ (A) とオリゴ (dT) が反発して mRNA が溶出し，精製された mRNA が得られる．

12・1・7　電気泳動

DNA や RNA は中性条件でマイナスの電荷をもち，電場をかけるとプラス極に引き寄せられる．このとき，高分子の網目（ゲル）があると，鎖がゲルに引っ掛かり，長い鎖ほど移動度が遅くなる．したがって，鎖の長さの違いを利用してDNAまたはRNA分子を分離することができる．遺伝子操作ではゲルとして**ポリアクリルアミドゲル**と，**アガロースゲル**が用いられる．ポリアクリルアミドは4〜15％の比較的密なゲルをつくることができ，数十塩基から1000塩基程度の鎖を分離するのに適している．アガロースは0.3〜4％の比較的疎なゲルをつくることができ，数百塩基から約3万塩基（30 kb）の鎖を分離するのに適している（図12・8，図12・9）．

　鎖が直線状であれば，長さの対数値（$\log_{10}$）に比例して移動度が遅くなる．塩基の数がわかっているサイズマーカーを，試料と同時に電気泳動すれば，移動度からDNA断片の塩基数を推定することができる．DNAは**エチジウムブロマイド**または**サイバーグリーン**溶液にゲルを浸し，染色することで検出する．いずれの試薬も，溶液では紫外線を照射してもほとんど蛍光を発しないが，DNAの2本鎖の間に入り込む（インターカレートする）と光

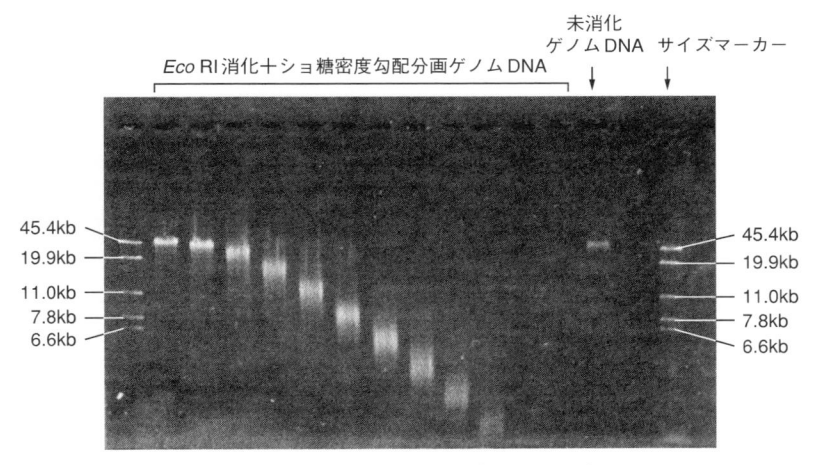

図12・8　アガロースゲル電気泳動の写真

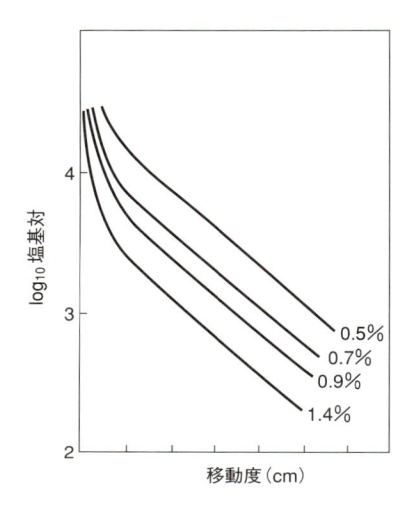

図12・9 移動度とアガロースゲル濃度

る性質がある．

12・2 cDNA ライブラリーの作製

2本鎖にした cDNA をベクターに組み込んだものを，cDNA ライブラリーという．ライブラリーは図書館の意であるが，cDNA ライブラリーは，あまり読まない本まで置いてある図書館よりは，需要が多い本を置いてある街の本屋の，芸術やスポーツなどの専門コーナーにたとえることができる．

　cDNA は mRNA を鋳型につくられるので，cDNA のコピー数は mRNA のコピー数を反映している．したがって，ベクターに組み込まれた cDNA の種類と数は，mRNA を抽出した胚や組織の遺伝子の発現量に正比例する．たとえば，脳には脳が機能するために必要な mRNA がたくさん発現していて，肝臓特異的に発現する mRNA はない．したがって，脳の cDNA ライブラリーには，おもに脳専門の cDNA が納められていることになる．

12・2・1 ２本鎖 cDNA の合成

逆転写酵素によって mRNA から cDNA を合成すると，mRNA と cDNA のハイブリッド２本鎖ができる．この状態では，まだ複製することができない．そこで，RNA 鎖を DNA 鎖に置き換え，２本鎖 cDNA にする（図 12・10）．

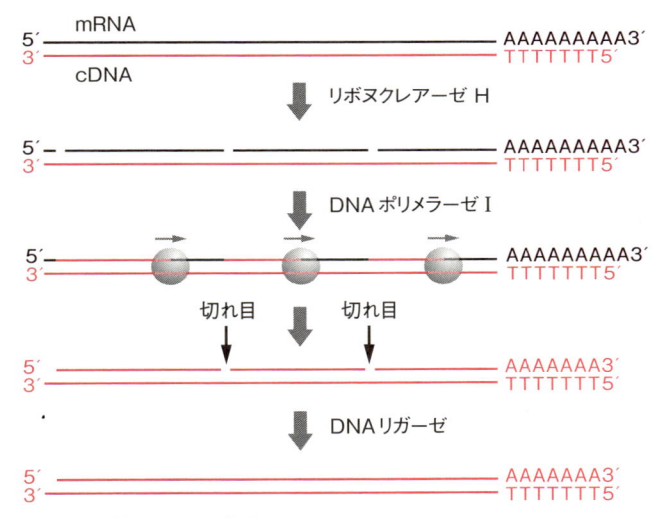

図 12・10 ２本鎖 cDNA の合成
(1) リボヌクレアーゼ H 処理により，RNA-DNA ハイブリッド２本鎖の RNA に切れ目を入れる．
(2) DNA ポリメラーゼ I (3・1・1 参照) を作用させると，RNA がプライマーとなって DNA が合成される．DNA 合成を始めた DNA ポリメラーゼ I が，隣の RNA に到達すると，DNA ポリメラーゼ I の 5′→3′ エキソヌクレアーゼ活性により，RNA を分解しつつ，DNA を合成する．すでに合成された DNA に到達すると，そこで DNA ポリメラーゼ I が停止し，切れ目が残る．２本鎖 cDNA の 5′ 末端に残るプライマー RNA は，リボヌクレアーゼ H によって切断され，熱エネルギーにより解離する．
(3) DNA の切れ目を DNA リガーゼでつなぎ，２本鎖 cDNA が完成する．

12・2・2 cDNA ライブラリーのベクター

ライブラリーに用いるベクターはふつう，**バクテリオファージ・ゲノム DNA を用いる**（図 12・11）．バクテリオファージは感染力があるので，効率よく大腸菌に遺伝子を導入し，増やすことができる．また，目的の DNA

図 12·11 バクテリオファージ・ゲノム DNA の構造

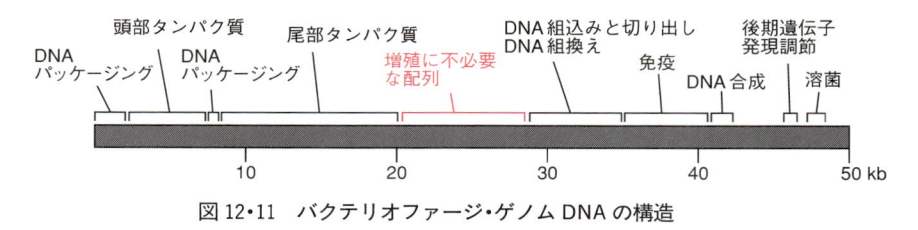

を組み込んだバクテリオファージ・ゲノム DNA を，試験管の中で簡単に感染力のあるバクテリオファージにすることができるからである．

コラム．発現ベクターの調製

　cDNA ライブラリーのベクターとして用いるバクテリオファージ・ゲノム DNA は，操作に都合がよいように，さまざまな遺伝子改変が加えられている．バクテリオファージ・ゲノム DNA は約 50 kb（5 万塩基）ある．ゲノムには，バクテリオファージのゲノム DNA を包む殻，大腸菌に付着するための脚，ゲノム DNA を大腸菌に注入する装置，大腸菌ゲノム DNA にバクテリオファージ・ゲノム DNA を組み込む（溶原化する）ための組換え酵素など，複数のタンパク質をコードする領域が散在している．これらの遺伝情報は約 30 kb を占め，残りの 20 kb の配列は，情報として必要がない．そこで，バクテリオファージが増殖するために必要な遺伝情報だけをゲノム DNA の左右に押し込め，ほぼ中央の 20 kb の領域は DNA 断片を挿入するために用いる．

　目的の DNA 断片を挿入する領域には，操作に都合がよいように，さまざまな工夫がしてある．DNA 断片をベクター（バクテリオファージ・ゲノム DNA）へ挿入する際には，組み込まれていないベクターも生じる．組み込まれていないベクターは，操作の邪魔になるだけである．そこで，DNA 断片を挿入することに成功したベクターだけを増やす工夫をしている．

　野生型のバクテリオファージは，大腸菌に感染しても爆発的に増殖することはない．大増殖して大腸菌を死滅させるよりは，大腸菌のゲノム DNA に自身の DNA を組み込み，そのまま潜伏して（溶原化）いるほうが生き残り戦略として優

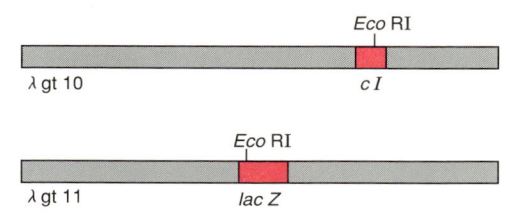

図 12・12　λgt 10 と λgt 11 の特徴

れているからである．遺伝子をクローニングして目的の DNA を増やすためには，バクテリオファージに爆発的な増殖をさせなければならない．バクテリオファージ・ベクター λgt 10 では，バクテリオファージが溶原化するための遺伝子 cI の中に cDNA を挿入するようになっている（図 12・12 上）．λgt 10 に cDNA が組み込まれない場合は，cI 遺伝子がはたらき，溶原化する．したがって，増殖しないので無視することができる．一方，cDNA の組み込みに成功したベクターは cI 遺伝子が壊れているので，大腸菌に感染すると爆発的に増殖し，cDNA を増やすことができるのである．

　バクテリオファージ・ベクターの λgt 11 や λZAP では lacZ 遺伝子の中に cDNA を挿入する（図 12・12 下）．λgt 11 や λZAP の宿主となる大腸菌は lacZ 遺伝子欠損株を用いる．lacZ 遺伝子は β ガラクトシダーゼをコードしており，ベクターが大腸菌に挿入されると lacZ 遺伝子がはたらき，β ガラクトシダーゼが合成される．培地に β ガラクトシダーゼの人工基質 X-gal（5-bromo-4-chloro-3-indolyl-β-D-galactopyranoside）があると，ベクターが挿入された大腸菌は X-gal を加水分解して青くなる．cDNA がベクターに挿入されると，lacZ 遺伝子が壊れるので，ベクターが入り込んでも大腸菌は β ガラクトシダーゼを合成せず，白く見える．したがって，cDNA が挿入されていない不必要なベクターが入った大腸菌を見分けることができる．また，lacZ 遺伝子に挿入された cDNA の読み枠（フレーム）が lacZ 遺伝子のフレームと一致する場合は，β ガラクトシダーゼと cDNA がコードするタンパク質との融合タンパク質が合成される．

　このように，挿入した cDNA のタンパク質を宿主に合成させるベクターを**発現**

ベクターといい，発現ベクターを用いたライブラリーでは，cDNAから合成されたタンパク質の性質を利用して遺伝子をクローニングすることができる（12・3・2参照）．

12・2・3　ベクターへのcDNAの組み込み

RNA–DNAハイブリッドから合成された2本鎖cDNAの末端は完全には複製されておらず，凸凹になっている．したがって，このままではベクターに組み込むことができない．そこで，平滑化し，合成した制限酵素配列を連結して，ベクターに組み込めるようにする．

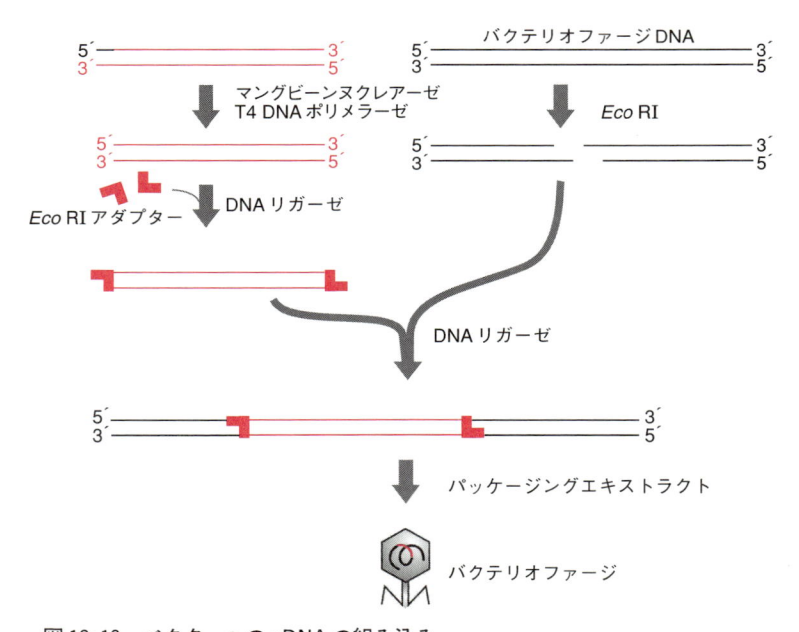

図12・13　ベクターへのcDNAの組み込み
(1) マングビーンヌクレアーゼとT4 DNAポリメラーゼを用い，両末端を平滑化する．
(2) 平滑化した両末端に，ベクターに組み込むためののりしろとなる制限酵素（EcoRI）切断面をもつアダプターを連結する．
(3) ベクターをEcoRIで切断し，EcoRI切断末端(のりしろ)をもたせたcDNAと混合し，DNAリガーゼで連結する．
(4) パッケージングエキストラクトを加え，バクテリオファージにする．

バクテリオファージが感染して，バクテリオファージが殻をかぶろうとしているときの大腸菌の抽出液を**パッケージングエキストラクト**といい，市販されている．これを cDNA が組み込まれたバクテリオファージ・ベクター DNA に加えると，感染性のあるバクテリオファージが試験管の中でできる．バクテリオファージの殻を構成するタンパク質が自律的に集まり，バクテリオファージ DNA を包み込むのである．できあがったバクテリオファージの集団を **cDNA ライブラリー**という（図 12・13）．

12・3　cDNA のクローニング

　cDNA ライブラリーから，目的の cDNA を含むバクテリオファージのクローンを探し出すことを**スクリーニング**（screening）といい，スクリーニングによって得たクローンを，他のバクテリオファージから分離し，均一な DNA 配列をもつ集団（この場合はバクテリオファージ）を得ることを**クローニング**（cloning）という．

12・3・1　クローンの増殖

　特定の cDNA をもつバクテリオファージが 1 個では検出することができない．そこで，大腸菌に感染させ，バクテリオファージのクローンを約 1000 万個まで増やしてから検出する．

　約 10^8 個の大腸菌に数千から 1 万個のバクテリオファージを感染させ，大腸菌が増殖するために必要な栄養を含む寒天培地（プレート）にまく．大腸菌の数がバクテリオファージに比べて大過剰にあるので，1 個の大腸菌に複数個のバクテリオファージが感染する確率はほとんどない．したがって，1 個の大腸菌の中で増殖するバクテリオファージはクローンと考えることができる．

　1 個の大腸菌に感染したバクテリオファージは大腸菌の中で増殖し，ついには大腸菌を溶かして外に飛び出る．飛び出たバクテリオファージは周囲の

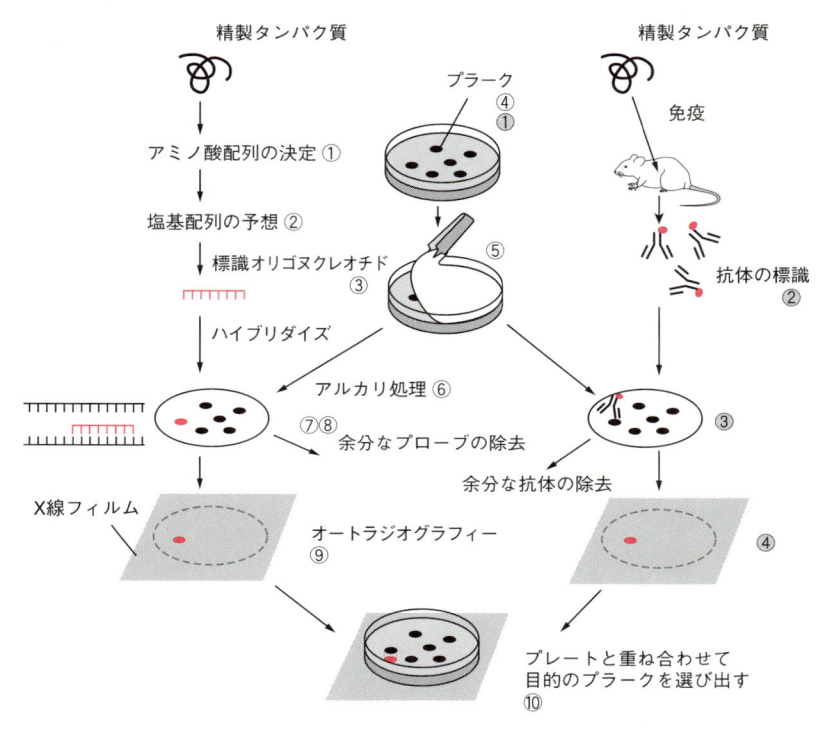

図 12・14 スクリーニング
① 目的のタンパク質の一部をとり，アミノ酸配列を決定する．
② そのアミノ酸配列からコードする塩基配列を予想し，10〜15アミノ酸に対応する30〜40塩基のオリゴヌクレオチドを合成する．
③ オリゴヌクレオチド・プローブを標識する．
④ 大腸菌にバクテリオファージを感染させる．
⑤ レプリカをとる．
⑥ ナイロン膜をアルカリ性溶液に浸す．
⑦ ナイロン膜に紫外線を照射してナイロン膜とDNAを架橋し，DNAがナイロン膜からはがれないようにする．
⑧ プローブとハイブリダイゼイション(65℃で約12時間)させ，余分なプローブを洗い流す．
⑨ レプリカ・ナイロン膜とX線フィルムを密着させ，感光させる(オートラジオグラフィー)．
X線フィルム上の感光した部分はプローブが結合した位置を表している．
⑩ 現像したX線フィルムと，レプリカをとったプレートを重ね合わせ，プローブが認識したプラークを見つけだす．
⑪ プレート上のプラークに残っているバクテリオファージをマイクロピペットで回収し，クローニングが完了する．
(続く→)

大腸菌に感染し，さらに増殖を続ける．この増殖サイクルは，培地の栄養が枯渇するまで続く．37℃で12時間ほど培養すると，プレートは芝を敷き詰めたように大腸菌で埋め尽くされる．バクテリオファージが感染したところは，バクテリオファージの増殖にともなって次々と大腸菌が溶かされるので，大腸菌がいない直径1 mmほどの円形の穴ができる．これを**プラーク**といい，プラークには10^7個ほどのバクテリオファージがいる．1個のプラーク内のすべてのバクテリオファージは1個のバクテリオファージ由来である．したがって，各々のプラーク内にいるバクテリオファージは，それぞれクローンである．

12・3・2　cDNAライブラリーのスクリーニング

精製したタンパク質が手元にあり，そのタンパク質をコードするcDNAをクローニングしたい場合，タンパク質のアミノ酸配列から塩基配列を予想し，その配列のオリゴヌクレオチドをプローブとしてcDNAライブラリーをスクリーニングすることができる（12・1・5参照）．

バクテリオファージが寒天培地に埋もれたままではプローブがアクセスしにくく，非特異的に付着したプローブを洗い取ることもできない．そこで，ナイロンフィルターにバクテリオファージを写し取り，フィルター上でスクリーニングをする．プレートとほぼ同じ大きさのナイロンフィルターをプレート上に張り付けた後，はがすと，プラークにいるバクテリオファージがナイロン膜に写し取られる．これを**レプリカ**という．レプリカには，プレート上のプラークの位置が，そのままの状態で写し取られている．

---

① 特異抗体でスクリーニングする場合は，発現ベクターを用いたcDNAライブラリーを使う．プラークの中には，バクテリオファージとcDNAがコードするタンパク質がある．
② 特異抗体をアルカリ性フォスファターゼまたはペルオキシダーゼで標識する．
③ ナイロン膜に写し取られたタンパク質にアルカリ性フォスファターゼ(AP)で標識した特異抗体を結合させる．
④ APにより加水分解されると発光する基質をナイロン膜に塗り，抗体が結合した位置を検出する．この検出法を**ケミルミネッセンス**という．

次にアルカリ処理で，ナイロン膜上のバクテリオファージのタンパク質を溶かし，DNAをむき出しにする．この状態で，DNAは1本鎖に解離しているので，プローブとハイブリダイゼイションすることが可能になる．非特異的に結合したナイロン膜上のプローブを洗い流し，プローブが特異的に結合したプラーク（特異的クローンからなる）をオートラジオグラフィーで検出する（図 12・14）．

発現ベクターでライブラリーがつくられていれば，クローニングしようとするcDNAのタンパク質に対する特異抗体をプローブとして，スクリーニングすることもできる．

12・4 プラスミドの利用

試験管の中では微量しか合成することができないcDNAを効率よく大腸菌に導入するには，ベクターとして感染性が高いバクテリオファージが適している．そのため，バクテリオファージはライブラリーのベクターとして用いられる．しかし，大量のDNAを得るのは容易ではない．プラスミドは感染性がほとんどないが，大腸菌の中で効率よく増殖し，大量に得ることができる．そこで，目的のDNA配列をもつバクテリオファージのクローンが得られると，そのDNA断片をプラスミドに組み換える作業を行う．これを**サブクローニング**という．

12・4・1 プラスミドの構造

プラスミドは約3kbの環状DNAで，細菌などの原核生物の染色体外DNAである．細菌にとって，プラスミドはなくても生存に影響はないが，プラスミドは薬剤抵抗性や毒性の獲得など，細菌間の情報伝達にかかわっている．プラスミドは大腸菌のDNA複製起点の *oriC* をもっており，大腸菌の中で複製できる（図12・4参照）．

市販のプラスミドベクターは遺伝子操作がしやすいように，さまざまな遺

伝子改変が加えられている．プラスミドにはほとんど感染性がないので，大腸菌に導入するのは容易ではない．そこで，プラスミドが導入された大腸菌を見つけだす必要がある．プラスミドには抗生物質に対する**薬剤耐性遺伝子**を組み込んであり，プラスミドを取り込んだ大腸菌だけが抗生物質存在下で増殖する．抗生物質を培地に加えることにより，プラスミドを取り込まなかった大部分の不要な大腸菌の増殖を抑え，プラスミドを取り込んだ少数の大腸菌だけを増殖させるのである．薬剤耐性遺伝子は抗生物質分子を修飾して無効にする酵素をコードしており，**アンピシリン耐性遺伝子**や**ネオマイシン耐性遺伝子**などがある．また，DNAを組み込む部位として，多種類の制限酵素認識配列が挿入されている．この領域を **MCS**（Multi Cloning Site）といい，さまざまな制限酵素切断端をもつDNA断片を組み込むことができる．

コラム．DNA断片を組み込んだプラスミド

　すべてのプラスミド分子に，目的のDNA断片を組み込むことはできない．DNA断片が組み込まれていないプラスミドは操作の邪魔になる．そこで，MCSを *lacZ* **遺伝子**の中に挿入することにより，DNA断片が挿入されたプラスミドを見分けられるようになっている．*lacZ*遺伝子を欠損した大腸菌を宿主として用い，培地に抗生物質とX-galを添加しておく．プラスミドを取り込まなかった大腸菌は抗生物質で死滅するが，DNA断片を組み込まなかったプラスミドを取り込んだ大腸菌も増殖することになる．DNA断片を組み込まなかったプラスミドを取り込んだ大腸菌は，プラスミドの *lacZ* 遺伝子を発現させ，βガラクトシダーゼが合成される．したがって，大腸菌のコロニー（1個の大腸菌が寒天培地上で増殖して形成される大腸菌の集合体；1個のコロニーを構成する大腸菌はクローンである）は青くなる．DNA断片がMCSに挿入されると，*lacZ*遺伝子が分断されることになり，機能するβガラクトシダーゼは合成されない．この場合，コロニーが**白く**なる．白いコロニーを形成する大腸菌を選んで増やせば，DNA断片を組み込んだプラスミドが得られるのである．

　MCSの両側には市販のプライマーの結合サイトがあり，塩基配列の決定（シー

ケンス)に利用される.また,バクテリオファージのT3とT7のRNAポリメラーゼのプロモーターがMCSの両側にあり,これらのプロモーターは試験管の中で行うRNA合成に用いられる.プラスミドに目的のcDNAを組み込み,これにT3またはT7・RNAポリメラーゼを加えると,プロモーターから転写を開始し,mRNAを得ることができるのである.さらに,T3またはT7・RNAポリメラーゼの種類を変えることにより,センス,アンチセンスの両方のRNAを得ることもできる.このような方法で合成したRNAを細胞や胚に導入することにより,タンパク質を合成させ,その遺伝子の機能を調べることができる.また,標識することにより,プローブとしても用いることもできる.

12・4・2　プラスミドの大腸菌への導入

プラスミドは単なるDNAなので,大腸菌に進入する手段をもたない.そこで,大腸菌に取り込まれやすくするために,大腸菌が死なない程度に細胞壁に穴をあける.増殖期にある大腸菌を塩化カルシウム処理すると,プラスミドほどの大きさの物質が細胞壁を通過して細胞質に入るようになる.このような状態にした大腸菌を**コンピテントセル**という.しかし,10^8個のコンピテントセルに10万個のプラスミドを加えても,プラスミドが導入される大腸菌は約100個しかない.抗生物質により選択できるので,10万個に1個の大腸菌を探し出すことができるのである.

12・4・3　シーケンス

DNA分子をポリアクリルアミドゲルの中で電気泳動すると,塩基数が多いDNAほど移動度が遅くなり,1塩基単位で1000塩基と1001塩基の差も区別することができる.この性質を利用して塩基配列を決定する.シーケンスをする場合,配列を知りたいDNA断片をプラスミドに挿入しておく.挿入したDNAの前後にはそれぞれ異なるプライマーの結合配列がある.したがって,プライマーを変えることにより,両方向からシーケンスを行うことができる(図12・15).

12・4 プラスミドの利用

図 12・15　シーケンス

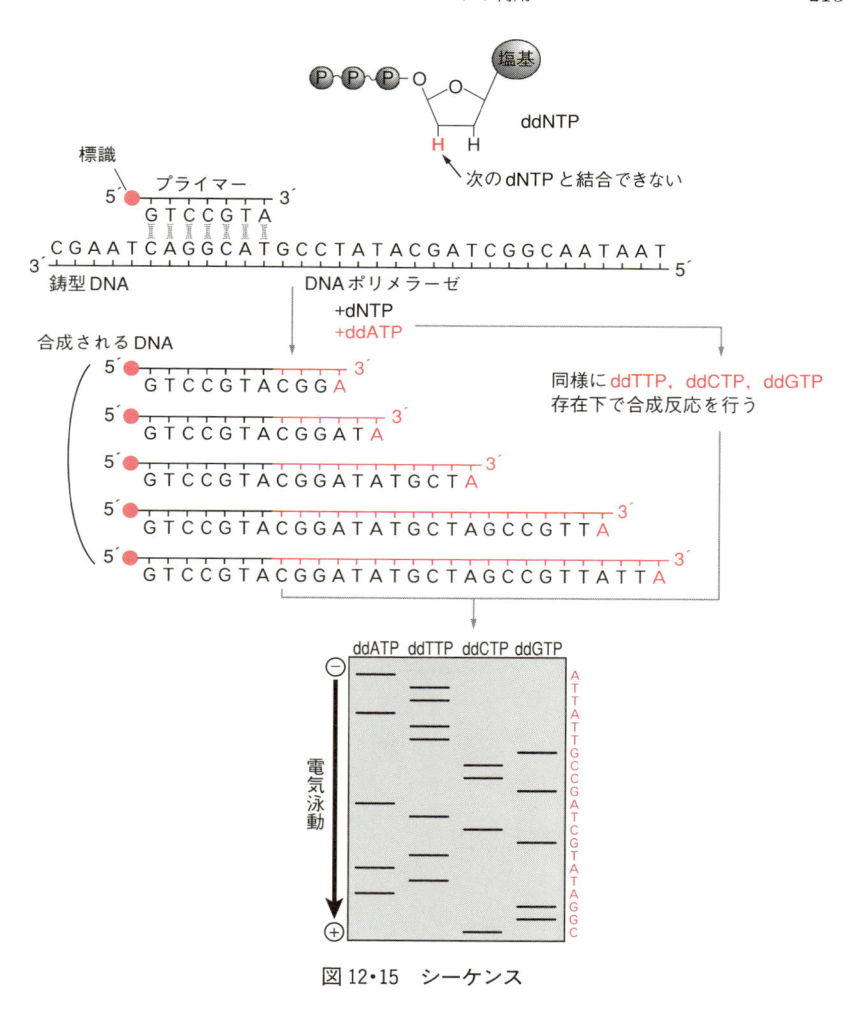

　シーケンス反応系には基質のデオキシヌクレオチド（dNTP）の他に，適当量の dNTP 類似体ジデオキシヌクレオチド（ddNTP）を加えておく．DNA ポリメラーゼは DNA を鋳型にしてプライマーの 3′ 末端に dNTP を付加する反応を触媒するが，ddNTP を付加すると DNA 鎖の伸長反応が停止する．ddNTP の 3′ 位が –OH でなく –H なので，次の dNTP を付加する

ことができないからである．ddNTP の付加はランダムに起こる．最初の数塩基で ddNTP が付加される鎖もあれば，1000 塩基を過ぎてはじめて付加される鎖もある．たとえば，ddATP を反応系に適当な割合で混合すると，塩基配列上の A のところで伸長反応が停止した，さまざまな長さの DNA 鎖が合成されることになる．同様に G，C，T についても同じ反応を行い，それぞれ別のレーンで電気泳動して，移動度を解析することにより塩基配列を決定する．合成される DNA は 1 本鎖なので，分子内で相補的水素結合が形成されないように 4.7 M の尿素を含んだポリアクリルアミドゲルを用いる．

DNA 鎖の移動度は，DNA 鎖を**蛍光標識**することで知ることができる．プライマーに標識をする方法と，ddNTP に標識をする方法がある．4 種類の ddNTP を，それぞれ異なる蛍光色素で標識すると，1 本の試験管内ですべての反応を行うことができ，1 レーン（または 1 本のキャピラリー）で 4 種類の配列を同時に読みとることが可能である．自動シーケンサーの発達により，予想よりも早くヒトゲノムの解読が完了した．現在では，さまざまな生物種のゲノムプロジェクトが進められており，それらのデータから，生物の多様性や進化の機構が明らかになると期待されている．

12・4・4　プローブの標識と検出

プローブにしたい DNA 断片をプラスミドに挿入し，DNA 断片の 5′側を適当な制限酵素で切断する．3′側のプロモーターに対応する RNA ポリメラーゼを加え，**ジゴキシゲニン標識** UTP と NTP を基質に RNA を転写させる．

ジゴキシゲニン標識プローブの位置は，アルカリ性フォスファターゼを連結した抗ジゴキシゲニン抗体と，アルカリ性フォスファターゼで分解されると光る基質，または発色して沈殿する基質を加えることで検出する（図 12・16）．

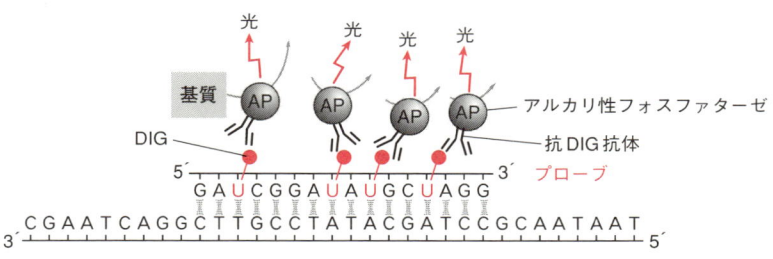

図 12・16　プローブの標識と検出

12・5　ハイブリダイゼイションを利用した分析

　DNA または RNA 鎖が，相補的な配列をもつ DNA または RNA 鎖と，特異的に結合する性質を利用して，特定の mRNA の定量，特定の mRNA の胚や組織における発現パターンの解析，特定の遺伝子の検出と定量，特定の遺伝子の染色体上における位置の決定などができる．

12・5・1　サザン分析

　DNA 鎖の長さの違いを利用して，DNA 分子を分画する方法として，アガロースゲル電気泳動が用いられる（12・1・7 参照）．アガロース内の DNA をエチジウムブロマイド染色すれば DNA 全体の分布がわかるが，特定の配

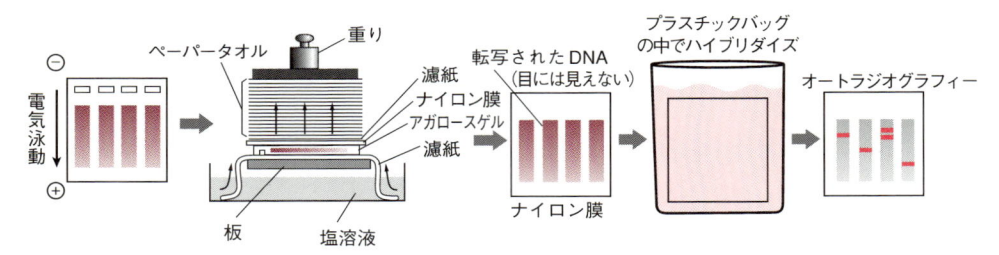

図 12・17　サザン分析
(1) 電気泳動したアガロースゲルをアルカリ性溶液に浸す．この操作で，DNA が 1 本鎖に解離し，プローブが DNA 鎖の塩基にアクセスできるようになる．
(2) 板を容器の上に水平に置き，板の上に大きめの濾紙を敷く．
(3) 容器に塩溶液を入れ，濾紙の両端を塩溶液に浸す．
(4) アガロースゲルを濾紙を敷いた板の上に置き，アガロースゲル上にアガロースゲルと同じ大きさに切ったナイロン膜を密着させる．
(5) その上に，同じ大きさの濾紙とペーパータオルを一束のせる．
(6) これに適当な重りをのせると，容器から塩溶液が毛管現象でアガロースを通ってペーパータオルに吸い取られる．このとき DNA は塩溶液の動きに乗ってアガロースゲル内を移動し，ナイロン膜に到達すると吸着される．
(7) 紫外線を照射すると，DNA とナイロン膜が架橋され，DNA が膜からはがれなくなる．
(8) プローブとハイブリダイズさせ，相補する DNA を検出する．

列をもつ DNA を検出することはできない．電気泳動で分画した DNA 分子の位置をそのままにしたまま，プローブを DNA にアクセスさせることができないからである．

　電気泳動でアガロースに展開された DNA 分子を，毛管現象を利用してナイロン膜に吸着させると，そのままの位置関係を保ったまま DNA 分子がナイロン膜に結合される．これを**サザンブロッティング**といい，DNA で膜にシミをつけるの意である．膜に吸着した DNA をプローブで検出することを**サザンハイブリダイゼイション**という（図 12・17）．

コラム．ゲノミックサザン

　ゲノム DNA を特定の制限酵素で切断すると，制限酵素が切断する位置はゲノムの塩基配列で決まっているのであるから，同じ塩基配列をもつ DNA 断片は同

じ長さになる．したがって，同じ塩基配列をもつDNA断片は同じ位置に泳動される．各DNA断片の長さはそれぞれ異なるので，電気泳動のパターンはゲノムDNA全体で見ると，切れ目のないスメア状になるが，各点では同じ配列をもつDNA断片が濃縮されていることになる．膜に写し取ったDNAとプローブをハイブリダイズさせることにより，プローブと相補するDNA断片の位置を知ることができる．ゲノムDNAのサザンハイブリダイゼイションをゲノミックサザンという．30億塩基からなるヒトのゲノムDNAに1個しかない遺伝子も，**ゲノミックサザン**で検出可能である．また，サザン分析により，ゲノムあたりの遺伝子のコピー数や，遺伝的多型を知ることができる．

12・5・2　ノザン分析

RNAをアガロースゲルで電気泳動すると，RNA鎖の長さの違いにより分画される．アガロースゲルからRNAをナイロン膜に写し取り，プローブで特異的RNA分子を検出する．RNAをナイロン膜に写し取る操作を**ノザンブロッティング**という．ノザン分析により，特定の遺伝子のmRNA鎖の長さと発現量を知ることができる（図12・18）．

12・5・3　*in situ* ハイブリダイゼイション

生体の形態を保ったまま，特定の塩基配列をもつRNAまたはDNAをプローブで検出する方法を ***in situ* ハイブリダイゼイション**という（図12・19）．*in situ* とは，「その場で」の意である．

組織切片ばかりでなく，胚などの小型の個体であれば，生体全体にわたって特定mRNAの分布を知ることができる．これを**ホールマウント**（whole mount）*in situ* ハイブリダイゼイションという．また，染色体上の特定の遺伝子を検出する **FISH**（fluorescence in situ hybridization）法もある．

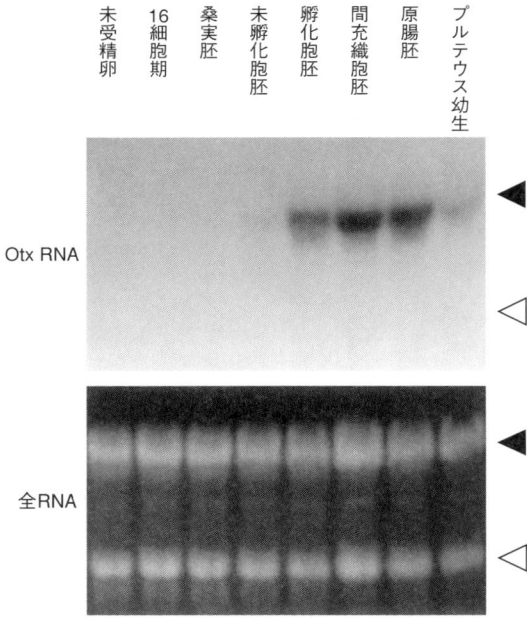

図 12·18 ノザン分析の例(バフンウニ)
図上:オートラジオグラフィー,図下:エチジウムブロマイド染色;▲ 26 S rRNA,△ 18 S rRNA

レーン(左から):未受精卵,16細胞期,桑実胚,未孵化胞胚,孵化胞胚,間充織胞胚,原腸胚,プルテウス幼生
Otx RNA / 全RNA

Ars遺伝子の原腸胚反口側外胚葉特異的発現

明視野　　　in situ ハイブリダイゼイション

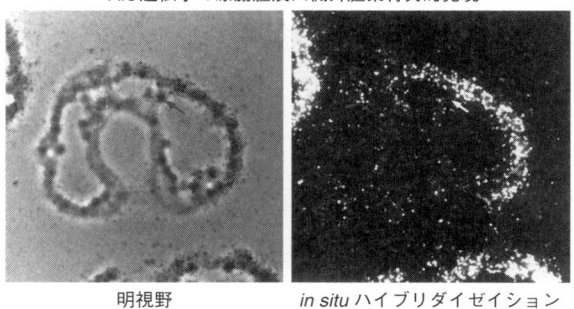

図 12·19 in situ ハイブリダイゼイションの例(バフンウニ)
プローブを放射性同位元素で標識し,オートラジオグラフィーを行っている.
間充織細胞(矢印),内胚葉,口側外胚葉にはプローブが結合していない.

12・6 PCR

　以前は，DNAの複製は生物しかできなかったが，最近では試験管の中で，狙いどおりの配列を増幅できるようになった．この技術をPCRといい，DNAの増幅ばかりでなく，点突然変異の導入やRNAの定量など，遺伝子操作技術の進歩に大きく貢献している．また，髪の毛のDNAなど，微量のDNAを増幅できるので，犯罪捜査における個人の特定や，遺伝病の診断にも用いられる．

12・6・1　Taqポリメラーゼ

　DNAポリメラーゼが複製を開始するにはプライマーが必要である（3・1・4参照）．試験管の中で，30億塩基からなるヒトゲノムDNA中の特定の1か所から複製を開始させるためには，少なくともプライマーの長さは16塩基以上（16塩基の配列は4^{16}塩基に1か所しか存在しない確率になる）なければならない．特異性を高めようとすれば25塩基ぐらいが望ましい．25塩基のプライマーのTm値（12・1・5参照）は約55℃であるから，特異的にプライマーを標的配列に結合させるには55℃という高温に保たなければならない．

　さらに，複製が完了したDNA 2本鎖に再びプライマーが結合して，複製を開始させるためには，2本鎖を1本鎖に解離する必要がある．長いDNA 2本鎖を解離させるには95℃に熱する必要がある．生体では，さまざまなタンパク質が活躍することにより，常温でDNA複製反応が進行するが，試験管の中ではこのような過酷な条件が必要であり，ふつうのDNAポリメラーゼはたちまち変性して活性を失う．

　多様な生物の中には，沸騰する水の中でも死滅しないものもいる．温泉に棲息する細菌 *Thermus aquaticus* のDNAポリメラーゼ（**Taqポリメラーゼ**）は耐熱性があり，95℃でも失活せず，72℃でDNA複製反応を触媒することができる．Taqポリメラーゼの発見により，試験管の中で特異的な

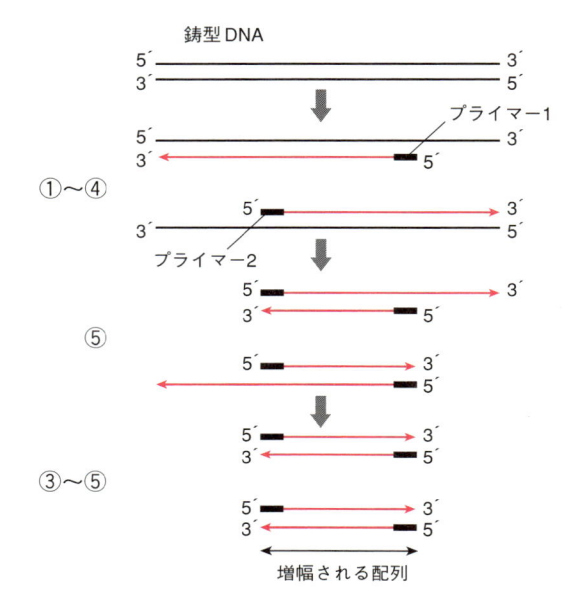

図 12・20　PCR
① 得ようとするDNA配列の5′末端と3′末端に，互いに逆向きのプライマーを合成する．
② 鋳型となるDNAにプライマーを加え，95℃にすると，DNA2本鎖が1本鎖に解離する．
③ 55℃にするとプライマーが鋳型DNAの相補配列に結合し，TaqポリメラーゼがDNA複製を開始する．
④ 72℃で，TaqポリメラーゼによるDNA複製をさらに進行させる．
　55℃で，DNA鎖の伸長反応が進んでおり，相補するDNA鎖が長くなっている．したがって，72℃にしても鎖が解離することはない．72℃にすることにより，DNA1本鎖の分子内相補結合を防ぎ(2・2・2参照)，DNA鎖の伸長反応を円滑に行わせる．
⑤ 1回のDNA複製反応が完了したら，再び95℃に加熱し，DNA2本鎖を1本鎖に解離する．以降，③〜⑤を繰り返す．

DNA配列の複製が可能になった．PCR（Polymerase Chain Reaction）とは，反応液の温度を周期的に変えることにより，繰り返しDNA複製を起こさせる技術である（図12・20）．

コラム．PCR の応用

　PCR では 1 サイクルで特異的 DNA 配列が 2 倍になり，40 サイクルで 1 兆倍に増幅されることになる．Taq ポリメラーゼと温度を周期的に変える装置サーマルサイクラーの進歩により，1 兆倍もの増幅反応が約 20 分で完了するようになった．

　PCR は，1 分子でも DNA があれば，それを鋳型にしていくらでも増幅させられるので，髪の毛 1 本から人物を特定することができる．太古の生物の遺骸がミイラとして，あるいは氷に閉ざされて発見されることがある．それらに少しでも DNA が残っていれば，太古の生物の遺伝情報を知ることができる．また，医療の場でも微量の DNA 配列を検出できる PCR 特性をいかして，遺伝病の診断やがん細胞の検出に活躍している．

　また，PCR の 1 サイクルごとに DNA 断片が正確に 2 倍に増幅されることを利用して，特定の DNA の分子数を定量することができる．これを**定量的 PCR** という．PCR の反応液に，DNA にインターカレートすると蛍光を発するサイバーグリーンを加えておき（12・1・7 参照），サーマルサイクラーに蛍光光度を測定する装置を組み込むことで DNA 断片の増幅をリアルタイムで測定するのである．mRNA の分子数も，逆転写して得た cDNA を鋳型にすれば，PCR で定量できる．ノザン分析など，従来の定量方法では数 μg の RNA を必要としたが，定量的 PCR の開発により，理論上は 1 分子の mRNA があれば定量できるようになった．したがって，顕微注入により遺伝子導入した胚や，胚操作によってつくり出すキメラ胚など，多数の胚を得ることがむずかしい実験の特異的 mRNA の定量にも威力を発揮している．

12・6・2　PCR を利用したクローニングと変異の導入

　PCR に用いるプライマーは，必ずしも鋳型 DNA と 100% 相補的である必要はない．十分に高い Tm 値（12・1・5 参照）があり，3′末端の 2 塩基が相補的であれば DNA を増幅することができる．

　同じ遺伝子のタンパク質のアミノ酸配列を種間で比較すると，種間でほとんど変わらない配列（**保存配列**）がある（7・2 参照）．保存されているアミ

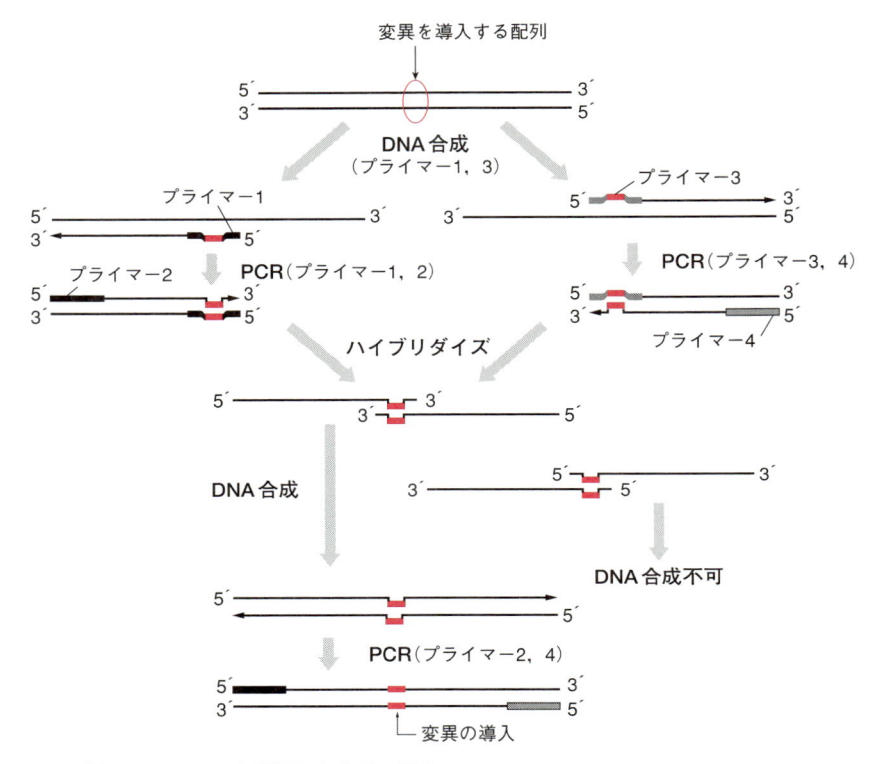

図 12・21 PCR を利用した変異の導入
図の説明
(1) 変異を導入したい配列を含む DNA 断片を鋳型として用意する．
(2) 変異を導入する配列と相補的な配列をプライマー1とし，プライマーのほぼ中央に変異を導入する．
(3) DNA 断片の5′末端の配列をプライマー2とし，変異を導入したプライマー1との間で PCR を行う．これを仮に PCR 産物1とする．
(4) 変異を導入する配列をプライマー3とし，プライマーのほぼ中央に変異を導入する．
(5) DNA 断片の3′末端の配列に相補する配列をプライマー4とし，変異を導入したプライマー3との間で PCR を行う．これを PCR 産物2とする．
(6) プライマーを除去し，1本鎖に解離させる．
(7) PCR 産物1と2を混合し，ハイブリダイゼイションを行う．
(8) DNA ポリメラーゼをはたらかせる．
　ハイブリダイズした2本の鎖がそれぞれプライマーとなり，3′末端にデオキシリボヌクレオチドが付加されて変異が導入された2本鎖になる．5′末端でハイブリダイズした鎖は2本鎖にできない．
(9) 両端にそれぞれ結合する特異的プライマーで PCR すると，変異が導入された2本鎖 DNA 断片が増幅される．

ノ酸配列の情報をもとに塩基配列を予測してプライマーを合成し，PCRを行うことにより，まだ遺伝子がクローニングされていない種から同じ遺伝子（ホモログ）をクローニングすることができる．長い保存配列がなくても，保存配列が非保存配列を挟んで2か所以上ある場合は，非保存配列ごと

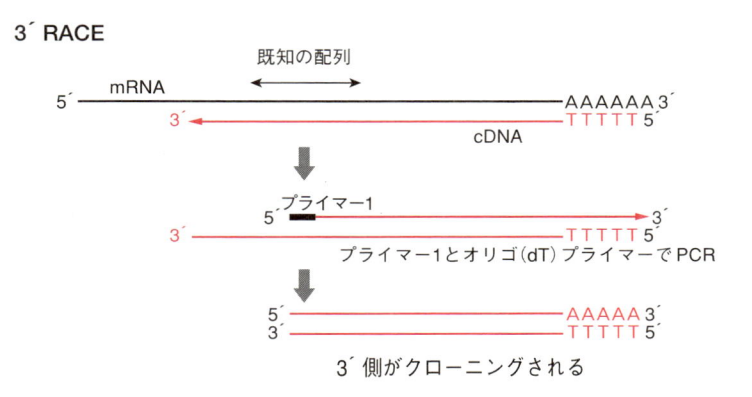

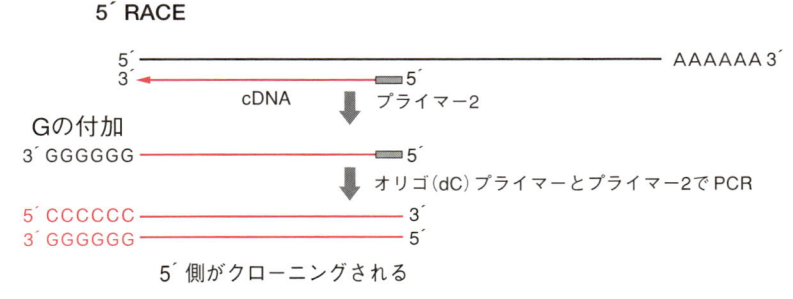

図 12·22　RACE 法

3′RACE
(1) オリゴ(dT)でmRNAを逆転写し，cDNAを得る．
(2) 得られたcDNAを鋳型として，すでにわかっている塩基配列を5′側のプライマーとし，オリゴ(dT)を3′側のプライマーとしてPCRを行う．

5′RACE
(1) すでにわかっている塩基配列に相補する配列を3′側のプライマーとし，逆転写してcDNAを得る．
(2) 得られたcDNAの3′末端に，3′ターミナルトランスフェラーゼを用い，dGTPを基質としてGを連結させる．この反応で，cDNAの5′末端に連続したGが結合することになる．
(3) オリゴ(dC)と3′側のプライマーを用い，PCRを行う．

DNA 断片がクローニングされる．

　プライマーを合成するときに，一部を鋳型の配列と異なる塩基にしてPCR を行うと，自在に変異を導入することができる．また，5′末端が制限酵素認識配列になるようにプライマーを合成すると，増幅した DNA の末端に任意の制限酵素サイトを付加することができる（図 12・21）．

12・6・3　RACE 法

　cDNA の塩基配列の一部が明らかになっており，その遺伝子が発現している組織や胚から分離した RNA があれば，既知の配列を起点として，cDNA の 3′側の配列と 5′側の配列をクローニングすることができる．この方法を **RACE**（Rapid Amplification of cDNA Ends）という（図 12・22）．

12・7　組換えタンパク質の合成

　生体からタンパク質を精製するには，多くの労力を必要とする．しかし，cDNA がクローニングされれば，cDNA を発現ベクターに組み込み，宿主に目的のタンパク質を大量に合成させることができる．このように遺伝子操作によって合成されるタンパク質を**組換えタンパク質**という．人工的に変異を与えることにより，より高性能の酵素や，新たな機能をもつタンパク質が合成されつつある．

　宿主として，大腸菌，酵母，培養細胞などがあり，目的や用途に応じてベクターと宿主を使い分ける．ここでは，大量のタンパク質を簡単に合成させることができる大腸菌を例に述べる．

12・7・1　大腸菌発現ベクター

　大腸菌の発現ベクター pET は，バクテリオファージ T7 プロモーターと，転写の調節をつかさどる配列 *lac* オペレーターをもち，*lac* オペレーターの下流に cDNA を連結するように構築されている（図 12・23）．大腸菌

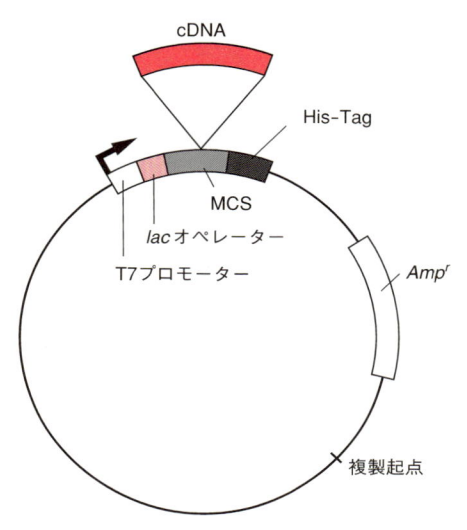

図12・23　発現ベクター pET の構造

はT7 RNA ポリメラーゼを合成する株を用いる．

　普段は *lac* オペレーターにはリプレッサーとよばれる転写抑制因子が結合しており，転写が起こらない．培地にリプレッサーに結合してオペレーターからはずす作用があるラクトースの類自体IPTG（isopropyl-β-D-thiogalactopyranoside）を加えると，*lac* オペレーターが活性化し，下流の遺伝子が発現する．タンパク質によっては，発現すると大腸菌の増殖が抑えられ，組換えタンパク質が得られないことがある．そこで，組換えタンパク質の合成を抑え，大腸菌が十分に増殖してから発現を誘導することで，この問題を回避するのである．

　翻訳開始点のすぐ下流にヒスチジンが連続するようにコードされている．ヒスチジンの連続を**ヒスタグ**（His-tag）といい，大腸菌に発現させた組換えタンパク質の精製に用いる．cDNAを，ヒスタグの下流に読み枠が合うように連結すると，N末端にヒスタグが付加された融合タンパク質が合成される．

12・7・2　組換えタンパク質の精製

原核生物と真核生物ではタンパク質の折りたたみのシステム（6・4・1参照）が異なる．したがって，大腸菌に真核生物のタンパク質を合成させると，機能をもつ立体構造にならない場合が多い．また，異常な立体構造をとる場合は，しばしば**インクルージョンボディー**（inclusion body）の中に不溶性タンパク質として合成されるが，インクルージョンボディーが不溶性であることを逆に利用して簡単に精製することができる．大腸菌の大部分のタンパク質は可溶性である．大腸菌を溶液中で破壊し，遠心分離すると可溶性タンパク質は上清に残り，組換えタンパク質が沈殿として回収される．沈殿として部分精製されたタンパク質をさらに精製するには，可溶化する必要がある．可溶化には，もつれたポリペプチド鎖を解く作用がある尿素が用いられる．高濃度（6 M）の尿素でタンパク質を可溶化し，徐々に尿素濃度を低下させると，タンパク質が自律的に折りたたまれ，機能をもたせることができる．

組換えタンパク質にヒスタグが付加されていると，ヒスタグがニッケルイオンに結合する性質を利用してニッケルカラムでアフィニティー精製することができる．非特異的なタンパク質を洗い流した後，ヒスチジンと類似の構造をもつイミダゾールを含む溶液で組換えタンパク質を溶出する．

12・8　ゲノミックライブラリーの作製と遺伝子のクローニング

cDNA は mRNA を逆転写したものであるから，mRNA の情報しか含まれていない．遺伝子の転写調節にかかわる情報は mRNA 以外の領域に記されている．したがって，遺伝子の転写調節の機構を知るためには遺伝子のクローニングが不可欠である．ゲノム DNA を分断し，ベクターに組み込んだものを**ゲノミック**（genomic：ゲノムの）**ライブラリー**という．ゲノミックライブラリーには遺伝子と遺伝子の発現調節をつかさどるすべての情報が含まれている．

ライブラリーに用いるベクターとして，従来は簡便なバクテリオファージ・ゲノム DNA が用いられてきたが，最近では大きな DNA 断片を挿入できる酵母人工染色体 YAC（Yeast Artificial Chromosome）や細菌人工染色体 BAC（Bacterial Artificial Chromosome）も用いられるようになった．スクリーニングには，cDNA の配列を用いる．cDNA の 5′末端領域の配列をプローブとして用いれば，転写開始点付近と上流配列をクローニングすることができる．

12・9 リポーター遺伝子を利用した転写調節領域の機能解析

発生時期特異的な発現や，組織特異的な発現調節を担う転写調節領域を解

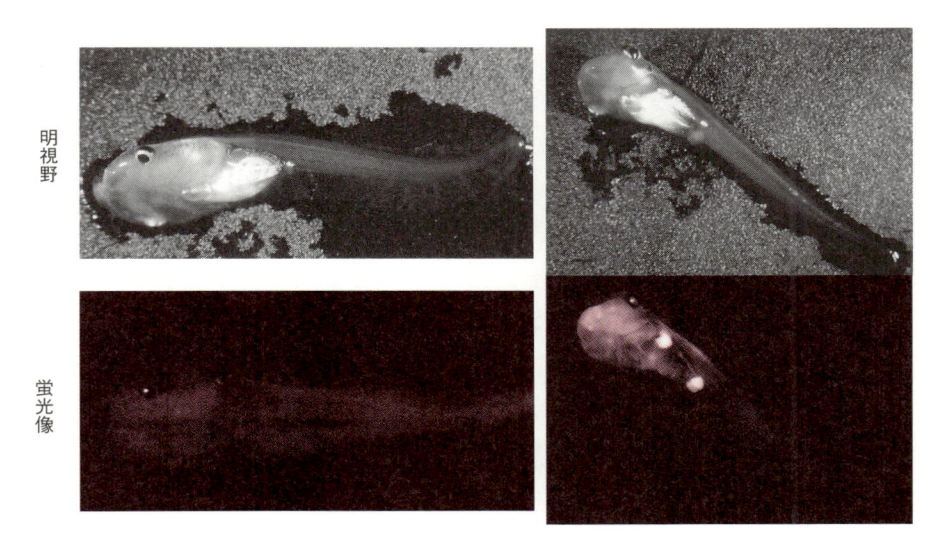

明視野

蛍光像

甲状腺ホルモン添加前　　　　　　　　甲状腺ホルモン添加後

図 12・24　*GFP* を遺伝子導入したオタマジャクシ
　甲状腺ホルモン応答配列を含むプロモーターに *GFP* を連結した遺伝子を導入したオタマジャクシ．甲状腺ホルモン存在下では *GFP* 遺伝子が発現し，励起光をあてると緑に光る（本書では赤で印刷）．
　内分泌撹乱物質の検出系として期待されている．広島大学大学院理学研究科の大房 健博士，吉里勝利博士による．

析するには，転写調節領域の機能をモニターする**リポーター遺伝子**が用いられる．転写調節領域とリポーター遺伝子の融合遺伝子を構築し，これを生体に導入して機能を解析するのである．

リポーター遺伝子は，内在性遺伝子と区別をつけるため，ふつうの生体では発現していない遺伝子を用いる．定量的解析に適したホタルの**ルシフェラーゼ**，ウミシイタケのルシフェラーゼ，組織特異性の解析に適したクラゲの蛍光タンパク質 *GFP*，大腸菌の *lacZ* などがある．転写調節領域にさまざまな変異を加え，生体に遺伝子導入して，これらのリポーター遺伝子の発現パターンを解析することにより，転写調節領域のシスエレメントの機能を明らかにするのである（図 12・24）．

12・9・1　導入された**遺伝子のふるまい**

生体に導入された遺伝子は，宿主ではたらくプロモーターがあれば染色体 DNA に組み込まれなくても発現する．細胞質に DNA（プラスミド）が注入されると，DNA を囲むように核様構造が形成され，その中で遺伝子が転写され mRNA が合成される．核様構造から細胞質に出た mRNA は，宿主の翻訳系でタンパク質に翻訳される．しかし，染色体 DNA 外にあるプラスミドは徐々に失われ，数日間で消失する．このように，染色体外 DNA として一過的に発現することを**トランジェント**（transient）**な発現**という．

導入された遺伝子が染色体 DNA に組み込まれることもある．染色体 DNA への組み込みは，生体がもっている相同的遺伝子組換え機構による．偶然に起こる遺伝子組換えを期待する場合と，ゲノム DNA に多く存在する繰り返し配列をベクターに付加して，ランダムに起こる遺伝子組換えの効率を上げる方法，特定の配列をベクターに付加し，ゲノム DNA 上の特定の配列に組み込む方法などがある．

染色体 DNA に組み込まれた遺伝子は安定的に存在し，一定期間は安定的に発現する．染色体 DNA に組み込まれた外来遺伝子が発現することを**ステイブル**（stable）**な発現**という．

12・9・2　リン酸カルシウムによる遺伝子導入法

　細胞は細胞表面に付着した異物を細胞膜で包み，細胞質に取り込んで分解する性質をもつ．これを**エンドサイトーシス**といい，このシステムを利用して細胞に遺伝子を導入する．

　DNAをリン酸緩衝液に溶かし，これにカルシウムイオンを加えると**リン酸カルシウム**が沈殿する．このとき，沈殿はDNAを巻き込む．適当な条件にすると，リン酸カルシウムの沈殿を微小な粒子にすることができる．DNAを巻き込んだ粒子を細胞に振りかけると，エンドサイトーシスにより細胞に取り込まれる．この方法はおもに培養細胞で用いられる．

12・9・3　リポフェクションによる遺伝子導入法

　細胞膜は極性をもつ脂質二重層でできている．分泌小胞が細胞膜に接すると融合して，内容物を細胞外に放出するように，脂質二重層からなる小胞が外から細胞膜に接しても融合が起こり，内容物を細胞内に送り込むことができる．極性脂質は水溶液中では脂質二重層を形成する性質がある．人工脂質二重層をリポソームといい，溶液にDNAが含まれていると，DNAを取り込んだリポソームができる．これを細胞に与えるとDNAが導入される．これを**リポフェクション**といい（図12・25），脂質を利用した感染（遺伝子導入）の意である．リン酸カルシウム法よりも導入効率が高い．おもに培養細胞で用いられる．

12・9・4　染色体DNAに遺伝子が組み込まれた細胞の選別

　細胞に導入された遺伝子の大部分は，染色体DNAに組み込まれない．しかし，培養細胞に遺伝子導入した場合は，染色体DNAに遺伝子が組み込まれた細胞を選別することができる．

　導入する遺伝子にネオマイシン耐性（neo^r）遺伝子などの薬剤耐性遺伝子を連結させておく．G 418（真核生物に有効な抗生物質：neo^rにより無毒化される）を細胞に与えると，非耐性細胞は死滅するが，neo^r遺伝子が導

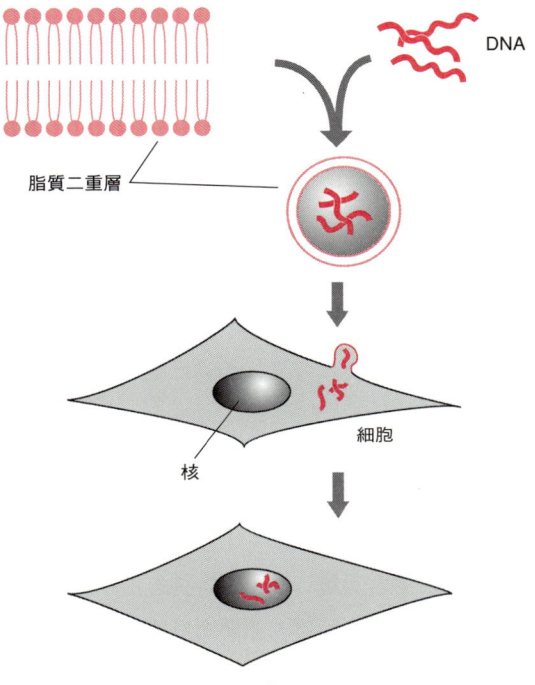

図12・25 リポフェクション

入された細胞は耐性になる．しかし，導入遺伝子が染色体外遺伝子として存在する場合は徐々に排除され，1週間程度で耐性を失う．一方，少数ではあるが導入した遺伝子が染色体DNAに組み込まれることがある．G 418存在下で細胞を培養し続けると，導入遺伝子が染色体DNAに組み込まれた細胞だけが生き残る．染色体DNAに組み込まれた遺伝子は，内在性遺伝子と同様にクロマチン構造をとる．したがって，生体の条件をほぼ満たした状態で遺伝子機能の解析ができる．

12・9・5 顕微注入による遺伝子導入法

顕微注入法は受精卵への遺伝子導入に用いられる．初期胚では，導入した

遺伝子がすぐに染色体DNAに組み込まれ，安定的発現が得られる．線状のDNAとして遺伝子を導入すると，内在性DNAリガーゼの作用でDNA分子が連結し，長く連なった状態で染色体DNAに組み込まれる．しかし，すべての細胞核に導入遺伝子が組み込まれるわけではなく，遺伝子導入された細胞はモザイク状に存在することになる．遺伝子が組み込まれる染色体DNAの位置はランダムである．

　生殖細胞の染色体DNAに導入遺伝子が組み込まれた場合は，その生殖細胞から生じる子孫は，すべての細胞の染色体が導入遺伝子をもつことになる．このように，遺伝子が組み換えられた生物を**トランスジェニック生物**といい，導入された遺伝子は代々伝わる．

12・9・6　ウイルスベクターによる遺伝子導入法

　ウイルスの強い感染力を利用して遺伝子導入する方法を**ウイルスベクター法**という．ウイルスに増殖能力をもたせたままでは，感染が広がり細胞や個体に支障が生じるばかりでなく，特定の領域以外にも遺伝子が導入されることになる．そこで，1回だけ感染することができるウイルスを以下の操作でつくる．例として，**SV 40 ウイルス**（monkey tumor virus）を用いた遺伝子導入法を図12・26に示す．

　SV 40のゲノムは約5 kbの環状DNAであり，複製起点を挟んで，感染後すぐにはたらく遺伝子がある初期領域と，感染後約12時間ではたらく遺伝子がある後期領域をもつ．初期領域にある遺伝子は，ウイルスDNAの複製開始にかかわるタンパク質をコードし，後期領域にある遺伝子は，ウイルスの殻を構成するタンパク質をコードする．細胞に導入された組換えSV 40は後期領域が機能しないので，ウイルスの殻をつくることができない．したがって，感染が広がる心配はない．

12・9・7　その他の遺伝子導入法

　電気パルスにより，細胞膜に小さな穴をあけ，遺伝子を導入する．細胞ば

かりでなく，電極の大きさや形状を変えることにより，受精卵や胚，組織にも遺伝子導入することができる．電気的に穴をあけるので，この方法を**エレクトロポレーション**という．

堅い細胞壁がある植物細胞や，堅い受精膜がある受精卵，堅い細胞外基質

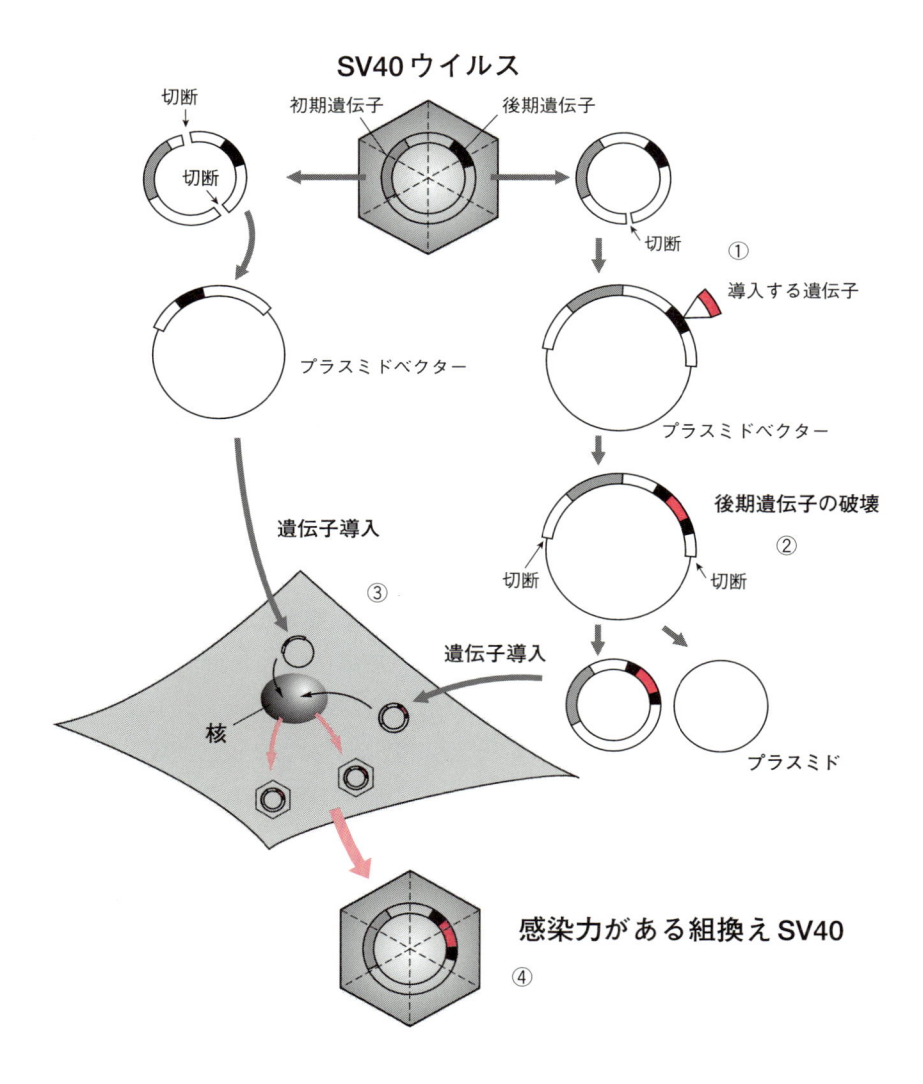

をもつ組織細胞などに遺伝子導入する場合は，金粒子にDNAを付着させ，高速で標的に衝突させることで障壁を通過させ，細胞内に遺伝子を導入する．散弾銃の原理で遺伝子を導入するので装置を**パーティクルガン**という．

双子葉植物では，植物に感染する細菌の**アグロバクテリウム**の感染力を利用して遺伝子導入する場合が多い．アグロバクテリウムはTiプラスミドをもっており，Tiプラスミドに遺伝子を挿入したアグロバクテリウムを植物に感染させると染色体に遺伝子を導入することができる．

12・10 転写因子の解析

転写因子が遺伝子のシスエレメントに結合し，転写開始複合体と相互作用することにより，転写活性が調節される．ここでは，転写因子の検出と，転写因子機能の解析方法について述べる．

12・10・1 ゲルシフト分析

転写因子はシスエレメントの塩基配列を認識して結合する．特定の塩基配列に特異的に結合する転写因子の存在を示すために，ゲル電気泳動を利用した分析法が用いられる．DNA断片にタンパク質が結合すると，移動度が低

図 12・26 ウイルスベクター法
① SV 40のゲノムDNAをウイルスから取り出し，プラスミドに組み込む．これを大腸菌に導入して増やす．
② SV 40の後期領域に，導入したい遺伝子を組み込み，大腸菌に導入してプラスミドを増やす．プラスミド部分を制限酵素で切り捨てDNAリガーゼで環状にする．組換えSV 40の後期遺伝子は，遺伝子が組み込まれたことにより分断され，機能を失う．
③ 組換えSV 40と，後期領域を含むプラスミドを同時に，リポフェクション法などで細胞に導入する．
　細胞内では，組換えSV 40の初期領域遺伝子がはたらき，組換えSV 40が増幅される．一方，後期領域を含むプラスミドからはウイルスの殻タンパク質が合成され，組換えSV 40は殻に包まれて1回だけ感染できるウイルスとなる．
④ 細胞の培養液に飛び出したウイルスを回収し，ウイルスを導入したい組織に付着させると，効率よく遺伝子が細胞に導入される．

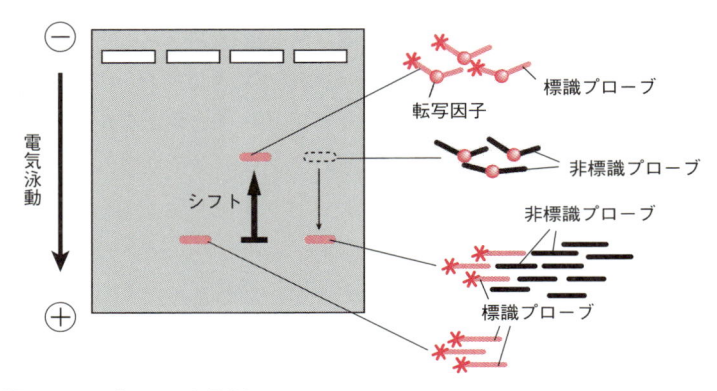

図 12・27　ゲルシフト分析
(1) 特定の配列をもつ DNA 断片の末端を標識し，これをプローブとする．
(2) プローブに核タンパク質を加え，ポリアクリルアミドゲル電気泳動を行う．
非標識プローブ(プローブと同じ塩基配列をもつ DNA 断片)を加えてプローブと拮抗させることにより，シフトバンドが消失すると，特異的結合が確認されたことになる．

くなる．DNA 断片が，本来泳動される位置からシフトするので，**ゲルシフト分析**（図 12・27）という．

12・10・2　フットプリント

転写因子が結合する配列を決定する技術．転写因子が結合すると，結合配列を覆うことになり，覆われた部分がデオキシリボヌクレアーゼ (DNaseI) で切断されなくなることを利用している．結合配列が足跡のように検出されるので**フットプリント**という（図 12・28）．

12・11　遺伝子機能の解析

遺伝子をクローニングすることができれば，その遺伝子を特異的に破壊したり，異常な発現をさせることにより機能を解析することが可能になる．

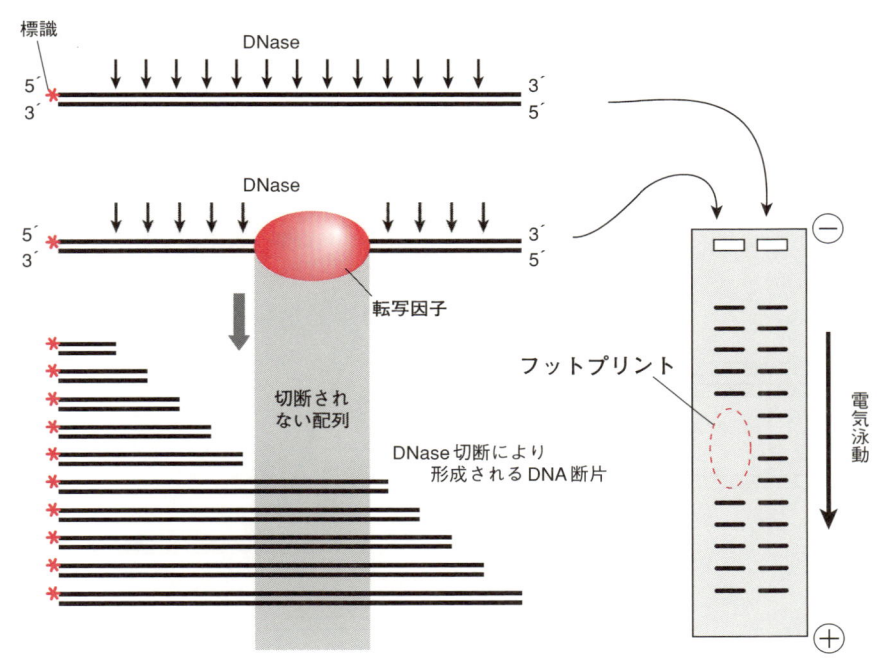

図12・28　フットプリント
(1) 特定の配列をもつ DNA 断片の片側の末端を標識し，これをプローブとする．
(2) プローブに核タンパク質を加え，DNaseI の濃度を調節して，DNA 断片の1か所が切断されるように消化する．同時に，核タンパク質を加えないプローブも同じ条件で DNaseI 消化する．
(3) シーケンス用のゲル電気泳動を行うと，フットプリントが見える．

12・11・1　ジーンターゲティング

染色体 DNA に組み込まれる遺伝子のほとんどは，染色体 DNA 上に点在する繰り返し配列部分にランダムに組み込まれる．しかし，1000回に1回ぐらいの割合で，相同的に組み込まれる．この，まれに起こる相同的組換えを利用して，特定の遺伝子を分断し，機能を失わせることができるようになった．この技術を**ジーンターゲティング**（gene targeting：遺伝子を狙い撃ちする）といい（図12・29），特定の遺伝子が破壊されたマウスを**ノックアウトマウス**とよぶ．

破壊したい遺伝子A

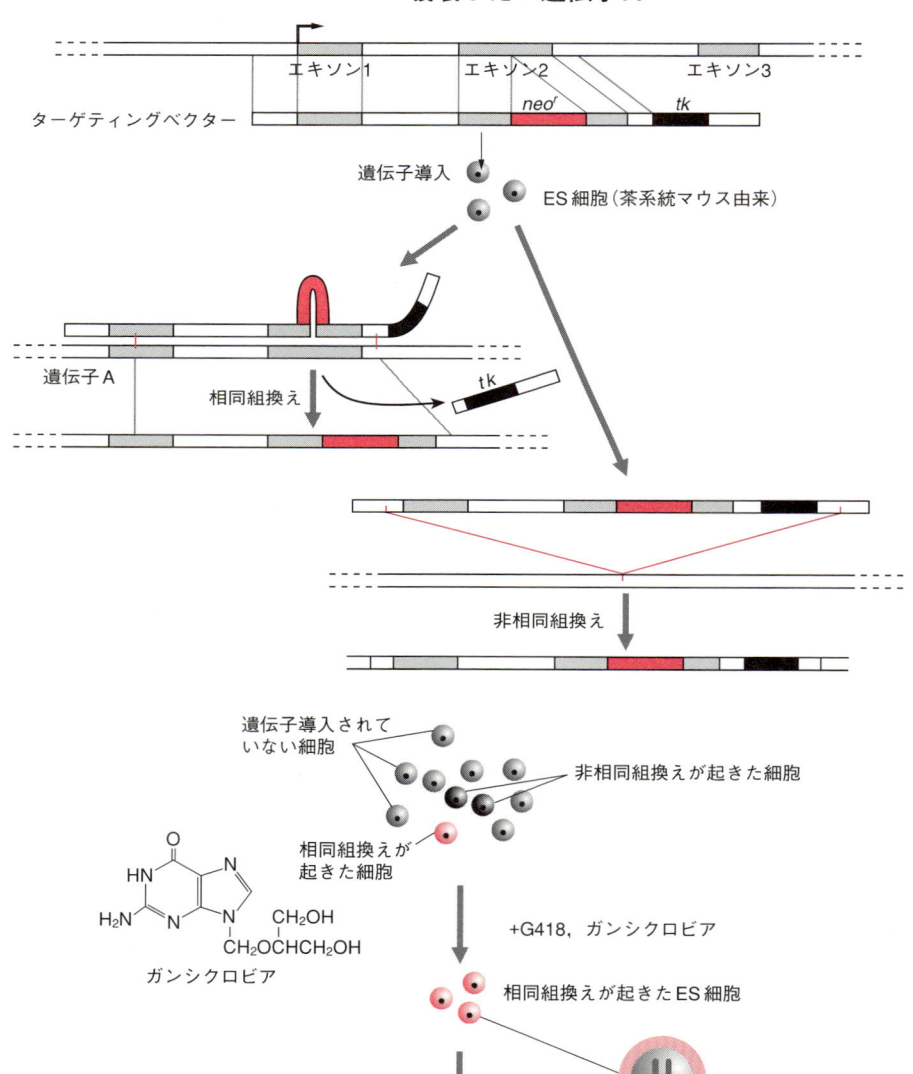

ターゲティングベクター

エキソン1　エキソン2　エキソン3
neo^r　tk

遺伝子導入

ES細胞（茶系統マウス由来）

遺伝子A

相同組換え

tk

非相同組換え

遺伝子導入されていない細胞

非相同組換えが起きた細胞

相同組換えが起きた細胞

ガンシクロビア

+G418，ガンシクロビア

相同組換えが起きたES細胞

次頁へつづく

図12・29
（説明は240ページ）

黒系統由来の胚盤胞

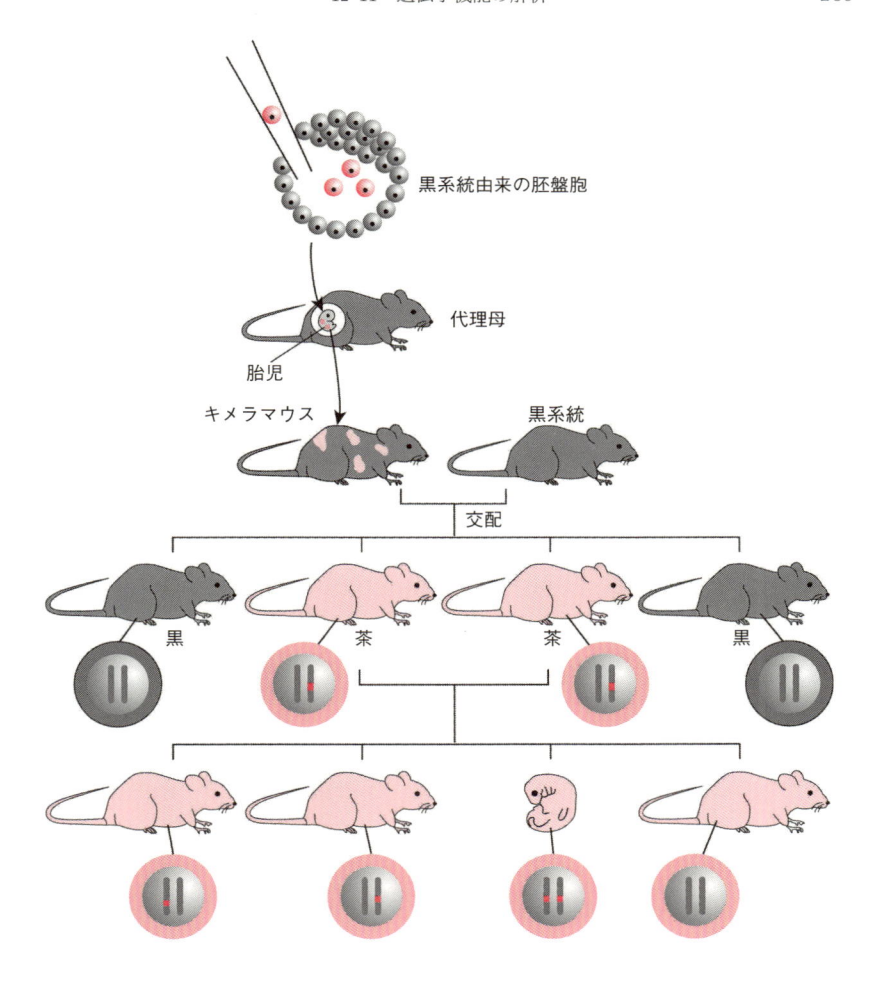

胎児

代理母

キメラマウス　　黒系統

交配

黒　　茶　　茶　　黒

12・11・2　強制発現とドミナントネガティブ

　トランスジェニック生物の作製は高度な技術と時間を要する．また，カエルやウニの様に子孫を得るまでに1年という長い時間がかかるために，トランスジェニック生物を得るのがむずかしい実験動物もある．そのような場合は，細胞にmRNAを注入することで特異的なタンパク質を発現させ，機能を解析する．

図 12・29 の説明　ジーンターゲティング
(1) 破壊したい遺伝子を含むプラスミドを用意する．
(2) 遺伝子組換えにより，遺伝子の中央を欠失させ，neo^r 遺伝子を挿入する．
(3) 破壊したい遺伝子の 3'末端にヘルペスウイルス由来の tkHSV (thymidine kinase)遺伝子を連結する．
　tkHSV は，マウスの tk とは異なり，プリン塩基類似体のガンシクロビア (gancyclovir)を触媒し，DNA 複製を妨げる物質に変換する．
(4) マウス胚由来の ES 細胞 (Embryonic Stem cell) に組み換えた遺伝子を導入する．マウス ES 細胞は，あらゆる細胞に分化させることができる胚幹細胞である．毛の色が茶色のマウス由来の ES 細胞を用いる．毛の色が茶色は毛の色が黒に対して優性．
(5) 真核生物にも有効な放線菌 *Micromonospora rhodorangea* 由来の抗生物質の G 418 で染色体 DNA に組み込まれた ES 細胞を選別する．
　この選別では，ランダムな組み込みと相同的組換えによる組み込みとを区別することができない．
(6) ガンシクロビアを与えて，ES 細胞を選別する．
　染色体 DNA にランダムに遺伝子が組み込まれると，neo^r 遺伝子とともに tkHSV 遺伝子も組み込まれる．tkHSV 遺伝子が機能すると，ガンシクロビアが DNA 複製を妨げる物質に変わり，細胞が死滅する．相同的組換えが起きていると，tkHSV 遺伝子の組み込みが起きず，ES 細胞はガンシクロビアに対して非感受性になり，生き残る．この段階で，相同的組換えが起きた ES 細胞だけが選別されることになる．
(7) 毛の色が黒いマウスの初期胚を取り出し，2 種類の薬剤選別で残った ES 細胞を内部細胞塊に移植する．
　移植された ES 細胞は，宿主胚の細胞となり，黒い毛に茶が混じったキメラマウスが得られる．キメラマウスの生殖細胞の一部は，遺伝子が相同的に導入されている．
(8) 得られたキメラマウスと黒い毛の野生型マウスを交配し，全身が茶色のマウスが得られれば，ヘテロのトランスジェニックマウスが得られる．
(9) ヘテロのトランスジェニックマウスどうしを交配すると，4 分の 1 の確率でホモのトランスジェニックマウスが現れる．
　ホモのトランスジェニックマウスの表現型を解析することで，遺伝子の機能を知ることができる．

　あるタンパク質のコード領域全長を含む cDNA が得られれば，cDNA を鋳型に試験管の中で mRNA を合成し，これを細胞に顕微注入すると，特定のタンパク質を強制的に発現させることができる．受精卵に mRNA を注入すると，胚のすべての細胞で発現させることになる．また，卵割期の特定の細胞に注入することもできる．mRNA を注入された胚の発生様式や，さまざまな遺伝子の発現パターンを解析することにより，機能や遺伝子発現調節のカスケードが明らかになる（5・5 参照）．

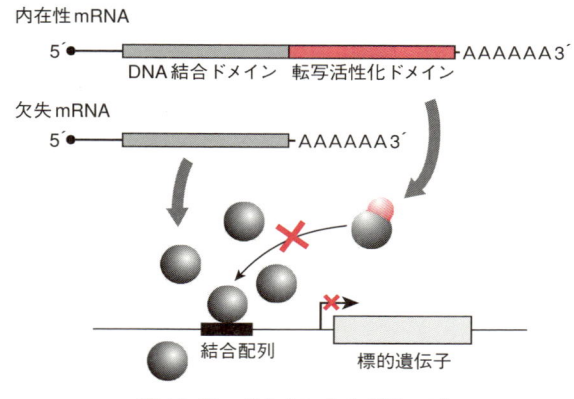

図 12・30　ドミナントネガティブ

　多くのタンパク質は複数の機能ドメインをもち，それらが揃っているから機能する（2・4・5 参照）．1 つのドメインが欠失すると，そのタンパク質は機能しなくなるばかりでなく，多量に存在すると正常なタンパク質と競争状態になり，正常タンパク質の機能を損なわせることになる．したがって，特定のドメインを欠失するタンパク質をコードする mRNA を細胞に注入して影響を解析することでタンパク質機能を知ることができる．この方法を，**ドミナントネガティブ**（欠失など変異があるタンパク質の割合が優性になると負の機能をもつの意）という（図 12・30）．

12・11・3　モルフォリノアンチセンスオリゴ

　細胞に注入した mRNA は，細胞のリボヌクレアーゼによって徐々に分解され，数日すると完全に消失する．したがって，強制発現とドミナントネガティブの手法は，数日以内に結果が得られる実験でしか用いることができない．最近，RNA 鎖のリボースとリン酸をモルフォリンで置換した**モルフォリノオリゴヌクレオチド**が開発された．モルフォリノオリゴヌクレオチドはヌクレアーゼ非感受性のため，細胞内に安定的に存在し続ける．

　特定の mRNA の翻訳開始点を含む配列に相補するモルフォリノアンチセ

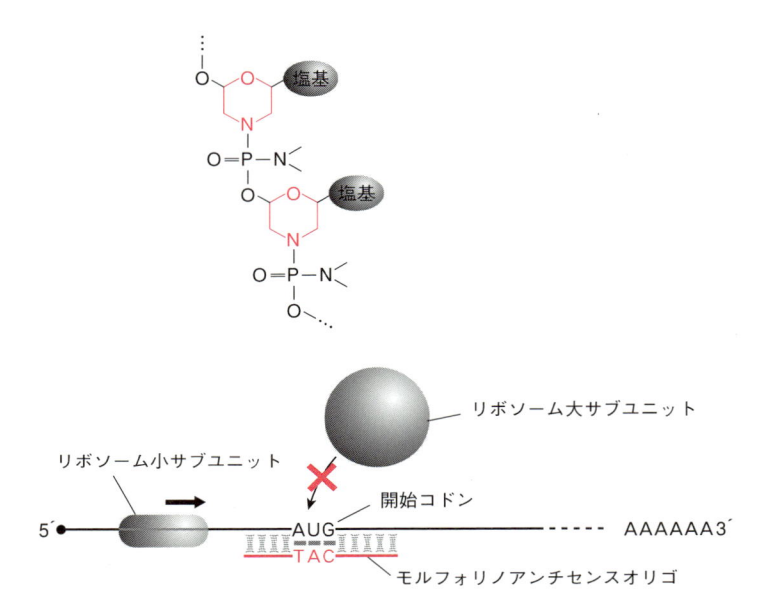

図 12・31　モルフォリノアンチセンスオリゴの構造と翻訳抑制

ンスオリゴ（25 塩基）を細胞内に注入すると，mRNA の翻訳開始点に結合し，リボソーム大サブユニットが結合できなくなる（図 12・31）（4・3・6 参照）．モルフォリノアンチセンスオリゴの開発により，トランスジェニック生物を得ることが困難であった実験動物でも，特定のタンパク質合成（遺伝子の発現）を妨げることができるようになり，遺伝子機能を解析することが可能になった．

12・11・4　アンチセンス RNA

アンチセンス RNA は，mRNA とハイブリダイズしてリボソームによるタンパク質合成を抑制する．機能を解析したい遺伝子のアンチセンス RNA を転写する遺伝子を導入すると，特異的に遺伝子機能を抑制することができる（図 12・32）．

図12・32 アンチセンス RNA

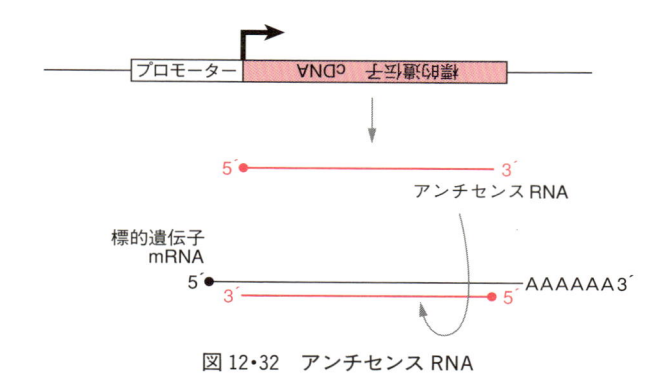

12・11・5 RNAi

2本鎖 RNA が存在すると，その配列をもつ RNA を特異的に切断するしくみが細胞にはある．その機構と生物学的意味は不明な点が多いが，レトロウイルスに対する生体防御機構と考えられている．機能を解析したい遺伝子

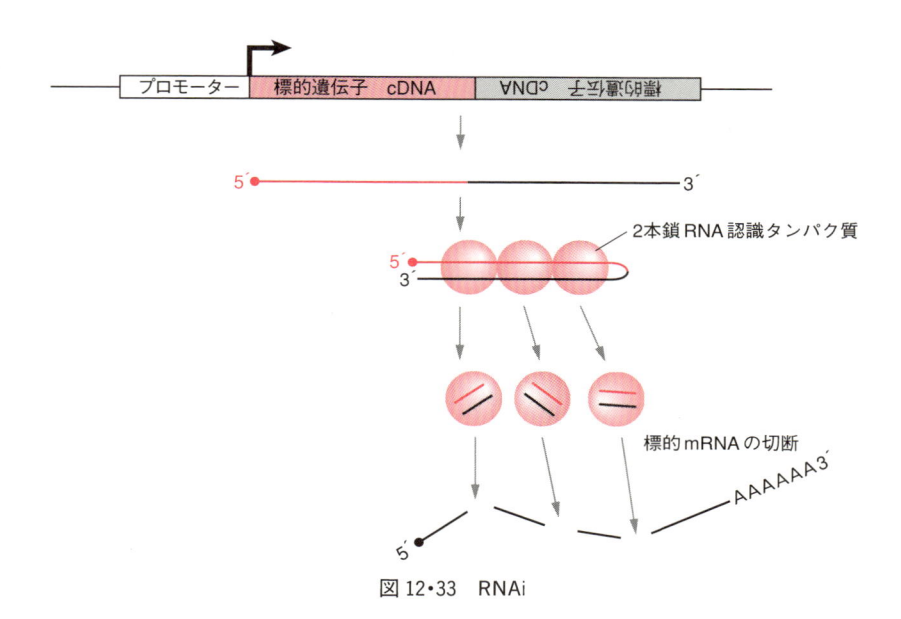

図12・33 RNAi

のmRNAと同じ配列に続いてその配列に相補する配列のRNAを転写する遺伝子を導入すると，ヘアピン状の2本鎖のRNAが合成される．これをRNAの分解システムが認識して，特異的にmRNAを分解する．これをRNAi（RNA interference）という（図12・33）．

12・11・6　リボザイム

酵素活性をもつRNAを**リボザイム**といい，rRNA前駆体にはRNA切断活性をもつ配列がある．rRNAがプロセシングを受ける過程では，RNA切断活性配列の周囲の配列が標的配列に相補的に2本鎖を形成し，特定のRNA配列を切断する（6・2参照）．

機能を解析したい遺伝子のmRNAに相補するRNAとrRNAリボザイムが連続したRNAを合成する遺伝子を構築する．これを細胞に導入すると，特異的にmRNAを分解することができる（図12・34）．

標的RNA

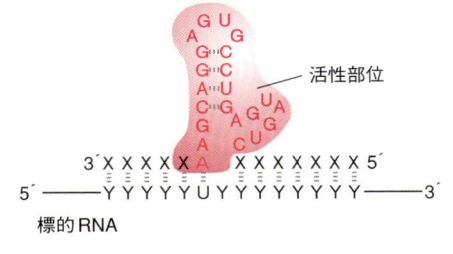

X：認識配列
Y：Xと相補配列

図12・34　リボザイム

12・11・7　データベースを利用した遺伝子機能の解析

これまでにクローニングされた遺伝子の塩基配列，コードするタンパク質の機能および機能ドメインなど，世界中から集められた膨大なデータが蓄積されている．研究者は論文として発表する前に，遺伝子の情報をデータベースに登録することを義務づけられているのである．それらは公開されてお

り，いつでもインターネットを使って利用することができる(GenomeNet, 日本語可，http：//www.genome.ad.jp/)．新たにクローニングした未知の遺伝子であっても，いくつかのドメインは既知のタンパク質と似ていることが多い．したがって，新規遺伝子の機能をある程度は推定することができる．

13 遺伝子の応用

　遺伝子科学の知識は，がんなど病気の原因遺伝子の特定や，遺伝子診断，遺伝子治療，さらには有用な動植物の作出など，さまざまな技術に応用されている．

13・1　ゲノムプロジェクト

　生命現象を担う情報はゲノムとして記されている．今はまだ，機能が明らかにされていない遺伝子が大部分であるが，塩基配列を知ることにより機能を予測したり，機能の解明に向けた実験計画を組み立てることができる．遺伝病の原因遺伝子の同定や，有用なタンパク質の合成など利用価値は高い．

　ヒトの他に大腸菌，酵母，ラン藻，シロイヌナズナ，イネ，線虫，ショウジョウバエのゲノムの配列が決定されている．さらに，ウニ，ホヤ，ミツバチ，チンパンジーのゲノムプロジェクトも進行中であり，ゲノムを比較することにより進化が解明されると期待されている．

　ある組織，発生時期，がんなどで発現している遺伝子のcDNAを網羅的にクローニングし，配列をデータベース化したものをEST（expressed sequence tag：発現配列タグ）といい，脳のESTならば脳で発現している遺伝子のほとんどすべての情報が納められている．ヒトでは450万個以上登録されており，配列の類似性をもとに約9万2千個のクラスターとしてグループ化されている．他の生物種も合わせると，2003年10月現在で登録は1884万個以上にものぼり，今後さらに数が増すと予想される．これらの情報はhttp://www.ncbi.nlm.nih.gov/dbEST/index.htmlで公開されている．

13・2　疾患原因遺伝子の特定

　病気になると，疾患が起きている組織の遺伝子の発現パターンが大きく変化する場合が多い．たとえば，正常組織に比べ，がん組織で発現量が大きく異なる遺伝子を網羅的に探すと，がんの原因遺伝子を突きとめることができる．さまざまな遺伝子の発現を，ノザン分析（12・5・2 参照）や PCR（12・6 参照）で調べると膨大な労力を必要とする．そこで，多数の遺伝子の相対的発現量を一度に調べる技術が開発された．

　既知のクローン，あるいは EST の各クローンに通し番号をつけ，各クローンをスライドガラスやナイロン膜上に，18 mm 平方に 80×80 列＝6400 点の密度で固定したものを用意する．これを**マイクロアレイ**（microarray）といい，アレイとは整列したものの意である．調べたい 2 つの組織 A と B から mRNA を抽出し，逆転写酵素で cDNA を合成する（12・1・4 参照）．そのとき，どちらの組織由来の cDNA か区別できるように，A 組織の cDNA を緑の蛍光色素，B を赤い蛍光色素で標識し，これをプローブとして用いる．プローブを混ぜてハイブリダイズさせると，B 組織より A 組織で発現が高い遺伝子は緑，A 組織より B 組織で発現が高い遺伝子は赤，発現量が等しければ黄色の蛍光を発する．両方の組織とも発現が低い遺伝子の場合は蛍光が弱い．

　最近では，フォトリソグラフィー（集積回路のプリント基板を焼きつける技術）を用いて，1 cm^2 の基盤上に 100 万個の点として，100 万種類のオリゴヌクレオチドを合成できるようになった．このマイクロアレイを特に **DNA チップ**という．目的に合わせて，特定の遺伝子集団に絞った DNA チップを作ることもできる．たとえば，ウイルスに感染したと思われる患者の DNA を，ウイルス DNA チップとハイブリダイズさせると，ウイルスを直ちに特定することができる（図 13・1）．

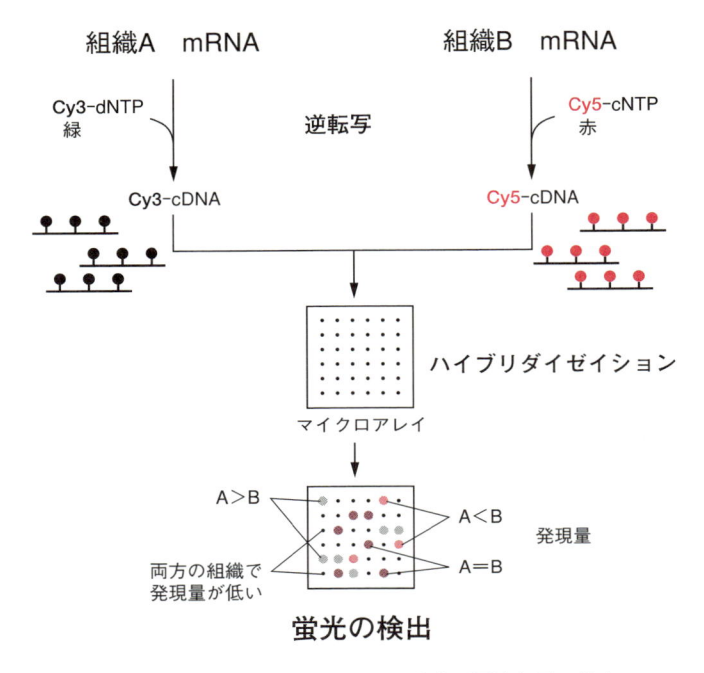

図 13·1　マイクロアレイを用いた疾患原因遺伝子の特定

13·3　遺伝子診断

　ヒトのゲノム配列の個人差は約 0.1% であり，そのほとんどは 1 塩基が異なる点変異である．これを**スニップス SNPs**（Single Nucleotide Polymorphisms：1 塩基多型）といい，ゲノム上に 300 万個以上ある．SNPs は高密度で存在するので，個人の多型をとらえるための遺伝マーカーとして有用である．DNA チップと組み合わせると，10 ng 程度の少量の DNA で SNPs を検出することができる．DNA チップのオリゴヌクレオチドは短いこと（約 20 塩基）が重要なポイントである．20 塩基あれば，その配列が存在する確率が 4^{20}（約 1 兆）塩基の中で 1 か所の確率となる．これはハイブリダイゼイションの特異性が十分高いことを意味している．同時に，20 塩基の

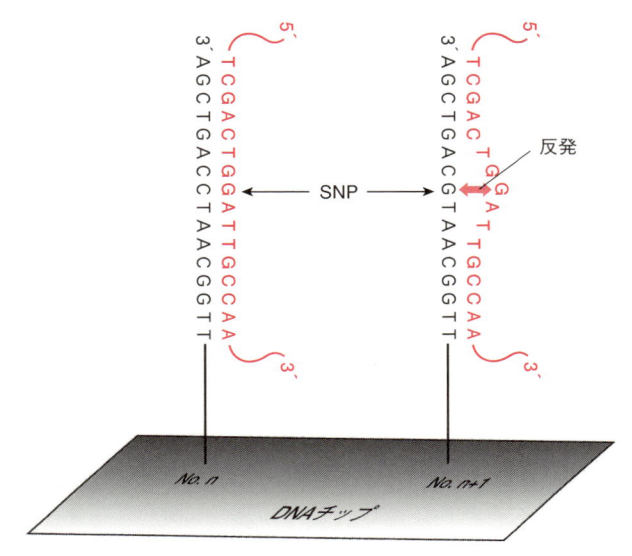

図13・2 DNAチップを用いた遺伝子診断

うち1塩基でも相補性がないとハイブリダイゼイションできない条件(Tm)を設定できる(12・1・5参照).したがって,SNPsを特異的に検出することができる.

若年で高血圧症になる人は,アンギオテンシノーゲン遺伝子の転写開始点－6塩基のGがAに変異している.その結果,アンギオテンシノーゲン遺伝子の発現量が増え高血圧になる.鎌状赤血球貧血症は,1塩基置換によりβグロビン遺伝子の6番目のアミノ酸のグルタミンがバリンに置き換わったために起きる.がん関連遺伝子(10章参照)はこれまでに約300個発見されている.塩基の変異により引き起こされる遺伝子の異常発現や,タンパク質の機能異常ががん化を促進する.SNPsを検出することにより,これらの病気の予知,すなわち**遺伝子診断**が行われるようになってきた(図13・2).

同じ症状でも,薬が効く人と効かない人がある.同じ病名がつけられていても,発症の機構が異なる場合があるからである.遺伝子診断により原因と

なる遺伝子がわかれば，最も適した薬を処方することができる．このように，一人ひとりの病気の質に応じた治療を**オーダーメイド医療**といい，効率的で副作用の少ない治療が期待されている．

コラム．遺伝子診断と生命倫理

　遺伝子診断により，病気を予知することが可能になり，生活習慣病などは発病する前に対策を講じられるようになってきた．一方，治療法がない病気の場合は，不治の病になることをあらかじめ知ることになる．知らないでいる権利をどの様に守るか，差別につながらないかが重要な問題となる．

　妊娠中に羊水に含まれる細胞の DNA を調べることで，生まれてくる子供の遺伝子診断をすることができる．これを**羊水検査**という．悪い診断結果が出た場合は判断に迷うことになる．中絶を選択すれば母体の危険をともなう．また，障害者の人権を侵害することにもなる．

　子供をつくる前に遺伝子診断をすれば，障害をもつ子供が生まれる可能性を知ることができる．両親とも健康であるが，両親とも同じ対立遺伝子の片方に変異がある（ヘテロ）とする．変異遺伝子がホモの子供が生まれると，必ず不治の病になることがわかっている場合（1・1コラム参照），体外受精をして8細胞になったところで1個の細胞を取り出し，遺伝子診断をする．これを**着床前診断**という．胚の1個の細胞が失われても，この発生段階のヒトの胚細胞は調節性があるので発生に問題はない．健康な胚を子宮に戻し，誕生させる．この方法を用いれば，遺伝子に問題がある両親でも健康な子供に恵まれることになる．しかし，これも家系の差別につながらない対策が必要である．

13・4　遺伝子治療

　原因遺伝子が明らかになっている場合は，治療用の遺伝子を細胞に導入することにより，原因遺伝子を機能させなくすることができる．遺伝子機能が喪失している場合は正常な遺伝子を補うことにより治療する．

遺伝子導入はウイルスベクター法がおもに用いられる（12・9・6参照）。病気の原因遺伝子の機能を失わせるには，アンチセンスRNA，RNAiまたはリボザイム（12・11・6参照）を発現する遺伝子を患部の細胞に導入し，それぞれ原因遺伝子のタンパク質の翻訳抑制，mRNAを切断する方法がとられる。エイズの原因となるHIVウイルスのゲノムはRNAなので，治療にリボザイムが用いられている。

通常のウイルスベクター法で導入した遺伝子は一過的にしか発現しないので（12・9・1参照），継続して遺伝子治療を行う必要がある。レトロウイルスベクターを用いると，染色体DNAに遺伝子を挿入することができ，安定した治療が期待できる。

しかし，導入した遺伝子は周囲の染色体環境の影響を受ける。その結果，ヒストンのメチル化，DNAのメチル化やヒストンの脱アセチル化による発現抑制を受け（5・6・3参照），しだいに導入遺伝子が機能しなくなる問題がある。そこで，染色体の境界（インスレーター：遮断の意）を探し出し，これを用いて導入遺伝子の不活性化を防ぐ試みがなされている。

13・5 遺伝子組換え作物

人口増加に伴う食糧問題は深刻であり，開発途上国では遺伝子組換え作物がこの危機を乗り越えるための切り札と期待されている。遺伝子導入により，殺虫毒素を合成するジャガイモ，トウモロコシ，ウイルス耐性のイネなど，農薬を使わなくても高い収穫が得られる作物が作り出されている。また，除草剤に耐性の遺伝子を組み込むことにより，除草剤の濃度を高くしても枯れない大豆，トウモロコシ，ナタネなどの作物が作られており，効率良く雑草を除去することができるようになった。さらには，ポリガラクツロナーゼ遺伝子を抑制して実が柔らかくなるのを防いでいるトマトも商品化されている。

しかし，害虫ではない虫が殺虫毒素を合成する作物を食べて死ぬなど，生

態や環境への影響が懸念されている．また，人体への安全性など検証すべき問題も多い．

13・6　動物工場・植物工場

　ヒトの血液製剤として用いられるアルブミンなどの有用物質の遺伝子を，ウシなどの動物に導入して，乳腺で発現させ，乳汁として取り出す技術の開発が進められている．

　ワクチンはニワトリの有精卵に無害化したウイルスを感染させて作製する．したがって，ワクチンの接種ではワクチンに混入する卵タンパク質のアレルギーが問題になる．そこで，アレルギーを引き起こさない植物にウイルスタンパク質や病原毒素の一部を合成させる植物ワクチンの作製が試みられている．このように，遺伝子導入によって有用物質を合成させる動植物を，**動物工場・植物工場**とよぶ．

13・7　クローンの作製

　受精卵が胚盤胞になったところで胚を分割し，代理母の子宮に着床させるとクローン動物が得られる．ヒトの一卵生双生児も同じ原理で生まれる．この技術は実用化されており，優良な肉牛の卵と精子を人工受精させ，胚を安価な乳牛の胎内で育てると，高価で肉質の良いクローン牛を量産することができる．

　一方，成体になった個体の細胞核を卵に移植して得るクローンを**体細胞クローン**という．未受精卵の核を取り除き，体細胞の核を移植する．受精と同じ刺激を電気パルスで与え，発生を開始させ，胚盤胞まで培養したところで子宮に着床させる．こうして，胎内で育て，生まれるのを待つのである（図13・3）．

　これまでに，ヒツジやウシの体細胞クローンを得ることに成功している．

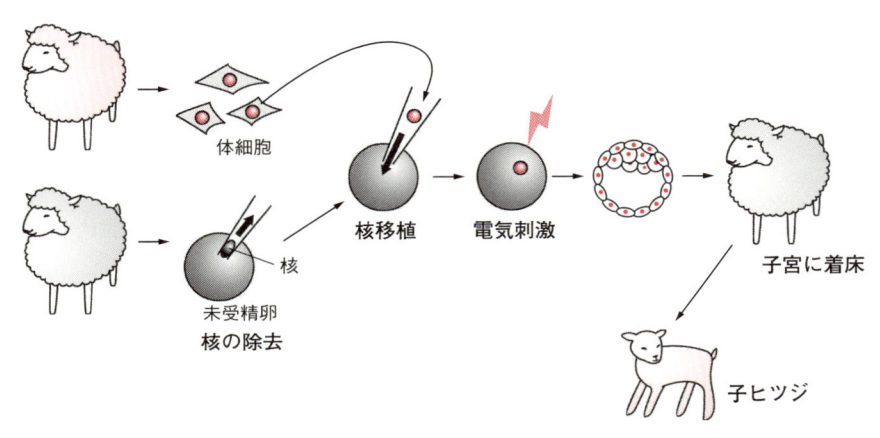

図13・3　クローンヒツジの作製

しかし，成功率は低く，ドリーは277回試みた結果生まれた．クローンが誕生する確率は，用いる組織の細胞により異なり，卵巣の卵丘細胞では約5%であるが乳腺上皮細胞ではほとんど成功しない．大部分は妊娠中に死亡し，誕生したとしても何らかの異常がある場合が多い．その原因は，卵に核を移植するとDNAのメチル化（5・6・3参照）のパターンが書き換えられることにある．卵は中程度にDNAがメチル化されており，精子は高度にDNAがメチル化されている．正常発生では，受精卵のDNAのメチル化レベルが低下し，胚盤胞でメチル化レベルが最も低くなる．細胞分化が始まると，発現させない遺伝子をDNAメチル化により不活性化し，体細胞では高度にDNAがメチル化される（図13・4）．

　生殖細胞は低メチル化レベルが保たれ，精子と卵に分化する時にメチル化を受ける．体細胞の核が卵に移植されると，DNAのメチル化パターンが胚盤胞に至る過程で消去される．細胞分化にともない，新たにメチル化を受けるが，メチル化パターンが異常になる場合がほとんどである．メチル化パターンが正常と異なると，遺伝子の発現パターンが狂い，正常な発生をしなくなり，流産する．たまたま，正常と似たメチル化パターンが得られれば，生

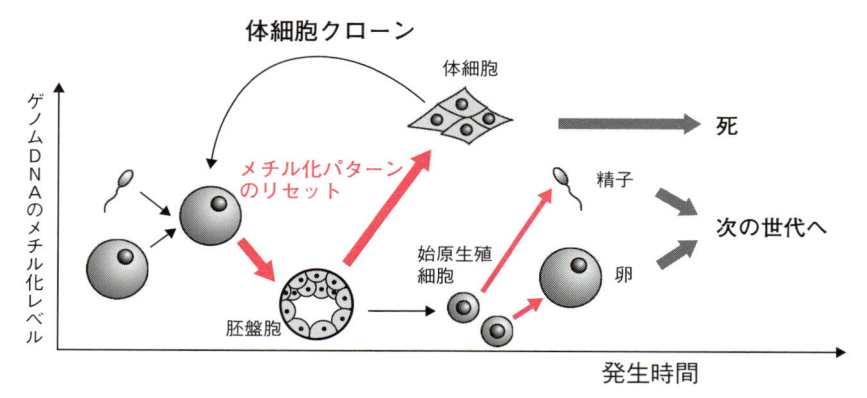

図 13・4　発生過程におけるゲノム DNA メチル化レベルの変化

まれてくるが障害を伴う場合が多い．

　雌の性染色体は XX であり，片方の X 染色体をメチル化して不活性化し（5・6・3 コラム参照），雄の X 染色体の遺伝子情報量と等しくしている．しかし，体細胞クローンでは大部分が，両方の X 染色体遺伝子を発現してしまう．一見正常に生まれたドリーも，リュウマチを患っており，免疫系の遺伝子の発現に異常がある．

コラム．クローン人間

　クローン人間が得られたとしても，正常な体のヒトが得られる確率は今のところゼロに近い．精神は遺伝子だけで支配されているわけではなく，むしろ誕生後の経験により形成される神経のネットワークが大きな影響を及ぼす．一卵性双生児が別々の人格をもつように，クローン人間ができたとしても，各クローンは別の人間であることを忘れてはならない．

参考書案内

B. Alberts, *et al*.:"Molecular Biology of the Cell. Includes Cell Biology Interactive CD-ROM. 4th ed." Garland Publishing, Inc. (2002)
中村桂子,藤山秋佐夫,松原謙一 監訳:「細胞の分子生物学 第3版」ニュートンプレス(2001)

J.D. Watson, *et al*.:"Molecular Biology of the Gene. 4th Combined ed." Benjamin/Cummings Pub. Co.(1988)
松原謙一,中村桂子,三浦謹一郎 監訳:「ワトソン遺伝子の分子生物学 第2版 上下」東京電機大学出版局(2001)

T.A. Brown:"Genomes 2. 2nd ed." BIOS Scientific Publishers Ltd. (2002)
村松正實 監訳:「ゲノム 新しい生命情報システムへのアプローチ」メディカル・サイエンス・インターナショナル(2000)

H. Lodish, *et al*.:"Molecular Cell Biology. 4th ed." W.H. Freeman and Company(1999)
野田春彦 ほか訳:「分子細胞生物学 第4版 CD-ROM付 2分冊」東京化学同人(2001)

S. Carroll, *et al*.:"From DNA to Diversity" Blackwell Science Ltd.(2001)

J.C. Gerhart, M. Kirschner:"Cells, Embryos and Evolution" Blackwell Scientific Pubns., Inc. (1997)

B. Lewin:"Genes VII. 7th ed." Oxford at the Clarendon Press(2000)
松橋通生 ほか監訳:「ワトソン・組換え DNA の分子生物学 第2版」丸善(1993)

赤坂甲治 編:「生物学と人間」裳華房(2000)

石川 統 編:「生物学」東京化学同人(1994)

遠山 益 著「図説 生物の世界 改訂版」裳華房(1998)

S.F. Gilbert:"Developmental Biology. With CD-ROM. 6th ed." Sinauer Associates, Inc. (2000)

岡田益吉 編「発生遺伝学 (21世紀への遺伝学 IV)」裳華房(1996)

八杉貞雄　著「発生の生物学（生物科学入門コース5）」岩波書店(1993)

石原勝敏　著：「図解　発生生物学」裳華房(1998)

浅島　誠　著「発生のしくみが見えてきた」岩波書店(1998)

石原勝敏　著「背に腹はかえられるか（ポピュラー・サイエンス）」裳華房(1996)

NHK「人体」プロジェクト：「驚異の小宇宙・人体Ⅲ　遺伝子・DNA1〜6-NHKスペシャル-」日本放送出版協会(1999)

索　引

α ヘリックス　34
β-カテニン　108
β シート　35

A

APC　188
　——遺伝子　110
ARS　49

B

BMP　107
B 細胞　177

C

Cdk　59
cDNA　201
　——ライブラリー　204
CpG アイランド　115
CTD　89

D

Delta　110
DNA　13
DNase 感受性　112
DNase 高感受性領域　112
DNA グリコシラーゼ　149
DNA 結合ドメイン　94
DNA チップ　247
DNA の再複製阻止　63
DNA の二重らせん再構成　26
DNA の二重らせんモデル　16
DNA の変性　26
DNA 複製速度　55
DNA ポリメラーゼ　41
　——の校正機能　43, 147
DNA メチル化　114
DNA メチルトランスフェラーゼ　115
DNA リガーゼ　46, 199

E

EGF　105
EST　246
ES 細胞　240

G

G_1 チェックポイント　62
G_2 チェックポイント　62
GFP　230
GU-AG イントロン　120

H I

HIV ウイルス　182
Hom-C　172
Hsp70　125
H 鎖　178
in situ ハイブリダイゼイション　219

L

lacZ　230
lacZ 遺伝子　213
L 鎖　178

M N O

MAP キナーゼ　105
MeCP　115
MPF　59
myc　185
Notch　110
ORF　81

P

p16　189
p53　189
PABI　80
PCR　221

R

RACE 法　226
RAD　189
Ras　185
Rb　189
RNA　66
RNAi　244
RNA ポリメラーゼ　66, 68
　——I　69
　——II　69
　——III　69

RNAワールド　76

S

Smad　108
snRNA　120
snRNP　120
SRE　105
SRP　131
SV40ウイルス　233

T

TAF　90
Taqポリメラーゼ　221
TATAボックス　89
TBP　89
TCF/LEF　108
TFIID　89
TGF-β　107
Tm　202
tRNA　66, 72

V　W　Z

VP16　103
Wnt　108
Xist　116
Znフィンガー　94

ア

アガロースゲル　203
アクチビン　107
アグロバクテリウム　235
アデニル化アミノ酸　75
アニーリング　201
アフィニティークロマトグラフィー　202
アポトーシス　61, 152
アミノアシル-tRNA　75
　——合成酵素　74
アミノ酸　30
アロステリックタンパク質　38
アンチセンスRNA　242
アンテナペディア　172
　——・コンプレックス　172
アンピシリン耐性遺伝子　213

イ

イーブンスキップト　168
イオン結合　21
一次ペアルール遺伝子　168
遺伝子組換え　197
　——作物　251
遺伝子診断　249
遺伝子操作　197
遺伝子増幅　184
遺伝子重複　190
遺伝子治療　251
遺伝子のクローニング　197
遺伝子の再編成　192
遺伝子の連鎖　10
遺伝子ファミリー　191
遺伝子量補償　116
囲卵腔　154
インクルージョンボディー　228
イントロン　86

ウ

ウイルスベクター法　233
ウイングレス　170
ウルトラバイソラックス　173

エ

エキソン　86
エストロゲン応答配列　101
エストロゲン受容体　101
エチジウムブロマイド　203
エレクトロポレーション　234
塩基除去修復　149
塩基性ドメイン　94
塩基類似体　142
エングレイルド　169
エンハンサー　86

オ

オーダーメイド医療　250
岡崎フラグメント　45
オゾンホール　141
オペロン　87

カ

開始tRNA　80
開始因子　80

開始コドン　71
開始複合体　80
開始前複合体　80
核　4
核局在シグナル　130
核膜孔　130
カスケード　105
家族性大腸ポリポーシス　110
活性化細胞　180
活性酸素　139
可変領域　178
鎌状赤血球貧血症　65
がん　183
がん原遺伝子　184
カンブリア紀の大爆発　196
がん抑制遺伝子　187

キ

記憶細胞　181
キナーゼ　40
機能獲得型突然変異　184
機能獲得変異　146
機能喪失変異　146
基本転写因子　89
逆転写酵素　52, 200
逆平行βシート　35
逆方向反復配列　27, 92
キャップ　69, 117
ギャップ遺伝子　165, 167
狂牛病　128
強制発現　239
共有結合　18

ク

組換え修復　151
組換えタンパク質　226
グリコシル化　126
グルココルチコイド応答配列　101
グルタミン・リッチドメイン　98
クルッペル　167
クロイツフェルト・ヤコブ病　128
クローニング　209
クロマチン　4, 30

ケ

形質転換　13, 200
血清応答配列　105
ゲノミックサザン　219
ゲノミックライブラリー　228
ゲノムサイズ　28
ゲノムプロジェクト　246
ゲルシフト分析　236
減数分裂　5

コ

抗原　177
構成的活性型タンパク質　184
抗体応答　177
コーダル　162
コード領域　87
コザック共通配列　80
コドン　70

コンピテントセル　214

サ

サイクリン　58
細胞周期　57
　——チェックポイント　186
細胞小器官　129
細胞性胞胚　155
サイレンサー　86
サイレント変異　144
サザンハイブリダイゼイション　218
サザンブロッティング　218
サザン分析　217
サブクローニング　212
サブユニット　37
酸性ドメイン　98
三点交雑　11

シ

シーケンス　214
ジーンターゲティング　237
紫外線　140
シグナル伝達　105
　——因子　40
シグナルパッチ　138
シグナルペプチダーゼ　132
シグナルペプチド　131
　——受容体　135
ジゴキシゲニン　216
シスエレメント　86
ジスルフィド結合　36

終止コドン　71
腫瘍　183
植物工場　252
自律複製配列　49
伸長因子 eEF-1　75

ス

水素結合　20
スーパーコイル構造　30
スクリーニング　209
ステイブルな発現　230
スニップス SNPs　248
スプライシング　86

セ

制限酵素　197
性染色体　8
　——遺伝病　3
セグメンテイション遺伝子　165
セグメント　166
　——ポラリティー遺伝子　167
前後軸　160
染色質　4
染色体　3
　——地図　11
　——転座　184
　——の組換え　11
選択的スプライシング　122
選別シグナル　129

ソ

造血幹細胞　179
増殖因子　105

相同染色体　5
相補性　27
側方抑制　110
疎水結合　22
粗面小胞体　131

タ

ターミナルグループ　163
ターミネーター　92
体細胞　5
体細胞クローン　252
対立遺伝子　1
だ腺染色体　10
脱アミノ化剤　141
タンパク質
　——構造のゆらぎ　38
　——の一次構造　31
　——の立体構造　33
　——輸送体　131

チ

着床前診断　250
中期チェックポイント　63
調節ドメイン　94

テ

定常領域　178
データベース　244
デオキシリボース　24
デカペンタプレジック　159
デストラクションボックス　61
テロメア　51

テロメラーゼ　51
転移性遺伝因子　142
電気泳動　203
転写　66
転写因子　94
転写開始点　85
転写開始複合体　89
転写活性化ドメイン　94
転写共役修復　150
転写終結機構　92
転写終結点　85
転写調節モジュール　102
転写調節領域　86
転写抑制ドメイン　94
点変異　144
電離放射線　141

ト

同義変異　144
同質倍数体　190
糖タンパク質　127
動物工場　252
ドーサル　155
ドッキングタンパク質　131
トポイソメラーゼ　47
ドミナントネガティブ　241
ドメイン　36
トランジェントな発現　230
トランスゴルジ網　138
トランスポゾン　143, 193
トリソラックス遺伝子群

175
トリプレット　70
トルソ　164
貪食細胞　177

ナ

内部輸送開始ペプチド　134
ナノス　160
ナンセンス変異　144

ニ

二次ペアルール遺伝子　169
ニック　148

ヌ

ヌクレオソーム　30
ヌクレオチド除去修復　149
ネオマイシン耐性遺伝子　213,231

ノ

ノザン分析　219
ノックアウトマウス　237

ハ

パーティクルガン　235
配偶子形成　5
バイソラックス・コンプレックス　172
胚盤胞　252
背腹軸　155
ハイブリダイゼイション

201
ハウスキーピング遺伝子　56,91
バクテリオファージ　14,199,205
パッケージングエキストラクト　209
発現ベクター　207,226
パミリオ　162
パラセグメント　166
ハンチバック　161
反復配列　191
半保存的複製　41

ヒ

光回復酵素　148
ビコイド　160
非コード領域　87
ヒスタグ　227
ヒストン　29
　──アセチル化酵素　113
　──脱アセチル化酵素　113
非ヒストンタンパク質　30
ピリミジン　25
　──二量体　140

フ

ファン・デル・ワールス結合　19
フィードバック制御　39
複製起点　48
複製終結点　50
複製フォーク　41

フシタラズ　169
フットプリント　236
プラーク　211
プライマー　45
プライマーゼ　46
プラスミド　199,212
プリオン　128
プリン　25
不連続的複製　44
プローブ　201
プロセッシング　117
プロテアソーム　61
プロテオグリカン　127
プロモーター　86
プロリン・リッチドメイン　98
分子系統樹　194
分子シャペロン　125
分子時計　195
分離の法則　3

ヘ

ペアルール遺伝子　166
平行βシート　35
平衡定数　23
ベクター　199
ヘッジホッグ　170
ヘテロクロマチン　112
ペプチジル基転移酵素　76
ペプチド結合　30
ヘリカーゼ　41
ヘリックス-ターン-ヘリックス　94
ヘリックス-ループ-ヘリックス　96

ホ

保育細胞　154
母性遺伝子　155
保存配列　144, 223
補体　177
ホメオーシス　172
ホメオティック遺伝子　95, 172
ホメオティック・コンプレックス　172
ホメオドメイン　95
ポリ(A)　69, 118
　──付加シグナル　118
　──ポリメラーゼ　118
ポリアクリルアミドゲル　203
ポリコームファミリー　175
ポリソーム　83
ポリペプチド　31
翻訳　71
翻訳開始点　78
翻訳終止　81

マ ミ

マイクロアレイ　247
ミエローマ　180

メ

メチル化維持酵素　115
メチル化新生酵素　115
メディエーター　104
免疫　177
免疫グロブリン　177
メンデルの法則　1

モ

網膜芽細胞腫　189
モノクローナル抗体　180
モルフォリノオリゴヌクレオチド　241

ユ

融解点　202
ユークロマチン　112
優性形質　2
優性の法則　2
遊離因子　81
輸送小胞　137
輸送停止ペプチド　133, 134
ユビキチン　61
ゆらぎ　73

ヨ

羊水検査　250
読み過ごし変異　144
読み枠　78

ラ

ライオニゼーション　116
ライセンスファクター　64
ラギング鎖　44
卵母細胞　154

リ

リーディング鎖　44
リガンド　38
リポーター遺伝子　230
リボザイム　244
リボソーム　75
　──結合配列　88
リポフェクション　231
リン酸カルシウム法　231
リンパ球　177

ル レ

ルシフェラーゼ　230
劣性形質　2
レトロウイルス　143, 186
レプリコン　54

ロ ワ

ロイシンジッパー　96
濾胞細胞　154
ワクチン　181

著者略歴
赤坂 甲治（あかさか こうじ）
1951 年　東京都に生まれる
1976 年　静岡大学理学部生物学科卒業
1981 年　東京大学大学院理学系研究科修了（理博）
1981 年　日本学術振興会奨励研究員
1981 年　東京大学理学部助手
1989 年　広島大学理学部助教授
　この間，1990 年〜1991 年　米国カリフォルニア大学バークレー校
　　分子細胞生物学部門共同研究員
2002 年　広島大学大学院理学研究科教授
2004 年　東京大学大学院理学系研究科教授

著　書
「生物学の世界」（朝倉書店，1985，共著）
「発生システムと細胞行動」（培風館，1987，共著）
「生物の実験」（裳華房，1992，共著）
「生物学」（東京化学同人，1994，共著）
「生物学と人間」（裳華房，2000，編著）

ゲノムサイエンスのための **遺伝子科学入門**

2002 年 11 月 10 日　第 1 版 発行
2015 年 8 月 5 日　第 7 版 1 刷発行

検印省略

定価はカバーに表示してあります．

増刷表示について
2009 年 4 月より「増刷」表示を「版」から「刷」に変更いたしました．詳しい表示基準は弊社ホームページ
http://www.shokabo.co.jp/
をご覧ください．

著作者　赤坂 甲治
発行者　吉野 和浩
発行所　東京都千代田区四番町 8-1
　　　　電話　03-3262-9166（代）
　　　　郵便番号 102-0081
　　　　株式会社　裳華房
印刷所　株式会社 真興社
製本所　牧製本印刷株式会社

社団法人
自然科学書協会会員

JCOPY　〈(社)出版者著作権管理機構 委託出版物〉
本書の無断複写は著作権法上での例外を除き禁じられています．複写される場合は，そのつど事前に，(社)出版者著作権管理機構（電話 03-3513-6969，FAX 03-3513-6979，e-mail: info@jcopy.or.jp）の許諾を得てください．

ISBN 978-4-7853-5201-1

© 赤坂甲治，2002　　Printed in Japan

生物科学入門（三訂版） 石川 統 著　本体2100円＋税	コア講義 生物学 田村隆明 著　本体2300円＋税
新版 生物学と人間 赤坂甲治 編　本体2300円＋税	ベーシック生物学 武村政春 著　本体2900円＋税
ヒトを理解するための 生物学 八杉貞雄 著　本体2200円＋税	人間のための 一般生物学 武村政春 著　本体2300円＋税
ワークブック ヒトの生物学 八杉貞雄 著　本体1800円＋税	図説 生物の世界（三訂版） 遠山 益 著　本体2600円＋税
生命科学史 遠山 益 著　本体2200円＋税	エントロピーから読み解く 生物学 佐藤直樹 著　本体2700円＋税
医療・看護系のための 生物学 田村隆明 著　本体2700円＋税	医薬系のための 生物学 丸山・松岡 共著　本体3000円＋税
理工系のための 生物学（改訂版） 坂本順司 著　本体2700円＋税	分子からみた 生物学（改訂版） 石川 統 著　本体2700円＋税
多様性からみた 生物学 岩槻邦男 著　本体2300円＋税	細胞からみた 生物学（改訂版） 太田次郎 著　本体2400円＋税
イラスト 基礎からわかる 生化学 坂本順司 著　本体3200円＋税	図解 分子細胞生物学 浅島・駒崎 共著　本体5200円＋税
ワークブックで学ぶ ヒトの生化学 坂本順司 著　本体1600円＋税	コア講義 分子生物学 田村隆明 著　本体1500円＋税
コア講義 生化学 田村隆明 著　本体2500円＋税	ライフサイエンスのための 分子生物学入門 駒野・酒井 共著　本体2800円＋税
スタンダード 生化学 有坂文雄 著　本体3000円＋税	コア講義 分子遺伝学 田村隆明 著　本体2400円＋税
バイオサイエンスのための 蛋白質科学入門 有坂文雄 著　本体3200円＋税	ゲノムサイエンスのための 遺伝子科学入門 赤坂甲治 著　本体3000円＋税
しくみからわかる 生命工学 田村隆明 著　本体3100円＋税	新 バイオの扉　未来を拓く生物工学の世界 高木 監修・池田 編集代表　本体2600円＋税
微生物学　地球と健康を守る 坂本順司 著　本体2500円＋税	環境生物科学（改訂版） 松原 聰 著　本体2600円＋税
しくみと原理で解き明かす 植物生理学 佐藤直樹 著　本体2700円＋税	人間環境学　環境と福祉の接点 遠山 益 著　本体2800円＋税

◆ 新・生命科学シリーズ ◆

動物の系統分類と進化 藤田敏彦 著　本体2500円＋税	動物行動の分子生物学 久保・奥山・上川内・竹内 共著　本体2400円＋税
植物の系統と進化 伊藤元己 著　本体2400円＋税	脳　分子・遺伝子・生理 石浦・笹川・二井 共著　本体2000円＋税
動物の発生と分化 浅島・駒崎 共著　本体2300円＋税	植物の成長 西谷和彦 著　本体2500円＋税
動物の形態　進化と発生 八杉貞雄 著　本体2200円＋税	植物の生態　生理機能を中心に 寺島一郎 著　本体2800円＋税
動物の性 守 隆夫 著　本体2100円＋税	動物の生態　脊椎動物の進化生態を中心に 松本忠夫 著　本体2400円＋税
	遺伝子操作の基本原理 赤坂・大山 共著　本体2600円＋税